DDSキャリア作製プロトコル集

The Protocols for the Preparation of DDS Carriers

監修:丸山一雄
Supervisor : Kazuo Maruyama

シーエムシー出版

巻　頭　言

　先端医療の分野において，薬物の体内分布を制御して副作用を最低限に抑制する，高精度なピンポイント治療を行うドラッグ・デリバリー・システムの研究が進展している。今日に至るまで様々なDDSが臨床試験され，さらに実際の販売へと繋がってきた。このDDS開発にはナノスケールで精密設計された薬物運搬体（キャリア）の開発が重要となる。

　DDSの製剤設計においては放出制御，吸収改善，体内分布のコントロールが課題であり，薬剤としての効果を発揮できる数十nm以上で400 nmを超えない大きさに設計する，細胞表面受容体に親和性のある物質（糖類や抗体など）あるいはカチオン性物質を薬物送達キャリア表面に結合させるなど，最適なキャリアの開発は現在も試行錯誤が続いている。そこで本書は実験手順書として，今日までに開発されてきた様々なDDSキャリアの作製・調製手順や特徴，応用例を事例集としてまとめ，医学・薬学を学ぶ学生や大学・企業の研究者の方々に活用して頂くため企画した。また，今後のDDSキャリア研究の更なる発展の一助となることを願っている。

　本書は，各キャリア研究で活躍されている研究者，技術者の方々にご執筆をお願いした。お忙しい中，短期間の編集にもかかわらず執筆を快諾いただき心よりお礼申し上げます。また，本書の企画提案から出版に至るまで終始熱意を持って協力してくださった伊藤雅英様をはじめとするシーエムシー出版編集部の方々に心から感謝申し上げます。

2015年8月

帝京大学
丸山一雄

執筆者一覧（執筆順）

丸山　一　雄	帝京大学　薬学部　教授	
小　俣　大　樹	帝京大学　薬学部　博士研究員；日本学術振興会　特別研究員PD	
川　上　　　茂	長崎大学大学院　医歯薬学総合研究科　教授	
鈴　木　　　亮	帝京大学　薬学部　准教授	
小　田　雄　介	帝京大学　薬学部　助手	
金　田　安　史	大阪大学　大学院医学系研究科　教授	
浅　井　知　浩	静岡県立大学　薬学部　准教授	
奥　　　直　人	静岡県立大学　薬学部　教授	
根　岸　洋　一	東京薬科大学　薬学部　准教授	
弓　場　英　司	大阪府立大学　大学院工学研究科　助教	
河　野　健　司	大阪府立大学　大学院工学研究科　教授	
髙　木　和　行	みづほ工業㈱　常務取締役	
荒　谷　　　弘	中外製薬㈱　監査部　課長	
武　元　宏　泰	東京工業大学　資源化学研究所　助教	
西　山　伸　宏	東京工業大学　資源化学研究所　教授	
田　村　篤　志	東京医科歯科大学　生体材料工学研究所　助教	
由　井　伸　彦	東京医科歯科大学　生体材料工学研究所　教授	
木　田　敏　之	大阪大学　大学院工学研究科　准教授	
明　石　　　満	大阪大学　大学院生命機能研究科　特任教授	
佐　藤　智　典	慶應義塾大学　理工学部　教授	
飯　嶋　益　巳	大阪大学　産業科学研究所　生体分子反応科学研究分野　特任助教	
黒　田　俊　一	大阪大学　産業科学研究所　生体分子反応科学研究分野　教授	
岸　村　顕　広	九州大学大学院工学研究院　応用化学部門（分子）；分子システム科学センター　准教授	
松　浦　和　則	鳥取大学　大学院工学研究科　教授	

大野 慎一郎	東京医科大学　医学部　助教	
黒田 雅彦	東京医科大学　医学部　主任教授	
川上 亘作	物質・材料研究機構　国際ナノアーキテクトニクス研究拠点 MANA研究者；主幹研究員	
池田 豊	筑波大学　大学院数理物質科学研究科　産学官連携研究員	
長崎 幸夫	筑波大学　大学院数理物質科学研究科　教授	
田原 義朗	京都大学大学院　工学研究科　JST ERATO　研究員	
秋吉 一成	京都大学大学院　工学研究科　JST ERATO　教授	
嶋田 直彦	東京工業大学　大学院生命理工学研究科　助教	
丸山 厚	東京工業大学　大学院生命理工学研究科　教授	
中山 正道	東京女子医科大学　先端生命医科学研究所　講師	
宮田 隆志	関西大学　化学生命工学部　教授	
田上 辰秋	名古屋市立大学　大学院薬学研究科　講師	
尾関 哲也	名古屋市立大学　大学院薬学研究科　教授	
武永 美津子	聖マリアンナ医科大学　難病治療研究センター　准教授	
五十嵐 理慧	聖マリアンナ医科大学　難病治療研究センター　客員教授	
水島 徹	慶應義塾大学　薬学部　創薬科学講座　主任教授	
新留 琢郎	熊本大学　大学院自然科学研究科　教授	
新留 康郎	鹿児島大学　学術研究院理工学域理学系　准教授	
並木 禎尚	了德寺大学　健康科学部　教授	
中平 敦	大阪府立大学　教授	
岩尾 康範	静岡県立大学　薬学部　講師	
野口 修治	静岡県立大学　薬学部　准教授	
板井 茂	静岡県立大学　薬学部　教授	

目 次

第1章 リポソーム

1　PEG修飾 …………… **丸山一雄，小俣大樹**…1
  1.1　概要 …………………………………… 1
  1.2　材料および試薬 ……………………… 2
    1.2.1　リポソーム調製 ………………… 2
    1.2.2　粒子径測定（動的散乱法）……… 3
    1.2.3　濃度測定 ………………………… 3
    1.2.4　PEG修飾リポソームの腫瘍組織
         への集積 ……………………… 3
  1.3　実験操作 ……………………………… 4
    1.3.1　PEG修飾リポソーム（脂質組成
         DSPC:DSPE-PEG2k-OMe=94:6
         （モル比））の調製 …………… 4
    1.3.2　粒子径の調整 …………………… 4
    1.3.3　粒子径測定 ……………………… 5
    1.3.4　濃度測定 ………………………… 5
    1.3.5　PEG修飾リポソームの腫瘍組織
         への集積 ……………………… 6
  1.4　応用 …………………………………… 7
2　糖鎖修飾 ……………………… **川上　茂**…9
  2.1　ガラクトース修飾脂質誘導体による
    糖修飾リポソームの調製 …………… 9
  2.2　ガラクトース修飾コレステロール誘
    導体の合成 …………………………10
  2.3　ガラクトース修飾リポソームの調製
    法 ……………………………………12
  2.4　放射標識ガラクトース修飾リポソー
    ムのヒト肝臓癌由来細胞株HepG2細
    胞取り込みの評価 …………………13
  2.5　ガラクトース修飾リポソームのマウ
    スでの *in vivo* 体内動態の評価 ……13
  2.6　マンノース修飾リポソームの評価 …14
  2.7　その他の糖鎖修飾リポソーム ………14
3　タンパク修飾 … **鈴木　亮，小田雄介，**
               小俣大樹，丸山一雄… 16
  3.1　はじめに ………………………………16
  3.2　材料および試薬 ………………………16
  3.3　実験操作 ………………………………17
    3.3.1　逆相蒸発法で調製したリポソー
         ムへのトランスフェリンの修飾
         ……………………………………17
    3.3.2　エタノールインジェクション法
         で調製したリポソームへのトラ
         ンスフェリンの修飾 …………18
  3.4　応用 ……………………………………19
4　融合タンパク修飾リポソーム
    ………………………… **金田安史**…21
  4.1　はじめに ………………………………21
  4.2　HVJ ……………………………………22
  4.3　HVJ-リポソーム ……………………24
    4.3.1　HVJ-anionic liposome …………24
    4.3.2　HVJ-cationic liposome …………25
  4.4　融合タンパク質を有する再構成リ
    ポソーム ……………………………25
    4.4.1　HVJ由来の融合タンパク質の精
         製 ………………………………25
    4.4.2　融合タンパク質のリポソームへ
         の埋め込みによる再構成リポ
         ソームの構築 …………………25
    4.4.3　簡便な再構成リポソーム作製法
         ……………………………………26

4.5 HVJ envelope vector……………26
4.6 応用 ……………………………27
5 ペプチド修飾リポソームの調製
　　………………浅井知浩，奥　直人…30
　5.1 はじめに ………………………30
　5.2 実験材料 ………………………30
　5.3 実験操作 ………………………31
　　5.3.1 ペプチドとマレイミド化PEG脂質の反応 ……………………31
　　5.3.2 cRGD-PEG-DSPEの分析 ……32
　　5.3.3 リポソームの調製 ……………32
　　5.3.4 ペプチド修飾リポソームの作成 ………………………………32
　5.4 応用 ……………………………34
6 バブルリポソーム
　　………鈴木　亮，根岸洋一，丸山一雄…36
　6.1 はじめに ………………………36
　6.2 材料および試薬 ………………36
　6.3 実験操作 ………………………37
　6.4 応用 ……………………………39
7 ポリマー修飾 ……弓場英司，河野健司…42
　7.1 はじめに ………………………42
　7.2 材料および試薬 ………………43
　　7.2.1 温度応答性ポリマー修飾リポソーム …………………………43
　　7.2.2 pH応答性ポリマー修飾リポソーム …………………………44
　7.3 実験操作 ………………………44
　　7.3.1 温度応答性ポリマーの合成 …44
　　7.3.2 pH応答性ポリマーの合成 …45
　　7.3.3 温度応答性ポリマー修飾リポソーム …………………………46
　　7.3.4 MRI可視化リポソーム ………47
　　7.3.5 pH応答性ポリマー修飾リポソーム …………………………48
　7.4 応用 ……………………………50

第2章　エマルション

1 ナノエマルション ………髙木和行…53
　1.1 乳化技術の利用 ………………54
　　1.1.1 処方的乳化と機械的乳化 ……54
　1.2 ナノエマルションと乳化剤の働き …55
　　1.2.1 ナノエマルションの処方例と調製方法 ………………………55
　　1.2.2 乳化剤量と粒子径の関係 ……56
　　1.2.3 乳化剤の働き …………………56
　1.3 ナノエマルションの調製 ……56
　　1.3.1 可溶化領域を利用する方法 ……56
　　1.3.2 高圧ホモジナイザーを使用した透明なエマルションの調製 ……56
　　1.3.3 多相エマルションの調製過程での高圧ホモジナイザーによるナノエマルション生成 ……………57
　　1.3.4 界面科学的な方法と機械的な方法を組み合わせた調製方法 ……57
　　1.3.5 高含油ナノエマルションの調製 ………………………………57
　1.4 脂肪乳剤 ………………………57
　　1.4.1 脂肪乳剤の処理例 ……………58
　　1.4.2 脂肪乳剤の製造プロセス ……58
　1.5 ナノエマルションの効果 ……58
　1.6 リポソーム ……………………58
　　1.6.1 DDSに適したリポソームの粒子径 …………………………………58
　　1.6.2 リポソームの血中での安定化 …59
　　1.6.3 リポソーム製剤の有用性 ………59

1.6.4　リポソームの製造方法 ……………59
1.7　ナノエマルションに関連して ……………60
　1.7.1　ナノエマルションにおける油脂の結晶化に関して ……………60
　1.7.2　乳化剤が少ない系での，高圧ホモジナイザーを使用したエマルションの調製における新しい乳化剤選定の考え方 ……………60
1.8　ナノエマルションの製造装置 ………60
　1.8.1　高圧ホモジナイザー ……………60
　1.8.2　高圧ホモジナイザーを使用する場合の注意点 ……………62
2　自己乳化型O/Wマイクロエマルション
　　　　　　　　　　　　　荒谷　弘…64
2.1　はじめに ……………64
　2.1.1　自己乳化型O/Wマイクロエマルションとは ……………64
　2.1.2　SEDDS型O/Wマイクロエマルションの処方設計 ……………65
2.2　材料・試薬および機器 ……………67
2.3　実験操作 ……………67
　2.3.1　難水溶性化合物含有SEDDS型O/Wマイクロエマルションの調製 ……………67
　2.3.2　粒子径（粒度分布）測定 ………68
　2.3.3　In vivo吸収性（吸収性向上化と安定化）……………68
2.4　実験結果 ……………68
　2.4.1　SEDDS型O/Wマイクロエマルションの消化管吸収性向上化効果 ……………68
　2.4.2　SEDDS型O/Wマイクロエマルションの消化管吸収性安定化効果 ……………69
2.5　応用 ……………69
2.6　おわりに ……………71

第3章　超分子ポリマー

1　ジブロックコポリマーを基盤とする高分子ミセル型制がん剤送達キャリア
　　　　　　　　武元宏泰,西山伸宏…73
1.1　はじめに ……………73
1.2　材料および試薬 ……………74
1.3　実験操作 ……………75
　1.3.1　ジブロックコポリマーの合成 …75
　1.3.2　Cisplatin封入高分子ミセルの調製と解析 ……………76
　1.3.3　培養細胞に対する制がん活性評価 ……………76
　1.3.4　担がんマウスにおける高分子ミセルの腫瘍集積評価・制がん活性評価 ……………76
1.4　応用 ……………77
2　細胞内分解性ポリロタキサンを用いた薬物送達と超分子医薬への応用
　　　　　　　　田村篤志,由井伸彦…80
2.1　はじめに ……………80
2.2　材料および試薬 ……………81
2.3　実験操作 ……………82
　2.3.1　α-CDを包接した細胞内分解性ポリロタキサンの合成 ……………82
　2.3.2　細胞内分解性ポリロタキサンの化学修飾による機能化 ……………83
　2.3.3　カチオン性ポリロタキサンを用いたタンパク質の細胞導入 ……84
　2.3.4　β-CDを包接した細胞内分解性

　　　　ポリロタキサンの合成 ………85
　2.3.5　β-CD を包接した細胞内分解性ポリロタキサンによるコレステロール蓄積の改善 ………86
2.4　応用 …………………………87
3　デンドリマー ……**河野健司，弓場英司**…89
　3.1　はじめに ……………………89
　3.2　材料および試薬 ……………90
　　3.2.1　ポリエチレングリコール（PEG）修飾デンドリマー ……………90
　　3.2.2　温度応答性デンドリマー ………90
　　3.2.3　金ナノ粒子を内包した PEG 修飾デンドリマー …………………91
　　3.2.4　デンドロン脂質 ……………91
　3.3　実験操作 ……………………91
　　3.3.1　PEG 修飾デンドリマー ………91
　　3.3.2　抗がん剤を結合した PEG 修飾デンドリマーの作製 ……………92
　　3.3.3　温度応答性デンドリマー ………94
　　3.3.4　金ナノ粒子を内包した PEG 修飾デンドリマー …………………94
　　3.3.5　デンドロン脂質 ……………95
　3.4　応用 …………………………97

第4章　カプセル

1　高分子ステレオコンプレックス積層膜からなるナノカプセル
　………………**木田敏之，明石　満**…99
　1.1　ポリメタクリル酸メチルのステレオコンプレックス積層膜からなるナノカプセルの作製 ……………99
　　1.1.1　はじめに ……………………99
　　1.1.2　材料および試薬 ……………100
　　1.1.3　実験操作 ……………………100
　　1.1.4　応用 …………………………102
　1.2　ポリ乳酸のステレオコンプレックス積層膜からなるナノカプセルの作製 …………………………103
　　1.2.1　はじめに ……………………103
　　1.2.2　材料および試薬 ……………103
　　1.2.3　実験操作 ……………………104
　　1.2.4　応用 …………………………106
2　キトサンカプセル ………**佐藤智典**…109
　2.1　序論 …………………………109
　2.2　実験方法 ……………………110
　　2.2.1　プラスミド DNA／キトサン複合体の作製方法 ………………110
　　2.2.2　pDNA／キトサン／コンドロイチン硫酸（CS）複合体の作製方法 …………………………………110
　　2.2.3　ルシフェラーゼアッセイ ……111
　　2.2.4　共焦点レーザー顕微鏡観察 …111
　　2.2.5　物理化学的キャラクタリゼーション ………………………………111
　　2.2.6　in vivo での遺伝子発現実験 …111
　2.3　結果 …………………………112
　　2.3.1　pDNA／キトサン複合体の構造と遺伝子発現活性の評価 ………112
　　2.3.2　pDNA／キトサン／CS 三元複合体の構造と遺伝子発現活性の評価 …………………………………114
　　2.3.3　細胞内輸送経路の評価 ………114
　　2.3.4　in vivo での腫瘍増殖抑制効果 115
3　バイオナノカプセル
　………………**飯嶋益巳，黒田俊一**…118

3.1	はじめに …………………… 118		ナノカプセル ……………… 松浦和則…139
3.2	材料および試薬 …………… 121	5.1	はじめに …………………… 139
3.3	実験操作 …………………… 123	5.2	材料および試薬 …………… 140
3.3.1	BNC の調製 ……………… 123	5.3	実験操作 …………………… 141
3.3.2	BNC-リポソーム-遺伝子複合体の調製 ………………… 124	5.3.1	β-Annulus ペプチド固相合成 ……………………………… 141
3.3.3	BNC-リポソーム-蛍光ビーズ複合体の調製 ……………… 124	5.3.2	β-Annulus ペプチドの脱保護・脱樹脂 ………………… 142
3.3.4	BNC-リポソーム-DOX 複合体（virosome-DOX 複合体）の調製 ……………………………… 125	5.3.3	β-Annulus ペプチドの精製 … 142
		5.3.4	β-Annulus ペプチドの自己集合挙動の解析 ……………… 143
3.3.5	ZZ タグ提示型 BNC（ZZ-BNC）の調製 …………………… 126	5.3.5	ペプチドナノカプセルの表面電位 ………………………… 144
3.3.6	抗体提示蛍光標識 ZZ-BNC の調製 ……………………… 126	5.3.6	ペプチドナノカプセルへのゲスト分子内包 …………… 145
3.3.7	抗体-抗原提示 ZZ-BNC の調製 ……………………………… 127	5.4	応用 ………………………… 147
		6	エクソソームを用いた DDS キャリア ……………… 大野慎一郎，黒田雅彦…149
3.4	応用 ………………………… 128		
4	高分子中空ナノカプセル PICsome の作製法とその活用 ……… 岸村顕広…130	6.1	はじめに …………………… 149
		6.2	エクソソーム産生細胞の選定 …… 149
4.1	はじめに …………………… 130	6.3	標的指向性の付加 …………… 150
4.2	材料および試薬 …………… 133	6.4	材料および試薬 …………… 150
4.3	実験操作 …………………… 134	6.5	エクソソームの精製 ……… 151
4.3.1	直径 100 nm の PICsome 作製 ……………………………… 134	6.6	エクソソームの解析 ……… 151
		6.7	エクソソームの追跡 ……… 153
4.3.2	物質封入 PICsome の作製 … 135	6.8	エクソソームへの医薬の封入 …… 155
4.3.3	担がんマウスへの投与 … 135	6.9	おわりに …………………… 155
4.4	応用 ………………………… 136	7	多孔性レシチン粒子 ……… 川上亘作…157
4.4.1	物質透過性の調節と物質封入法のさらなる展開 ………… 136	7.1	はじめに …………………… 157
		7.2	MPP の作成原理 …………… 158
4.4.2	がん治療などへの応用に向けて：ナノ病態生理学 …………… 136	7.3	材料および試薬 …………… 161
		7.4	実験操作 …………………… 162
4.4.3	ジャイアントベシクル作製への応用 ………………………… 137	7.4.1	水添大豆レシチンのみから成る MPP の調製例 …………… 162
5	ウイルス由来ペプチドの自己集合による	7.4.2	脂溶性ゲスト分子を含有する

MPP の調製例 …………… 162
　7.4.3　水溶性ゲスト分子を含有する
　　　　 MPP の調製例 …………… 162
7.4.4　粒子物性の評価 ………………… 162
7.5　応用と今後の展開 …………………… 163

第5章　ゲル

1　PEG 化ポリアミンナノゲルの開発とその
　　特徴を生かした応用展開
　　　　………… 池田　豊, 長崎幸夫…165
　1.1　はじめに ……………………… 165
　1.2　材料および試薬 ……………… 166
　1.3　実験操作 ……………………… 167
　　1.3.1　ナノゲルの合成方法 ………… 167
　　1.3.2　Acetal-PEG-VB の合成 …… 167
　　1.3.3　アミンナノゲルの作製 ……… 167
　　1.3.4　ナノゲルの PEG 修飾法（post
　　　　　 PEGylation 法）…………… 168
　　1.3.5　高密度 PEG 化アミンナノゲルの
　　　　　 調製法 …………………… 168
　　1.3.6　放射線ラベルアミンナノゲルの
　　　　　 合成 ……………………… 168
　1.4　応用 …………………………… 169
　　1.4.1　ヨウ化メチルによる4級化ポリ
　　　　　 アミンナノゲル …………… 169
　　1.4.2　アミンナノゲルの架橋度およ
　　　　　 び PEG 密度が体内動態に与える
　　　　　 影響 ……………………… 169
　　1.4.3　ナノゲルの経皮癌ワクチンへの
　　　　　 応用 ……………………… 170
　1.5　まとめ ………………………… 171
2　物理架橋ナノゲルの調製と DDS 応用
　　　　………… 田原義朗, 秋吉一成…172
　2.1　はじめに ……………………… 172
　2.2　実験操作 ……………………… 173
　　2.2.1　ナノゲルの調製 ……………… 173

　　2.2.2　ナノゲルの評価 ……………… 173
　　2.2.3　タンパク質との複合化とその確
　　　　　 認 ………………………… 175
　2.3　DDS への応用 ………………… 175
　　2.3.1　タンパク質の複合化と分子シャ
　　　　　 ペロン機能 ………………… 175
　　2.3.2　サイトカイン療法への応用 … 176
　　2.3.3　その他の DDS 応用 ………… 176
　2.4　おわりに ……………………… 177
3　熱可逆性ハイドロゲル
　　　　………… 嶋田直彦, 丸山　厚…179
　3.1　はじめに ……………………… 179
　3.2　薬物放出のための低温膨潤高温収縮
　　　　ゲル（LCST 型ハイドロゲル）…… 179
　　3.2.1　概要 …………………………… 179
　　3.2.2　材料 …………………………… 180
　　3.2.3　実験操作 ……………………… 180
　　3.2.4　応用 …………………………… 180
　3.3　インジェクタブルゲル ………… 181
　　3.3.1　概要 …………………………… 181
　　3.3.2　材料 …………………………… 181
　　3.3.3　実験操作 ……………………… 181
　3.4　UCST 型ハイドロゲル ………… 182
　　3.4.1　概要 …………………………… 182
　　3.4.2　材料 …………………………… 182
　　3.4.3　実験操作 ……………………… 182
　　3.4.4　応用 …………………………… 183
4　温度応答性高分子ハイドロゲル
　　　　…………………… 中山正道…185

- 4.1 片末端反応性を有する N-イソプロピルアクリルアミド共重合体の合成 …………… 185
  - 4.1.1 はじめに …………………… 185
  - 4.1.2 必要な試薬 ………………… 186
  - 4.1.3 実験操作と結果 …………… 187
  - 4.1.4 応用 ………………………… 187
- 4.2 鋭敏な温度応答性を示す3次元架橋ハイドロゲル ……………………… 188
  - 4.2.1 はじめに …………………… 188
  - 4.2.2 必要な試薬 ………………… 189
  - 4.2.3 実験操作と結果 …………… 189
  - 4.2.4 応用 ………………………… 190
- 4.3 生分解性能を有する温度応答性インジェクタブルゲル ………………… 191
  - 4.3.1 はじめに …………………… 191
  - 4.3.2 必要な試薬 ………………… 191
  - 4.3.3 実験操作と結果 …………… 192
  - 4.3.4 応用 ………………………… 192
- 5 標的分子応答性ゲル ……… 宮田隆志 … 194
  - 5.1 はじめに …………………… 194
  - 5.2 応答膨潤型の生体分子応答性ゲル（生体分子架橋ゲル）…………… 195
    - 5.2.1 概要 ………………………… 195
    - 5.2.2 材料 ………………………… 195
    - 5.2.3 実験操作 …………………… 195
    - 5.2.4 応用 ………………………… 196
  - 5.3 応答収縮型の生体分子応答性ゲル（生体分子インプリントゲル）…… 198
    - 5.3.1 概要 ………………………… 198
    - 5.3.2 材料 ………………………… 198
    - 5.3.3 実験操作 …………………… 198
    - 5.3.4 応用 ………………………… 199
  - 5.4 生体分子応答性ゲル微粒子（生体分子応答性ナノゲル）……………… 200
    - 5.4.1 概要 ………………………… 200
    - 5.4.2 材料 ………………………… 201
    - 5.4.3 実験操作 …………………… 201
    - 5.4.4 応用 ………………………… 202

第6章　スフェア

1 生体適合性ナノスフェア …………………… 田上辰秋, 尾関哲也 … 205
- 1.1 はじめに …………………… 205
- 1.2 材料および試薬 …………… 207
  - 1.2.1 エマルション溶媒拡散法によるPLGAナノ粒子の調製（調製法1）……………………… 207
  - 1.2.2 エマルション溶媒拡散法によるPLGAナノ粒子の調製（調製法2）……………………… 207
  - 1.2.3 測定機器 …………………… 207
- 1.3 実験操作 …………………… 207
  - 1.3.1 水中エマルション溶媒拡散法によるクルクミン含有PLGAナノ粒子の調製（調製法1）…… 207
  - 1.3.2 エマルション溶媒拡散法によるキトサン修飾クルクミン含有PLGAナノ粒子の調製 ……… 208
  - 1.3.3 エマルション溶媒拡散法により調製した蛍光色素（Nile red）含有キトサン修飾PLGAナノ粒子の細胞内挙動の観察（*in vitro*）………………………… 208
  - 1.3.4 エマルション溶媒拡散法による

　　　　パクリタキセル封入PLGAナノ粒子の調製と安定化剤が粒子径に与える影響（調製法2）…… 208
　1.3.5 エマルション溶媒拡散法により調製したパクリタキセル封入PLGAナノ粒子の薬物封入率 …… 209
　1.3.6 エマルション溶媒拡散法により調製したパクリタキセル封入PLGAナノ粒子の薬物放出挙動 …… 210
1.4 応用・課題点 …… 211
1.5 おわりに …… 211
2 リピッドマイクロスフェア …… **武永美津子，五十嵐理慧，水島 徹**…213
2.1 はじめに …… 213
2.2 材料および試薬 …… 214
2.3 実験操作 …… 215
　2.3.1 リピッドマイクロスフェア溶液の作製 …… 215
　2.3.2 リピッドマイクロスフェアの安定性試験 …… 215
　2.3.3 リピッドマイクロスフェアの細胞への取り込み実験 …… 217
　2.3.4 リピッドマイクロスフェアの体内動態解析 …… 219
　2.3.5 薬理効果試験 …… 220
2.4 臨床におけるリポ製剤 …… 222
　2.4.1 リポデキサメタゾンパルミチン酸エステル（リポステロイド） …… 222
　2.4.2 リポフルルビプロフェンアキセチル（リポNSAID） …… 222
　2.4.3 リポプロスタグランジンE_1（リポPGE_1） …… 223
　2.4.4 リポプロスタグランジンE_1誘導体（リポAS013） …… 223

第7章 ナノ素材

1 金ナノ粒子 …… **新留琢郎，新留康郎**…225
1.1 はじめに …… 225
1.2 一般的な球状金ナノ粒子 …… 225
　1.2.1 材料および試薬 …… 226
　1.2.2 実験操作 …… 226
　1.2.3 応用 …… 226
1.3 トルエン中に分散する金ナノ粒子 …… 227
　1.3.1 材料および試薬 …… 227
　1.3.2 実験操作 …… 227
　1.3.3 応用 …… 227
1.4 カチオン性金ナノ粒子 …… 228
　1.4.1 材料および試薬 …… 228
　1.4.2 実験操作 …… 228
　1.4.3 応用 …… 228
1.5 金ナノロッド …… 229
　1.5.1 材料および試薬 …… 229
　1.5.2 実験操作 …… 230
1.6 ポリマーコート金ナノロッド …… 230
　1.6.1 材料および試薬 …… 230
　1.6.2 実験操作 …… 230
　1.6.3 応用 …… 231
1.7 PEG修飾金ナノロッド …… 231
　1.7.1 材料および試薬 …… 231
　1.7.2 実験操作 …… 231
　1.7.3 応用 …… 231

- 1.8 シリカコート金ナノロッド ……… 232
  - 1.8.1 材料および試薬 …………… 232
  - 1.8.2 実験操作 ………………… 232
  - 1.8.3 応用 …………………… 232
- 2 磁性ナノ粒子 …………**並木禎尚**…235
  - 2.1 はじめに ……………………… 235
  - 2.2 材料および試薬 ……………… 235
  - 2.3 実験操作 ……………………… 236
    - 2.3.1 オレイン酸被覆磁性粒子をクロロホルムに分散させた磁性流体の作製 ………………… 236
    - 2.3.2 核酸医薬送達用磁性キャリア（LipoMag）の作製 ………… 238
    - 2.3.3 核酸医薬送達用磁性キャリアの定量分析 …………………… 240
  - 2.4 応用 ………………………… 240
- 3 ヒドロキシアパタイト粒子
  ………………………… **中平　敦**…244
  - 3.1 ヒドロキシアパタイト ………… 244
    - 3.1.1 はじめに ………………… 244
    - 3.1.2 実験操作 ………………… 247
  - 3.2 ハイブリッドリン酸八カルシウム（Complexed-OCP） ……… 249
    - 3.2.1 はじめに ………………… 249
    - 3.2.2 実験操作 ………………… 250
    - 3.2.3 応用 …………………… 253
  - 3.3 おわりに ……………………… 254
- 4 アルブミンナノ粒子
  …… **岩尾康範, 野口修治, 板井　茂**…256
  - 4.1 はじめに ……………………… 256
    - 4.1.1 脱溶媒和法 ……………… 257
    - 4.1.2 乳化法 …………………… 258
    - 4.1.3 Nanoparticle albumin-bound technology（Nab technology） ……………………………… 259
  - 4.2 材料および使用機器 …………… 259
  - 4.3 実験操作と結果 ……………… 260
  - 4.4 応用 ………………………… 260

第1章 リポソーム

1　PEG修飾

丸山一雄[*1], 小俣大樹[*2]

1.1　概要

　リポソームはリン脂質を主要な構成成分とした内部に水相を有する二重膜の閉鎖小胞である。1965年にBanghamらは，リン脂質を水中に分散させると自然に小胞体が形成され，脂質二分子膜が同心円状に配列した閉鎖系であることを報告した[1]。この閉鎖小胞体が後にリポソームと呼ばれるようになり，現在までに様々な研究に用いられ，ドラッグデリバリーシステム（Drug Delivery System, DDS）のための薬物運搬体としても多くの研究開発が進められている[2,3]。

　リポソームをDDSに応用する利点として，生体膜の構成成分であるリン脂質を主な材料として用いることから，リポソームは生体適合性が高く，毒性や抗原性が低いこと，水溶性薬物をリポソーム内相，脂溶性薬物を脂質二重膜内に封入可能であること，構成脂質や調製法を変えることで比較的容易に安定性，表面電荷，サイズを調整できること，リポソーム表面に細胞・組織を標的とする分子を修飾できることなどが挙げられる。しかしながら，生体に投与されたリポソームの体内動態の特徴として，血液中での安定性の低さと，肝臓や脾臓に代表される細網内皮系（RES）に取り込まれやすいことが知られている。血液中でのリポソームの安定性は，大きさ，表面電荷，構成リン脂質および脂質組成によって影響を受ける。リポソームは血漿中の高比重リポタンパク（HDL）との相互作用により不安定化される。この反応はリポソームにコレステロールを含有させることで，コレステロールのパッキング効果により抑制できる。リポソームのRESへの取り込みはコレステロールを含有させることで抑制でき，逆に，負電荷のリポソームは取り込みが促進される。また，粒子サイズが小さいほどRESへの取り込みが遅い。したがって，リポソームにコレステロールを含有させ，粒子サイズを小さくすることで，ある程度血中での安定性向上とRES回避が可能である。

　肝臓や脾臓以外の臓器をターゲットにする場合や高い血中濃度を維持する必要がある場合などには，上述したリポソームをDDSキャリアとして使用すると効率が悪い。このような問題を解

[*1] Kazuo Maruyama　帝京大学　薬学部　教授
[*2] Daiki Omata　帝京大学　薬学部　博士研究員

決するために，ガングリオシドGM1をリポソーム表面に修飾することで，リポソームの血中での安定性が改善することが報告されている[4]。1990年にKlibanovと丸山らは，RESへの取り込みの回避，血中滞留性の向上のために，リポソーム表面にポリエチレングリコール（Polyethylene glycol, PEG）を修飾したPEG修飾リポソームを報告した[5]。PEG修飾リポソームのRES回避のメカニズムは，PEGがリポソーム表面に水和層を形成し，血清中成分（オプソニン分子）との相互作用が抑制されるためと考えられる。PEGの特徴として，分子鎖末端への官能基導入が容易であること，異なるPEG鎖長を容易に選択できること，日本薬局方収載品であり生物学的に非活性であることなどが挙げられる。PEGをリポソーム膜に修飾するために，PEGに脂質アンカーを付けたPEG誘導体をあらかじめ作成しておき，このPEG脂質と他のリン脂質を使用してリポソームを調製する方法がある。

PEG修飾リポソームを利用した医薬品として，ドキソルビシンを内封したドキシルが上市されている。1986年にMatsumuraらは高分子量の物質が効率的に腫瘍組織に集積するEnhanced Permeability and Retention（EPR）効果を報告している[6]。これは，腫瘍組織に誘導される新生血管が不完全な構造をしており，透過性が高いことに起因し，高分子量の物質が血管外へ漏出し，組織に留まるためである。ドキシルはPEGを修飾していることから，安定性が高く，血中半減期が長いため，腫瘍組織に集積しやすい医薬品となっている。

PEG修飾リポソームの調製には，単純水和法，エタノールインジェクション法や逆相蒸発（Reverse-phase evaporation, REV）法など様々な方法が利用できる。REV法は比較的薬物などを高濃度にリポソーム内相に封入可能な方法として報告されている[7]。有機溶媒相にリン脂質を溶解し，水相を加え，逆相ミセルを形成させる。有機溶媒相を除去していくとゲル相が形成され，さらに有機溶媒を除去していくことで単層膜のリポソームが得られる。我々の研究室ではREV法により調製したPEG修飾リポソームを凍結融解，エクストルーダーによる粒径調整を行い実験に使用している。この一連の調製方法および担がんマウスにおけるPEG修飾リポソームの体内動態評価法を紹介する。

1.2　材料および試薬

1.2.1　リポソーム調製

リン脂質

・1,2-distearoyl-*sn*-glycero-3-phosphocholine（DSPC）（相転移温度55℃）

疎水部　　　　　　　　　親水部

- *N*-(Carbonyl-methoxypolyethylenglycol 2000)-1,2-distearoyl-*sn*-glycero-3-phosphoethanolamine, sodium salt（DSPE-PEG2k-OMe）（相転移温度 12.8℃）

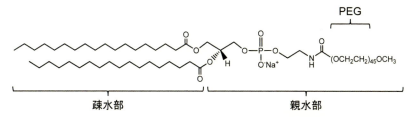

試薬
- クロロホルム，ジイソプロピルエーテル，Phosphate buffered saline（PBS），液体窒素

機器・器具
- ロータリーエバポレーター，温浴，ボルテックスミキサー，バス型ソニケーター（Branson, Bath Sonicator），フラスコ，エクストルーダー（Northern Lipids Inc. LIPEX extruder），ポリカーボネイトメンブレン（200 nm および 100 nm）（Watman），フィルター（0.45 μm）（milipore）

1.2.2　粒子径測定（動的散乱法）
- Phatal（OTSUKA ELECTRONICS）

1.2.3　濃度測定
UPLC およびコロナ検出器
- Ultimate 3000（Thermo），Corona Veo RS（Thermo）

カラム
- Triart C18（50×2.0 mm I.D. S-1.9 μm. 12 nm）（YMC）

移動相
- 2 mM アンモニウム酢酸 in MeOH
- 2 mM アンモニウム酢酸 in MilliQ

1.2.4　PEG 修飾リポソームの腫瘍組織への集積
蛍光色素
- 1,1'-Dioctadecyl-3,3,3',3'-Tetramethylindotricarbocyanine Iodide（DiR）

In vivo イメージングシステム
- IVIS LuminaXR（住商ファーマインターナショナル）

細胞
- マウス結腸がん細胞（Colon-26）

動物
- Balb/c（雌，6 週齢）

1.3 実験操作

1.3.1 PEG修飾リポソーム(脂質組成 DSPC:DSPE-PEG2k-OMe=94:6(モル比))の調製(図1)

① 室温に戻したDSPC(37.1 mg, MW 790)およびDSPE-PEG2k-OMe(8.4 mg, MW 2805)を100 mLのフラスコに秤量する(総脂質量50 μmol)(1a)。

② クロロホルム(3 mL)を加え,脂質を溶解し,ジイソプロピルエーテル(3 mL)を加え混和する(1b)。

③ PBS(3 mL)を加え混和する(1c)。

④ バス型ソニケーターで5分間超音波をあて,均一な逆相ミセルを形成する(1d)。

⑤ 65℃の温浴中でロータリーエバポレーターより有機溶媒を減圧留去し,ゲル状態になった段階でPBS(3 mL)を加えボルテックスにより数十秒間混和する(1e)。(相転移温度以上の温度で加温しながら,有機溶媒を除去していく)

⑥ 65℃の温浴中で引き続きロータリーエバポレーターにより有機溶媒を減圧留去する。

⑦ 適宜,超純水を加え,十分に有機溶媒を除去する(1f)。(ジイソプロピルエーテルは共沸化合物であるため,水とともに除去する必要がある)

1.3.2 粒子径の調整

① PEGリポソーム懸濁液を液体窒素中で凍結する(図2a)。

② 65℃の温浴中で融解する。

③ 凍結融解を計5回行う。

④ 65℃に温めたエクストルーダーに200 nmのメンブレンを取り付け,リポソーム懸濁液を10回通す(2b)。

⑤ 次に100 nmのメンブレンを取り付け,リポソーム懸濁液を10回通す。

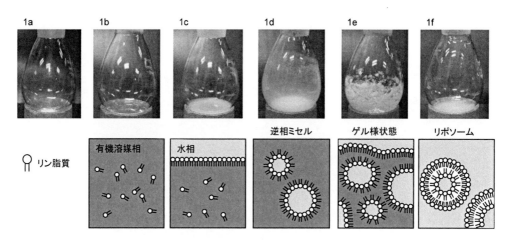

図1 REV法によるリポソームの調製

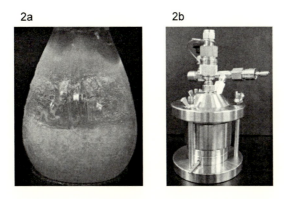

図2 a. リポソーム懸濁液の凍結　b. エクストルーダー

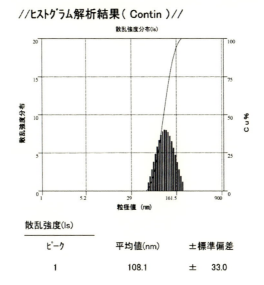

図3　動的散乱法によるリポソームの粒子径測定結果

⑥　クリーンベンチ内で 0.45 mm のフィルターを通し，4℃で保存する。

1.3.3　粒子径測定

①　1 mL の PBS に 50 μL のリポソーム懸濁液を加える。

②　動的散乱法により粒子径を測定する。

③　平均粒径がおよそ 100 nm のリポソーム懸濁得が得られた（図3）。

1.3.4　濃度測定

　一般的にリポソーム濃度の指標として脂質濃度が利用されている。古くから行われているリポソームの脂質濃度測定法として，リン脂質を灰化し，リン脂質由来リンを無機リンとして定量する方法が知られている。この方法では，無機リンの濃度をリン脂質濃度へ換算し，構成脂質の組

成比を利用してリポソームの脂質濃度を算出する間接的な脂質濃度測定方法である。我々の研究室では，高速液体クロマトグラフィーを利用し，リポソーム構成脂質を分離して各脂質を直接的に定量している。

① DSPC および DSPE-PEG2k-OMe をメタノールに溶解した標準試料を作成する（各脂質：6.25, 12.5, 25, 50, 100 μg/mL）。
② リポソーム懸濁液をメタノールで希釈する。
③ UPLC，コロナ検出器で測定した検量線から，リポソーム懸濁液の脂質濃度を算出する。

※ UPLC 測定条件

移動相（流量 0.8 mL/min）
　A 液：2 mM 酢酸アンモニウム in MeOH（98%）
　B 液：2 mM 酢酸アンモニウム in MilliQ（2%）

オートサンプラー
　試料温度：10℃，サンプル注入量：10 μL

カラム
　YMC-Triart C18（50×2.0 mm I.D. S-1.9 μm. 12 nm）
　温度：40℃

データ取得時間
　4 分

④ DSPE-PEG2k-OMe の保持時間は約 0.9 分，DSPC の保持時間は約 1.9 分であった。得られたピーク面積をそれぞれ対数プロットすることで検量線を得た（図 4a, 4b）。検量線からリポソームサンプルの各脂質の濃度を計算した結果，DSPE-PEG2k-OMe は 1.489 mg/mL, DSPC は 6.316 mg/mL であった（図 4c）。最終的なリポソーム懸濁液の液量はおよそ 4 mL であり，回収率は約 70% であった。

1.3.5　PEG 修飾リポソームの腫瘍組織への集積

PEG 修飾リポソームの体内動態を評価するために，蛍光色素（DiR）を総脂質量の 1 mol% 含

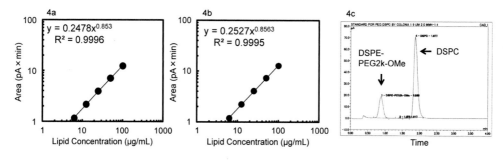

図 4　a. DSPE-PEG2k-OMe の検量線，b. DSPC の検量線，c. リポソーム懸濁液の測定結果

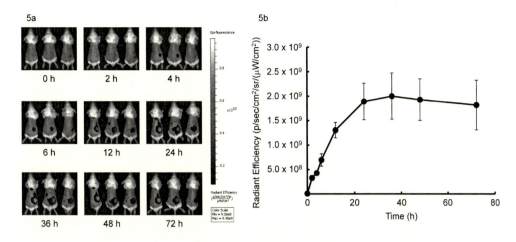

図5 a. IVIS による観察画像　b. 腫瘍の蛍光強度をプロットした結果

有する PEG 修飾リポソームを調製し，*in vivo* イメージングシステムにより観察する（図5）。

① マウス結腸がん細胞（Colon-26）を PBS に懸濁する。
② マウス（Balb/c，雌，6週齢）の皮内に Colon26（$1×10^6$ cells/100 μL）を移植する。
③ 7日後，尾静脈から DiR で標識した PEG 修飾リポソーム（DiR：1 μg/mice）（脂質量：約 100 μg）を投与する。（あらかじめ DiR の検量線を IVIS により作成し，リポソーム中の DiR 含量を計算しておく）
④ 経時的に蛍光強度を IVIS により測定する。
⑤ 得られた結果から，腫瘍組織における蛍光強度をプロットする。
⑥ PEG 修飾リポソームの腫瘍組織への集積が観察された。

1.4　応用

　リポソームの腫瘍組織への集積効率をさらに上げるため，がん細胞や腫瘍の新生血管に対するリガンド（糖，ペプチド，抗体など）を修飾した PEG 修飾リポソームの研究開発が進められている。また，腫瘍組織での PEG 修飾リポソームからの薬物放出効率を改善するための研究が行われている。がん組織では正常組織と比べてわずかに pH が低下しているため，この pH 変化に応答する薬物を放出する pH 感受性リポソームや，外部からがん組織を加温し，この熱に応答して薬物を放出する温度感受性リポソームが研究されている。これまでに我々もがん細胞に高発現するトランスフェリンレセプターに注目し，抗がん剤を封入した PEG 修飾リポソームにリガンドであるトランスフェリンを標識することで高い抗腫瘍効果が得られることを報告している[8]。

　PEG 修飾リポソームは低分子化合物のみでなく，核酸やタンパク質のキャリアとしても研究が進められており，様々な薬物の DDS キャリアに応用可能と考えられる。

文　　献

1) Diffusion of Univalent Ions across the Lamellae of Swollen Phospholipids, A.D. Bangham, M.M. Standish, J.C. Watkins, *J. Mol. Biol.* (1965) **13**, 238-252.
2) ライフサイエンスにおけるリポソーム　実験マニュアル，寺田弘，吉村哲郎，シュプリンガー・フェアラーク東京株式会社（1992）
3) リポソーム応用の新展開　人工細胞の開発に向けて，秋吉一成，辻井薫，株式会社エヌ・ティー・エス（2005）
4) Large Unilamellar Liposomes with Low Uptake into the Reticuloendothelial System, T.M. Allen, A. Chonm, FEBS Lett. (1987) **223**, 42-46.
5) Amphipathic Polyethyleneglycols Effectively Prolong the Circulation Time of Liposomes, A.L. Klibanov, K. Maruyama, V.P. Torchilin, L. Huang, FEBS Lett. (1990) **268**, 235-237.
6) A New Concept for Macromolecular Therapeutics in Cancer Chemotherapy: Mechanism of Tumoritropic Accumulation of Proteins and the Antitumor Agent Smancs, Y. Matsumura, H. Maeda, Cancer Res. (1986) **46**, 6387-6392.
7) Procedure for Preparation of Liposomes with Large Internal Aqueous Space and High Capture by Reverse-phase Evaporation, F. Szoka, D. Papahadjopoulos, Proc. Natl. Acad. Sci. USA, (1978) **75**, 4194-4198.
8) Effective Anti-tumor Activity of Oxaliplatin Encapsulated in Transferrin-PEG-liposome, R. Suzuki, T. Takizawa, Y. Kuwata, M. Mutoh, N. Ishiguro, N. Utoguchi, A. Shinohara, M. Eriguchi, H. Yanagie, K. Maruyama. *Int. J. Pharm.* (2008), **346**, 143-150.

第1章　リポソーム

2　糖鎖修飾

川上　茂*

　ヒト細胞の表面は，糖鎖分子によって覆われており，細胞間の相互作用に関わる働きをしている。例えば，ABO式血液型は，赤血球表面などから出ている糖鎖の構造の違いで分類されていることなどは良く知られている。糖鎖は，タンパク質や脂質と共有結合して生体内に存在している。したがって，脂質二重膜で構成されるリポソームの表面を糖鎖修飾タンパク質や脂質を用いて糖鎖を認識素子（リガンド）として修飾することでリポソームの体内動態や細胞内動態を厳密に制御し，細胞選択的ターゲティングを実現させる研究がおこなわれている。

　高効率な薬物ターゲティングを実現するためには，糖鎖のリポソーム表面への修飾方法やそのための合成方法，リポソームの糖鎖密度，リポソームの粒子径やζ電位といった物理化学的性質，リポソームへの薬物封入方法を最適化しなければならない。また，糖脂質自身の安定性[4]，糖修飾リポソームの安定性[6]ならびに電荷に影響する糖修飾脂質分子内の結合様式[9]，も in vivo でのターゲティングにおいて重要な因子となり得る。

　ここではDDSキャリア作製プロトコル集として，糖修飾コレステロール誘導体の合成法，糖修飾リポソームの調製法，in vitro ならびに in vivo での糖鎖修飾リポソーム製剤の機能評価法について実例を紹介する。

2.1　ガラクトース修飾脂質誘導体による糖修飾リポソームの調製

　血清糖タンパク質の糖鎖末端は，通常シアル酸が結合しているが，時間経過とともに酵素により分解され，ガラクトースが末端に露出されるタンパク質となる（アシアロ糖タンパク質）。肝臓機能の本質を担う肝実質細胞にはガラクトース結合性のレセプター（アシアロ糖タンパク質レセプター）が細胞表面に高発現しており，血清糖タンパク質の糖鎖の末端部分でシアル酸が除去され，末端にガラクトースが露出された糖タンパク質を，肝細胞内に取り込み分解する機能を有している。そこで，肝実質細胞選択的ターゲティングを目的として，ガラクトース修飾タンパク

---

*　Shigeru Kawakami　長崎大学大学院　医歯薬学総合研究科　教授

質[1]や脂質[2~9]で修飾されたガラクトース修飾リポソームが開発されている。このうち，低分子のガラクトース修飾脂質で修飾されたリポソームは，DDSキャリアを作製する上では，糖タンパク修飾体に比べ，抗原性や合成の再現性の観点から利点を有するものと考えられる。

2.2　ガラクトース修飾コレステロール誘導体の合成

　リポソームの表面修飾用のガラクトース修飾脂質は，基本的には認識素子であるガラクトース数，スペーサー長，疎水性アンカーである脂質の種類等を考慮し，設計・合成される。ガラクトースの結合数であるが，1分子内にガラクトースを1~3分子結合させた糖修飾脂質が合成されている[2]。糖密度は高い方が肝実質細胞へ高効率に結合し，取り込まれるが，合成・精製が難しくなる点や糖脂質の水溶性が相対的に高まるため生体内でリポソームから糖脂質が血清脂質等に引き抜かれやすくなる可能性にも注意しなければならない。1分子にガラクトースを1分子結合させた糖脂質を用いても糖脂質の添加量を増やすことで，十分な糖密度となり，肝実質細胞への高い結合ならびに取り込みがみられる[2,3,5]。スペーサー長の影響に関しては，スペーサー長が長い方がリポソーム表面へのガラクトースの露出が高くなり，肝実質細胞への肝実質細胞への高い結合ならびに取り込みがみられる[3]。一方，スペーサーとして水溶性高分子であるポリエチレングリコール（PEG）を用いることで，PEGで修飾された血中滞留型リポソームの表面への糖修飾が可能となる[6]。疎水性アンカーとしては，リポソーム膜に安定に保持できるコレステロールや二本鎖リン脂質（dipalmitoyl phosphatidylcholine(DPPC)やdistearoyl phosphatidilcholine(DSPC)等）が汎用される[2~11]。ここでは，ガラクトース修飾コレステロール誘導体の合成法について示す。

　我々は，アミノ基を末端に持つコレステロール誘導体と2-imino-2-methoxyethyl 1-thioglycosides(IME-thiogalactoside)[9]をピリジン中で反応させることでガラクトース修飾コレステロール誘導体，cholesten-5-yloxy-N-(4-((1-imino-2β-D-thiogalactosylethyl)amino)butyl)formamide(Gal-C4-Chol)合成した（図1）[3]。Cholesteryl chloroformate と N-(4-aminobutyl) carbamic acid tert-butyl ester をクロロホルム中においてモル比1.0:1.1で室温において24時間反応させる。4℃でトリフルオロ酢酸を加え4時間撹拌し脱保護をおこなう。溶媒を減圧留去し，ヘキサンを加え，N-(4-aminobutyl)-(cholesten-5-yloxyl)formamide を得た。次に，Lee らの報告に従い，cyanomethyl-1-thiogalactoside を sodium methoxidemethanolic solution と室温で反応させることで IME-thiogalactoside を得た。減圧留去後，トリエチルアミン含有ピリジン溶液に IME-thiogalactoside を溶解させ，IME-thiogalactoside の1/10等量の N-(4-aminobutyl)-(cholesten-5-yloxyl)formamide を加え，24時間反応させた。その後，溶媒を減圧留去後精製水を加え，生成物をミセルとして分散させ，透析により不純物を除去した。得られた分散液を凍結乾燥し，Gal-C4-Chol を得た。IME-thiogalactoside による糖脂質合成は，末端にアミノ基を有する脂質誘導体との反応に応用することができる。最近，機能性リポソーム調製用の脂質誘導体

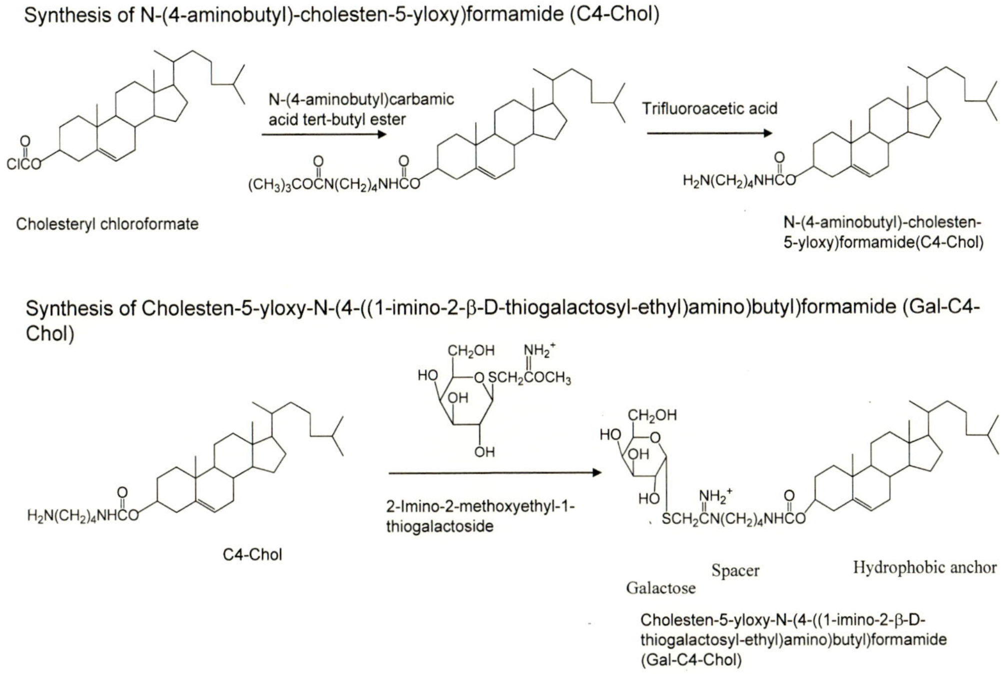

第1章　リポソーム

図1　Synthesis method of cholesten-5-yloxy-N-(4-((1-imino-2-β-D-thiogalactosyl-ethyl)amino)butyl)formamide(Gal-C4-Chol)

として，末端にアミノ基を有する脂質やPEG脂質など様々なものが購入可能である。

　IME-thiogalactosideとアミノ基を有するコレステロール誘導体の反応では，結合部位がイミノ基を持つため，中性付近では正電荷を有する。Gal-C4-Cholを用いた修飾法では，特に高密度なガラクトースで修飾したリポソームを調製する際に，電荷も同時に付加されるため，正電荷に起因する非特異的な相互作用が引き起こされる可能性がある。最近，植木らは，IME-thiogalactosideを用いない，すなわちイミノ基を持たない，新たなガラクトース修飾コレステロール誘導体，N-(N-cholesteryloxycarbonyl-3-aminopropionyl)-3-aminopropyl-1-thio-glycosides containing β-galactoside(Gal-S-Chol)の高収率な合成法の開発に成功している[10]。Gal-S-Cholで修飾したガラクトース修飾リポソームでは，リポソーム総脂質に占める糖脂質の割合が5%以上の高密度な場合においても，ζ電位の増加は認められず中性付近であり，肝実質細胞への高い取り込みがみられた。以上，リポソーム表面の糖密度ならびにリポソームの電荷を考慮することで，精度が高い肝実質細胞への細胞選択的ターゲティングが可能になることを示した。

　一方Wangらは[9]，N-ヒドロキシスクシンイミドを末端に有するコレステロール誘導体であるN-Hydroxysuccinimidly 5-cholesten-3β-yloxy succinate(CHS-NHS)を合成し，アミノ基を有するガラクトース誘導体(1-N-[O-β-D-galactopyranosyl-(1,4)-D-gluconamide]-2-N'-methylamine(LA-ED))と反応させ，溶媒を減圧留去後，精製水を加え，生成物をミセルとして分散させ，

透析をおこなうことで，ガラクトース修飾コレステロール誘導体 5-cholesten-3β-yl）4-oxo-4-［2-(lactobionyl amido)ethylamido］butanoate(CHS-ED-LA) を合成した。N-ヒドロキシスクシンイミドを末端に有する CHS-NHS による糖脂質合成は，末端にアミノ基を有する糖誘導体との反応に応用することができる。

2.3　ガラクトース修飾リポソームの調製法

　上述したようにガラクトース修飾リポソームの標的細胞は，肝実質細胞であり同細胞に高発現するアシアロ糖タンパク質レセプターへの認識・取り込みにより，細胞選択的ターゲティングが実現される。肝臓内の血管系は，基底膜をもたない有窓性の不連続血管内皮細胞によって特殊な毛細血管である類洞（sinusoid）を形成し，フェネストラが存在する。すなわち，血管内に投与したガラクトース修飾リポソームがフェネストラを通過して，肝臓実質細胞に到達するためには，粒子径を 100 nm 程度に調製する必要がある。これには，脂質懸濁液を相転移温度以上で，種々の孔径のポリカーボネート・メンブレンから押し出す（extrude）ことにより，各サイズの均一なリポソームを作製するエクストルーダーが用いられる。また，電荷による非特異的な相互作用を回避する目的において電荷は中性付近が望ましい。糖修飾脂質の電荷は，リポソーム調製に用いる脂質組成によって大きくは決定される。肝実質細胞へのターゲティングを目的としたガラクトース修飾リポソームの調製法の条件を以下に示す[5,10]。

① DSPC:cholesterol:Gal-C4-Chol=60:35:5（モル比）をクロロホルムに溶解し，ロータリーエバポレーターを用いて減圧留去する。
② クロロホルムを完全に除去し，ろ過滅菌した Phosphate buffered saline(PBS)(pH 7.4) を加え，超音波照射をおこなう。60℃（DSPC の相転移温度　55℃）においてエクストルーダーを用いて粒子径の調製をおこなう。
③ 得られた粒子径が調製されたリポソームのリン脂質あるいはコレステロール定量し，リポソーム脂質濃度を 5 mg/ml となるように調整する。
④ 物理化学的性質の指標となる粒子径ならびに ζ 電位は，動的光散乱法あるいはレーザードップラー法により計測をおこなう。

　上記の手順で調製したガラクトース修飾リポソームの平均粒子径は 87.9〜98.9 nm，平均 ζ 電位は 5.89〜9.95 mV であった。

　薬物をリポソームに封入する場合は，水への溶解度が極めて低い脂溶性薬物の場合は，水相には溶解せず，リポソームの脂質二重膜に組み込むことができるため，脂質と一緒にクロロホルムに溶解し，上記と同じ手順で調製をおこなう。脂質二重膜に保持できる薬物量は薬物の物理化学的性質に依存する為，封入する薬物の性質を良く理解しておくことが重要である。

　また，リモートローディング法は，未封入のリポソームを調製後に両親媒性の弱塩基性薬物を封入する方法である。リモートローディング法は，pH 勾配法と濃度勾配法が知られている。リ

第1章 リポソーム

モートローディング法による調製プロトコルは，日本薬剤学会出版委員会編集，薬剤学実験法必携マニュアルⅡ-生物薬剤学に詳しく記載されている[12]。

2.4 放射標識ガラクトース修飾リポソームのヒト肝臓癌由来細胞株 HepG2 細胞取り込みの評価[8, 10]

① ガラクトース修飾リポソーム調製時に［^{3}H］cholesteryl hexadecyl ether で標識をおこなう。
② アシアロ糖タンパク質レセプターが発現している HepG2 細胞を $2×10^5$ cells/3.8 cm^2（12-well プレート）の密度で播種し，37℃で24時間培養をおこなう。
③ 培養用の培地を吸引除去後，［^{3}H］リポソーム（脂質：0.25 mg/ml，1.8 kBq/ml）を含む HBSS を添加し，37℃で1時間培養をおこなう。アシアロ糖タンパク質レセプターへの競合阻害実験をおこなう場合，最終 HBSS 濃度が 20 mM ガラクトースあるいは 1 mg/ml アシアロフェツインとなるように阻害剤として添加する[10]。
④ HBSS を吸引除去後，氷冷した HBSS で5回洗浄する。細胞表面に吸着・結合しているリポソームを除去する際には，pH 4.0 酢酸緩衝液で三回洗浄をおこなう。
⑤ 細胞を1 M NaOH で溶解し，液体シンチレーションカウンターで放射活性を測定する。
⑥ 溶解液中のタンパク濃度を測定し，放射活性値をタンパク量で除することで，細胞数の補正をおこなう。

2.5 ガラクトース修飾リポソームのマウスでの in vivo 体内動態の評価[8]

① ガラクトース修飾リポソーム調製時に［^{3}H］cholesteryl hexadecyl ether で標識をおこなう。（リポソーム脂質濃度 5 mg/ml，放射活性 1 μCi/100 μl）
② 脂質の投与量として 25 mg/kg で，マウス尾静脈内投与をおこなう。
③ 一定時間後，麻酔下，大静脈より血液を採取し，安楽死させる。
④ 肝臓，腎臓，脾臓，心臓，肺を集め，生理的食塩水で洗浄後，臓器重量の測定をおこなう。
⑤ 血液あるいは各臓器のうち約 20 mg 切り取り，重量測定をおこない，その中の放射活性を測定し，放射活性値を重量で除することで，補正をおこなう。
⑥ 肝臓中における肝実質細胞と肝非実質細胞を分離する為には，コラゲナーゼ灌流法をおこなう[8]。まず，投与後一定時間後に，空気が入らないように注意をしながら，カテーテルを挿入し，マウス門脈内より前灌流液（5 mM CaCl$_2$ 含有 Ca^{2+}, Mg^{2+} free HEPES 溶液，pH 7.2）を入れ，その直後に大静脈を切開し，3～4 ml/min の流速で10分間肝臓内を灌流する。次に，0.05％ コラナーゼ（typeⅠ）溶液（pH 7.5）に切り替え10分間流す。肝臓を切除し，遠心分離（50 g, 1分：200 g, 2分）を繰り返しおこなうことで，肝臓実質細胞と肝非実質細胞の分離をおこない，それぞれの放射活性を測定する。また，別途それぞれの細胞

数の計測をおこなう。得られた放射活性を細胞数で除することで，補正をおこなう。

2.6 マンノース修飾リポソームの評価

　マクロファージや樹状細胞にはマンノースレセプターが高発現していることが知られており，これら細胞の標的指向化を目的にマンノース修飾されたリポソームが開発されている[13,14]。マンノース修飾脂質誘導体の合成法，マンノース修飾リポソームの調製法，マウスを用いた *in vivo* 体内動態解析法や肝臓内分布の評価は上記でのガラクトース修飾リポソームに準じておこなう。培養細胞による評価を行う際には，マンノースレセプターを発現するマウス腹腔マクロファージ初代培養細胞が用いられている。ここでは，活性化マウス腹腔マクロファージの採取法の手順を示す[15]。

① 2.9%チオグリコレート培地をマウス腹腔内へ1ml投与する。
② 4日後，マウスを安楽死させ，氷冷したRPMI培地を腹腔内投与し，シリンジを用いて培地を回収する。
③ 氷冷下，細胞を懸濁し，細胞数を計測する。
④ 10% FBS含有RPMI培地でプレートに細胞を播種する。
⑤ 3日間CO_2インキュベーター内37℃で培養し，その後，実験に用いる。

　上記，⑤の手順において3日間培養することで，マクロファージにおいてマンノースレセプターの高発現がみられる[16]。したがって，マンノース修飾リポソームの評価のためには，マンノース修飾リポソームの機能評価において3日間培養することは重要な因子である。その他，肺胞マクロファージを標的とした場合のマンノース修飾リポソームの機能評価には，ラット肺胞マクロファージ初代培養細胞[17]が用いられている。

2.7 その他の糖鎖修飾リポソーム

　フコース修飾リポソームは，肝臓非実質細胞に含まれる肝臓Kupffer細胞[18]や膵臓癌細胞[19]，シアリルルイスX修飾リポソームは腫瘍血管内皮細胞[20,21]，マンノース6リン酸は肝星細胞やがん細胞[10,22]への標的指向化のためのDDSキャリアとして研究されている。

文　　献

1) S. Tsuchiya *et al., Biopharm. Drug Disp.,* **7**, 549 (1986)
2) A. Sasaki *et al., Biol. Pharm. Bull.,* **17**, 680 (1994)

3) S. Kawakami *et al.*, *Biochem. Biophys. Res. Commun.*, **252**, 78 (1998)
4) L.A. Sliedregt *et al.*, *J. Med. Chem.*, **42**, 609 (1999)
5) S. Kawakami *et al.*, *J. Pharm. Sci.*, **90**, 105 (2001)
6) A. Murao *et al.*, *Pharm. Res.*, **19**, 1808 (2002)
7) B. Frisch *et al.*, *Bioconjug. Chem.*, **15**, 754 (2004)
8) C. Managit *et al.*, *J. Pharm. Sci.*, **94**, 2266 (2005)
9) S.N. Wang *et al.*, *Eur. J. Pharm. Biopheam.*, **62**, 32 (2006)
10) A. Ueki *et al.*, *Carbohydr. Res.*, **405**, 78 (2015)
11) Y.C. Lee *et al.*, *Biochemistry*, **15**, 3956 (1976)
12) 日本薬剤学会出版委員会編集,薬剤学実験法必携マニュアルⅡ生物薬剤学,p273,南江堂 (2014)
13) C.C. Muller *et al.*, *Biochim. Biophys. Acta*, **986**, 97 (1989)
14) S. Kawakami *et al.*, *Biochim. Biophys. Acta*, **1524**, 258 (2000)
15) Y. Takakura *et al.*, *Biochem. Pharmacol.*, **47**, 853 (1994)
16) T.D. Dinh *et al.*, *Pharm. Res.*, **28**, 742 (2011)
17) W. Wijagkanalan *et al.*, *J. Control. Release*, **125**, 121 (2008)
18) Y. Higuchi *et al.*, *Biomaterials*, **28**, 532 (2007)
19) M. Yoshida *et al.*, *PLoS ONE*, **7**, e39545 (2012)
20) I. Sasaki *et al.*, *Int. J. Cancer*, **65**, 833 (1996)
21) M. Hirai *et al.*, *Biochem. Biophys. Res. Commun.*, **353**, 553 (2007)
22) J.E. Adrian *et al.*, *J. Hepatol.*, **44**, 560 (2006)

第1章 リポソーム

3 タンパク修飾

鈴木 亮[*1]，小田雄介[*2]，小俣大樹[*3]，丸山一雄[*4]

3.1 はじめに

　近年，細胞に発現しているたん白質や表面マーカーの解析技術の進展は著しく，がん細胞などに発現亢進または特異的に発現しているレセプターや抗原など数多くの分子が同定されている。それと同時に，それら分子に結合するリガンドや抗体が作製され，これら分子を利用したアクティブターゲティングへの応用が期待されている。特に，リポソームは多くの薬物を保持させることのできる薬物キャリアであり，リポソームへのアクティブターゲティング能の付与は，薬物治療の有効性向上および副作用の軽減を達成しうる有望な治療戦略になると考えられている。

　リポソームへのアクティブターゲティング能の付与に関して，糖，ビタミン，ペプチド，たん白質など様々な分子のリポソーム表面への修飾が試みられている。本節では，たん白質修飾リポソームの調製方法に関してトランスフェリン修飾リポソームを例に概説する。

3.2 材料および試薬

・リポソーム調製用脂質（リン脂質，コレステロール，ポリエチレングリコール（PEG）修飾脂質など）
・リポソーム表面修飾用タンパク質（トランスフェリンなど）
・エタノール
・1-エチル-3-(3-ジメチルアミノプロピル)カルボジイミド（EDC）
・N-hydroxysulfosuccinimide（sulfo-NHS）
・2-Morpholinoethanesulfonic acid（MES）

---

* 1　Ryo Suzuki　帝京大学　薬学部　准教授
* 2　Yusuke Oda　帝京大学　薬学部　助手
* 3　Daiki Omata　日本学術振興会　特別研究員PD
* 4　Kazuo Maruyama　帝京大学　薬学部　教授

第1章 リポソーム

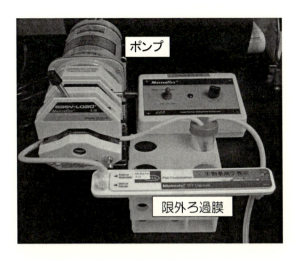

図1 リポソーム精製用限外ろ過システム

- エクストルーダー（Northern Lipids）
- ゲルろ過カラム（Sephadex G-25, G-75 など）または限外ろ過装置（日本ポール㈱）（図1）
- 超遠心機

3.3 実験操作

3.3.1 逆相蒸発法で調製したリポソームへのトランスフェリンの修飾

　リポソーム表面にたん白質を修飾する際，たん白質が変性しないような比較的マイルドな条件で反応させる必要がある。そのため，多くの場合リポソーム側にカルボキシル基を導入し，たん白質側のアミノ基と脱水縮合によるアミド結合を形成させる反応が用いられている（図2）。この反応はたん白質が変性するようなpHや温度を必要としないため，トランスフェリンレセプターへの結合活性を有したままトランスフェリンをリポソーム表面に修飾することができる。

① DSPC：コレステロール：DSPE-PEG(2k)-OMe：DSPE-PEG(3.4k)-COOH(62.5：31.3：5：1（モル比））の脂質組成のリポソームを逆相蒸発法により調製した。その後，エクストルーダーにてリポソームサイズを約150 nm に調製した。

② リポソームを超遠心（300,000×g, 30 min）により沈殿させた後，MES緩衝液（10 mM MES/150 mM NaCl, pH 5.5）に再懸濁した。DSPE-PEG(3.4k)-COOHのカルボキシル基を活性化するために，EDC および sulfo-NHS を加え（DSPE-PEG(3k)-COOH：EDC：NHS＝0.067：2.5：6.3（モル比）），室温で10分間撹拌した。反応後，MES緩衝液で平衡化したSephadex G-25 ゲルろ過カラムに通し，未反応のEDCおよびNHSを除去した。

③ カラムより回収したリポソーム画分に，直ちにトランスフェリン（トランスフェリン：脂質＝1：5（重量比））を添加し，スターラーで撹拌しながら4℃で一晩反応させた。反応後，

アミノ基を標的とした修飾

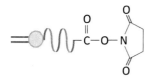

N-ヒドロキシスクシンイミド-エステル

アミノ基（主に1級アミン：－NH$_2$）と結合する。たん白質ではアミノ末端やリジン残基に存在する。特にリジン残基のεアミノ基は反応性が高く、多くのたん白質の三次構造の表面にリジン残基が存在することから、結合に利用しやすい。溶液中にアミノ基をもつ分子（TrisやGlycineなど）が存在するとリガンドとの反応が競合阻害されるため、使用できない。

図2　リポソーム表面へのたん白質修飾の様式

超遠心により未反応のトランスフェリンを除きアポートランスフェリン修飾リポソームを得た。

④ トランスフェリンレセプターへの結合活性を高めるため，アポートランスフェリン修飾リポソームのダイフェリック化（トランスフェリン1分子に鉄2分子）を行った。1Mクエン酸ナトリウム溶液でpH 7.0としたクエン酸鉄（Ⅲ）溶液を，アポートランスフェリン修飾リポソーム懸濁液に最終濃度2.5 mMとなるように加え，室温で15分間撹拌させながら反応させた。反応後，超遠心（200,000×g，30 min）により未反応のクエン酸鉄（Ⅲ）を除き，ダイフェリック化したホロートランスフェリン修飾リポソームを得た。

3.3.2　エタノールインジェクション法で調製したリポソームへのトランスフェリンの修飾

近年，NOF㈱よりカルボキシル基を N-ヒドロキシサクシニミド（NHS）に活性化しアミノ基と即時に反応するタイプの脂質（DSPE-PEG(2k)-NHSなど）が販売されている。この脂質を導入したリポソームを調製後，修飾したいたん白質とリポソームを混合すれば速やかに脱水反応がおこりリポソーム表面にアミド結合を介してたん白質が修飾される。そのため，非常に簡便なたん白質修飾方法として期待されている。しかし，NHSはアミノ基と反応するだけでなく，水と反応して加水分解しNHS体からカルボキシル基に戻ってしまう。そのため，リポソーム調製後，できるだけ速やかに修飾したたん白質と反応させる必要がある。前項で示した逆相蒸発法によるリポソーム調製やリポソーム調製に利用されている薄層法（リピッドフィルム法）などでは，リポソーム調製およびサイジングに要する時間が長く，調製中にNHSが失活してカルボキシル基に戻りたん白質と反応性が消失してしまう。そこで，NHSの水に触れている時間が最小限となるようなリポソーム調製法を利用することが重要となる。要するに，速やかにたん白質をNHSと反応させることができるリポソーム調製法を選択する必要がある。この問題を解決する方法の一つとしてエタノールインジェクション法が挙げられる。そこで次にエタノールインジェクション法によるワンステップたん白質修飾法について概説する。

① DSPC：コレステロール：DSPE-PEG(2k)-OMe：DSPE-PEG(2k)-NHS（62.5：31.3：5：1（モル比））の脂質を加温したエタノールに溶解し，60℃に加温したリン酸緩衝液中に撹拌下で添加することでリポソームを調製した。必要に応じてエクストルーダーによるサイジン

グを行い，直径約 150 nm のリポソームを調製した。
② このリポソーム懸濁液に速やかにトランスフェリン溶液を添加（DSPE-PEG2k-NHS：トランスフェリン＝1:0.001（モル比））した。その後，4℃で一晩放置し，リポソーム表面にトランスフェリンを修飾した。
③ 分子量カット 50 万の限外ろ過膜（日本ポール㈱）を用い，リポソーム懸濁液から未反応のトランスフェリンおよびエタノールの除去およびリポソーム懸濁液の濃縮を行った。
④ エタノールインジェクション法でのリポソーム調製およびたん白質の修飾をワンステップで行うことのできる本方法は，スケールアップも比較的容易であるため，リポソーム医薬品の製造方法としても利用可能であると考えられる。

最近では，マイクロ流路を利用したリポソーム調製装置（超高速ナノ医薬作製装置, NanoAssemblr）（ネッパジーン）や Asia（シリスジャパン）などを利用することで簡便にリポソームをエタノールインジェクション法で調製することが可能となっている[1]。

3.4 応用

トランスフェリンは鉄結合性の血漿タンパクで，一本鎖ポリペプチドからなる分子量約 80,000 の糖たん白質である。ヒト血液中には通常 190～320 mg/dL 存在し細胞表面の TF レセプターを介して鉄の供給に寄与している。このトランスフェリンレセプターは種々の腫瘍細胞において過剰発現していることが知られている。また，トランスフェリンの細胞内取り込みにおいてはレセプターのリサイクルが行われ，内在化後にライソゾームとの融合が起きないことからも，トランスフェリンを腫瘍組織への標的リガンドとして有用性が高いと考えられる。

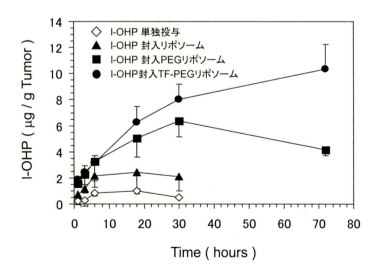

図3　トランスフェリン修飾リポソームのがん組織への L-OHP デリバリー効率

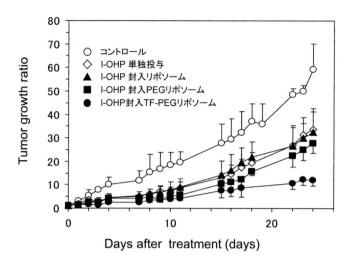

図4 L-OHP封入トランスフェリン修飾リポソームによるがん治療効果

　これまでに著者らは，オキサリプラチン（L-OHP）をトランスフェリン修飾PEGリポソームに内封したがん細胞にアクティブターゲティングするリポソームを開発した[2]。実際に担がんモデルマウスにこのリポソームを投与したところL-OHPのがん組織への集積および長時間の滞留が認められた（図3）。そして，これを反映した高い腫瘍増殖抑制効果が示された（図4）。さらに著者らは，同様の方法を利用してリポソーム表面に抗体を修飾したリポソームの開発を行っており，CD19抗体修飾により白血病細胞へのアクティブターゲティングが可能になることを報告している[3]。このように，リポソーム製剤へのアクティブターゲティング能の付与は，リポソーム製剤のさらなる有効性向上のための有用なドラッグデリバリー技術になると期待される。

文　　献

1) Zhigaltsev, I. V., Belliveau, N., Hafez, I., Leung, A. K., Huft, J., Hansen, C., and Cullis, P. R. (2012) Bottom-up design and synthesis of limit size lipid nanoparticle systems with aqueous and triglyceride cores using millisecond microfluidic mixing. *Langmuir: the ACS journal of surfaces and colloids* **28**, 3633-3640

2) Suzuki, R., Takizawa, T., Kuwata, Y., Mutoh, M., Ishiguro, N., Utoguchi, N., Shinohara, A., Eriguchi, M., Yanagie, H., and Maruyama, K. (2008) Effective anti-tumor activity of oxaliplatin encapsulated in transferrin-PEG-liposome. *International journal of pharmaceutics* **346**, 143-150

3) Harata, M., Soda, Y., Tani, K., Ooi, J., Takizawa, T., Chen, M., Bai, Y., Izawa, K., Kobayashi, S., Tomonari, A., Nagamura, F., Takahashi, S., Uchimaru, K., Iseki, T., Tsuji, T., Takahashi, T. A., Sugita, K., Nakazawa, S., Tojo, A., Maruyama, K., and Asano, S. (2004) CD19-targeting liposomes containing imatinib efficiently kill Philadelphia chromosome-positive acute lymphoblastic leukemia cells. *Blood* **104**, 1442-1449

第1章　リポソーム

4　融合タンパク修飾リポソーム

金田安史[*]

4.1　はじめに

　リポソームは低分子化合物から遺伝子まで水溶性の分子を封入でき様々な細胞に導入できるDDSとして半世紀も前から注目されてきた。ウイルスベクターとは異なり人工的に合成することができるため，そのサイズ，表面電荷，強度などを自在に変えることができる。しかし一方では，細胞質内への侵入はウイルスほど機能的ではない。また生体内では異物として認識されて排除されてしまう運命にある。リポソームの研究者たちは，この欠点を克服するためにリポソームの脂質成分を変えたり，サイズを小さくするなどの工夫とともに，機能的な分子で修飾したリポソームを創出してきた。本章では代表的な修飾リポソームが取り上げられているが，その1つが融合タンパク修飾リポソームである。一般にリポソームが細胞膜に近接すると，細胞はエンドサイトーシスによってこれを取り込みリポソームは細胞外液とともにエンドソーム内にとどまる。エンドソーム内の物質はpHが低下しその後リソゾームで分解されるため，素早くエンドソームから脱出する必要がある。これを克服するために，pHの低下に併せてエンドソーム内に流入するプロトンを吸収し（プロトンスポンジ効果），結果的にエンドソーム膜を破壊することによってリポソーム内に封入された分子の細胞質内導入を促進するアミノ基を有するカチオン性脂質を用いたリポソームが開発された。しかしもっと機能的かつ生理的に細胞質内導入を果たすためには，ウイルスの細胞質内侵入機構の利用が考えられてきた。ウイルスの細胞質内侵入を大別すると膜融合を介するものとそうでないものに分けられる。膜融合を介さないウイルスとしてはアデノウイルスがある。このウイルスは細胞膜上の受容体に結合しエンドサイトーシスでエンドソームに入った後，膜蛋白の作用でエンドソームを破壊して細胞質内に脱出する。一方，膜融合作用を利用し侵入するウイルスの場合，1つはウイルスエンベロープと細胞膜が直接融合するウイルス，HVJ（Hemagglutinating Virus of Japan；別名 Sendai virus）やHIV（Human Immunodeficiency Virus））と，もう1つはウイルス粒子がレセプターを介してエンドサイトーシスされて細胞内に入った後にエンドソーム膜とウイルス膜が融合するウイルス（Influenza virus, Semliki forest

---

　＊　Yasufumi Kaneda　大阪大学　大学院医学系研究科　教授

virus）がある。これら膜融合ウイルスの融合タンパクをリポソームの修飾に用いようという試みは1980年代から国内外で行われ，インフルエンザやHVJが主として用いられてきたが，ヒトへの病原性がないこと，大量に産生できることからHVJが汎用され，次第に進化を遂げてきた。ここでは，不活性化HVJとリポソームを直接融合させたHVJ-リポソーム，HVJの融合タンパクをリポソームに埋め込んだ再構成リポソーム，リポソームを用いず不活性化HVJ自身をDDSとしたHVJ envelope vectorについて紹介する。まず全てのベクターで共通に用いているのはHVJであるので，その性質や調整法について触れる。

4.2　HVJ

　HVJ（図1A）はパラミキソウイルス科のパラミキソウイルス属の1つで，1950年代初めに東北大の石田名香雄博士によって発見されて海外に伝わったためSendai virusとも称される。当時は小児不明熱ウイルスとして日本で初めて分離されたウイルスであったが，後日，培養に用いたマウスの気道に常在するウイルスでありヒトの病原体ではないことが判明した。

　HVJは平均直径300 nmのウイルス粒子であり，その内部には約15 kbのminus-strand RNAを含む。このウイルスが世界的に注目されたのは，1957年に岡田善雄博士（当時阪大微研）による細胞融合の発見によってである。HVJはウイルス膜表面にF，HNの2つの糖タンパク質を有しており，感染の際に起こる膜融合では，まずacetyl型のシアル酸を持つ細胞膜のガングリオシド（GD1a，Sialylparaglobosideなど）にHVJのHNが結合し，同時にそのneuraminidase活性によってレセプターである糖鎖を分解する。次いでF蛋白の疎水性に富む融合ペプチドと推定されるドメイン（FポリペプチドのNo. 117-142アミノ酸）が細胞膜のコレステロールなどの脂質と結合し膜構造を乱して膜融合が起こる。F蛋白はF0という不活性型から加水分解酵素でF1，F2に開裂し，融合ペプチドが露出され融合能が出現する。げっ歯類の気道上皮にはF0を開裂できる酵素が存在するのでマウスやラットに感染すると持続感染が起こり肺炎に陥るのである。HVJは末梢リンパ球やウマ赤血球を除くほぼ全ての細胞に融合可能であるので，この融合能を利用した高分子導入が1970年代から試みられてきた。しかしウイルスのゲノムが完全な形で残っていると，感染後抗原性の高いウイルス蛋白が大量に細胞内で生産され，強い細胞毒性が現れる。そこでこのウイルスを不活性化し，ウイルス蛋白の産生をなくし殻（エンベロープ）の膜融合機能のみを利用して高分子物質の導入を行う研究がなされてきた。不活性化には，紫外線やβ-propiolactoneが用いられる。

　HVJには主としてCantell株とSendai/52株があり，我々は融合能の強いSendai/52株を用いており，購入はATCC（American Type Culture Collection）より可能である（VR-105 parainfluenza 1 Sendai/52）。HVJの産生はニワトリ有精卵で行うのが一般的であり，接種後3〜4日で卵1個当たり漿尿液約10 mlが採取され，その中に1〜2×10^{11}のHVJ粒子が含まれている。産生方法はすでに報告した文献[1]を参照していただくこととし，ここでは詳述はしない。

第 1 章　リポソーム

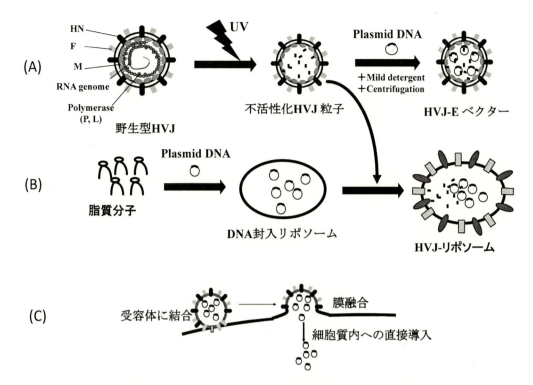

図 1：（A）HVJ は表面に F，HN タンパク質を持ち，膜の内面に M タンパク質を有する。ゲノムは約 15 kb の RNA で polymerase（P, L）も含まれている。これに紫外線照射するとゲノム RNA が断片化し，不活性化粒子となる。これに plasmid DNA を加えてから，穏やかな条件下で detergentde を用いて膜に穴をあけ遠心すると plasmid DNA が取り込まれて HVJ-E ベクターが完成する。（B）脂質分子を用いて plasmid DNA を封入するリポソームを作成する。これに不活性化 HVJ 粒子を反応させるとリポソーム膜と HVJ 膜が融合して HVJ-リポソームが完成する。（C）HVJ-E も HVJ-リポソームも膜融合活性を有し，細胞膜の HVJ 受容体に結合した後速やかに膜融合が起こり，封入された plasmid DNA を細胞質内に直接導入できる。

後述するリポソーム（10 mg 脂質より成る）と融合させるときに用いるのは，ほぼ卵 1 個分の HVJ である。我々の研究室では，定期的に HVJ を生産しており，精製は段階的な遠心法によって行っているが，現在では，これも後述する石原産業から遺伝子導入キットの形で購入できる。この市販の HVJ は段階的にカラムで精製しており遠心法よりもはるかに精製度は高い。なお HVJ を培養細胞で産生すると有精卵の 1〜2% しか採取できず，分離した HVJ の F タンパク質は不活性型（F0）のままなので低濃度のトリプシン（0.0004 %）で処理しないと融合能をもたない。しかし大阪大学発のベンチャーであるジェノミディア株式会社では，HEK293 細胞を用いて高産生の細胞株とウイルス株を分離し，完全無血清の培地で大量生産する方法を確立した。培地 1 ml あたりの産生量は有精卵漿尿液 1 ml 当たりの産生量の約 3 倍にまで達している。また 2 段階の不活性化処理，4 段階のカラムでの精製法を確立し，約 220 nm 直径の均一な粒子として大

量生産が可能となっており，これはすでに臨床用グレードとして認められ臨床に用いられている。現在は凍結乾燥製剤として4度で29カ月以上安定である。

4.3 HVJ-リポソーム

電荷の異なる2種類のリポソームを調整し，不活性化HVJと融合させた融合リポソームとして用途によって使い分ける。遺伝子封入リポソーム（図1B）について記載する。なおリポソームの作製法はあまたあり，どの方法で作成したリポソームでも基本的にここで記載するHVJ-リポソームは作成できるが，ここでは我々が用いてきたvortex処理法[1]について述べる。

4.3.1 HVJ-anionic liposome

- Cholesterol(Chol)，egg yolk phosphatidylcholine(ePC)，egg yolk sphingomyelin(eSph)，dioleoylphosphatidylethanolamine(DOPE)，phosphatidylserine(PS)を購入（Sigma, Avanti Polar Lipids, Inc, 日本油脂，あるいはフナコシ）し，それぞれ30 mMになるようにクロロフォルムに溶解する。
- Chol：ePC：：eSph，DOPE：PSがモル比で13.3:13.3:13.3:50:10になるように混合し，500 μl（約10 mgの脂質）ずつガラス管（尖頭管）に分注する。
- このガラス管をエバポレーターにセットし，尖頭部分を37度程度の浴槽に浸しつつ毎秒1回転程度で回転させながらガラス管の尖頭部分に脂質の薄層を形成させる。
- Plasmid DNA 200 μgをTE（10 mM Tris-HCl pH 8.0, 0.1 mM EDTA）200 μlに懸濁し，これを脂質薄層を形成させたガラス管に入れ，30秒間vortexにかけて激しく震盪させ，30秒間37度の浴槽に浸す。これを8回繰り返す。
- このリポソーム懸濁液をセルロースアセテートのフィルターに通す。最初はポアサイズが平均0.45 μm，次いで0.20 μmのフィルターを用いる。フィルターにトラップされるリポソームを回収するために，それぞれ0.5 mlのBSS（10 mM Tris-Cl pH 7.6, 137 mM NaCl, 5.4 mM KCl）で洗浄する。
- HVJ 15000 HAU(hemagglutinating unit)（約1.5×10^{11}粒子）を紫外線照射（99-198 mjoule/cm^2）3分間行って不活性化し，これを上記の遺伝子封入リポソーム懸濁液と混合し，on ice 10分間静置。その後37度の浴槽で1時間，ガラス管の底に粒子がたまらない程度（120回/分）で震盪させながらインキュベートする。
- 次いで，この懸濁液をショ糖密度勾配遠心にかける。10 mlの遠心チューブの底に60%（w/v）ショ糖溶液1ml，次いで30%溶液7 mlを重ね，その上にHVJとリポソームの懸濁液を静かに注ぐ。スウィング式のローターで4度，62800 g，1.5時間遠心する。
- 融合しなかった余剰のHVJは60%と30%の層の間に，HVJ-リポソームは30%の層の上層に集積するので，これを採取し実験に供する。

4.3.2 HVJ-cationic liposome

- Cholesterol(Chol), egg yolk phosphatidylcholine(ePC), egg yolk sphingomyelin(eSph), dioleoylphosphatidylethanolamine(DOPE), 3β-[N-(N',N'-dimethylaminoethane)-carbamoyl] cholesterol hydrochloride(DC-Chol) を購入（Sigma, Avanti Polar Lipids, Inc, 日本油脂, あるいはフナコシ）し，それぞれ 30 mM になるようにクロロフォルムに溶解する。
- Chol：ePC：：eSph，DOPE：DC-Chol がモル比で 16.7：16.7：16.7：40：10 になるように混合し，500 μl（約 10 mg の脂質）ずつガラス管（尖頭管）に分注する。

これ以降のステップは，HVJ-anionic liposome と同じなので省略する。

以上のリポソームは電顕での観察では一枚膜リポソームである。遺伝子封入率は異なり，HVJ-anionic liposome では 10〜15%，HVJ-cationic liposome では 50〜60% である。HVJ-anionic liposome ではほぼリポソーム（425.4±199.3 nm 直径）と HVJ（369.4±138.5 nm）は 1 対 1 で融合し，Lazer particle sizer を用いた計測ではサイズは 535.7±249.1nm 直径であるが，HVJ-cationic liposome ではリポソーム（761.9±472.5 nm）で HVJ と融合すると 1849.9±1307.1 nm となり 1 つのリポソームに複数の HVJ が融合している。正電荷をもつ HVJ-cationic liposome は培養細胞への導入にすぐれており，負電荷をもつ HVJ-anionic liposome は肝臓や骨格筋など生体組織への遺伝子導入に有効である[2]。また遺伝子のみならず，アンチセンスオリゴヌクレオチドや siRNA，デコイオリゴヌクレオチド，さらにはタンパク質や抗癌剤等の低分子化合物の封入，導入も可能である。

4.4 融合タンパク質を有する再構成リポソーム

4.4.1 HVJ 由来の融合タンパク質の精製

- 大量の HVJ（1750000 を HAU）懸濁液 20 ml に NP-40，PMSF を最終濃度 0.5 %，2 mM で加え 4 度で 30 分間回転させながら反応させる。
- これを 100,000 g，75 分，4 度で遠心し，不溶物を沈殿させ，上清を分離する。
- この上清を 5 mM リン酸緩衝液（pH 6.0）に対して 3 日間透析し NP-40，PMSF を除去する。
- 透析後の上清をイオン交換カラム（CM-Sepharose CL6B）にかける。カラムは予め 0.3 M ショ糖と 1 mM KCl を含む 10 mM リン酸緩衝液（pH 5.2）で平衡化しておく。
- フロースルーには F タンパク質が，0.2 M NaCl で溶出すると HN タンパク質が得られる。

4.4.2 融合タンパク質のリポソームへの埋め込みによる再構成リポソームの構築

- 適当なリポソームを上記 HVJ-リポソームのところで記載した方法で作成する。ただし遺伝子などを封入しない空リポソームである。最終的に bufffer A（150 mM NaCl，10 mM Tris（pH 7.4），2 mM CaCl$_2$, and 2 mM MgCl$_2$）に懸濁する。
- 上記の融合タンパク質に Triton X-100 を 1% になるように加える。容量は 1.2 ml とする。
- これをリポソーム懸濁液に加える。

・つぎに Triton X-100 を除去するために，27.5 mg SM-2Bio-Beads を加えて室温で 5 時間，その後 4 度で 40 時間インキュベートする．

以上の操作で融合タンパク質の疎水性部分である膜貫通ドメインがリポソーム膜に取り込まれる．方向性については理論上，正方向，逆方向が 1:1 であるが，糖鎖をもつ場合，方向性が保たれるのではないかと考えられる．未検証であり，トリプシンなどで処理する残存するタンパク質の大きさを見れば明らかにできるが，この再構成リポソームが HVJ と同様な融合能をもつためにそのように推測している．

4.4.3 簡便な再構成リポソーム作製法

融合タンパク質を精製し，それをリポソームと混合する上記の方法は非常に手間がかかる．簡便法としては，HVJ を detergent で処理し，不溶物を除去した後，detergent を徐々に除去すれば，HVJ 由来の脂質をもとにした天然のリポソームに融合タンパク質が刺さった再構成リポソームができる．

上記 4.4.1 の方法で NP-40 で溶解させ遠心後の HVJ の上清を徐々に透析で NP-40 を除去したときに，すでに再構成リポソームができておりこれを利用できる．

あるいは，4.4.2 で HVJ を Triton X-100 で溶解させ，この Triton X-100 を SM-2Bio-Beads で徐々に抜くと再構成リポソームを得ることができる．

以上の再構成リポソームの難点は，遺伝子などの封入が困難なことである．Triton X-100 を除去する操作のときに遺伝子などが封入できるという報告もあるが，極めて効率が低い．そこで筆者らは，再構成リポソームを不活性化 HVJ と同様に扱い，HVJ-リポソームのところで作成した遺伝子封入リポソームと融合させて融合リポソームを作成し，合成核酸の細胞内導入に成功している[2]．

4.5 HVJ envelope vector

上述の融合リポソームは HVJ の膜融合機能を生かした独創的な方法であり，様々な遺伝子導入や薬物送達の研究に十分目的を果たしてきた．しかし臨床応用を目指したベクターの開発では，いかに均一に大量生産ができるかが課題であり，そのためには必要な機能を保持させたまま，できる限りシンプルなベクター系とする必要がある．その考え方に基づき，リポソームを用いず，不活性化した HVJ 粒子中に簡単に治療分子を封じ込める方法を開発し，強い融合活性を保ったまま培養細胞へも生体組織へも遺伝子導入が可能な HVJ envelope vector（HVJ-E）が完成した（図 1A）[3]．そのプロトコールは下記のごとく実に簡便である．

・紫外線などで HVJ を不活化し，その粒子 10000 HAU を 40 μl の TE に懸濁し，そのウイルスの入った Eppendorf tube を氷上におき治療遺伝子 200 μg/50 μl TE を加え混合する．

・低濃度の detergent（10% Triton X-100）を 5 μl を加え，4 度，18500 g で 15 分間遠心する．

・沈殿に BSS 1 ml を加えて懸濁し再度遠心して detergent を除き，沈殿に 300 μl PBS を加え

て懸濁し導入実験に用いる。

4.6 応用

　plasmid DNA は約 20% の効率で封入される。HVJ-E も HVJ-リポソームもともに細胞融合活性を有しており，10 秒以内に細胞膜での融合を起こし，封入物を直接細胞質内に導入できる（図1C）。HVJ-E の方が HVJ-リポソームよりサイズが小さい融合タンパク質の密度が高く，融合活性は強いと考えられる。この能力を利用して，HVJ-E vector は多くの培養細胞への遺伝子導入に優れ，特に従来法では効率の低かった浮遊細胞や初代培養細胞への遺伝子導入に効果的であることがわかった。またオリゴヌクレオチドは多くの細胞においてほぼ 100% に近い効率で核内導入される。この他，蛋白や抗癌剤などの封入・導入も可能であり，即ち DDS として用いることもできる。このベクターは研究用試薬として GenomOne という商品名で石原産業から市販されている。石原産業では，従来の導入法では，効率の低かった免疫系の浮遊細胞や初代培養細胞にも HVJ envelope vector を利用して高効率で siRNA を導入できる簡便なプロトコールを完成している。またこの siRNA 導入法は，96 well plate などの multi-well plate に播種した細胞への siRNA library の導入による high through-put screening にも使用可能である。詳細は石原産業のホームページ（URL: http://www.iskweb.co.jp/hvj-e）を参照されたい。

　一方，HVJ-E は様々な生体組織への遺伝子導入にも優れている。すでに脳脊髄液内に注入することにより延髄や小脳の神経細胞とグリア細胞に遺伝子導入ができることを用いて HGF 遺伝子導入により脳梗塞の予防と治療がラットモデルで可能であることの報告や[4]，脳脊髄液内に投与すると内耳の神経節細胞にまでベクターが到達するのでカナマイシンの難聴モデルラットにこの方法で HGF を投与すると神経節細胞のアポトーシスが抑制され，難聴の予防，治療も可能であることも報告されてきた[5]。癌組織への遺伝子導入も可能である。

　最近，不活性化 HVJ 自身多彩な抗腫瘍作用があることを見出し，その分子機構の解明とともに臨床応用もなされている。そのメカニズムは紫外線でウイルス RNA ゲノムが断片化し，膜融合で細胞内に導入されると細胞質内の RNA 受容体の RIG-I と結合し，免疫系細胞ではサイトカインである interferon-α, -β や RANTES，IP-10 などのケモカインが産生されるようになり抗腫瘍免疫が活性化される。さらに癌細胞では，このシグナル経路がアポトーシス誘導遺伝子を発現させ，癌細胞選択的な細胞死を起こすことが分かった。前述したように臨床応用可能な GMP グレードの治験薬 HVJ-E が完成し，これを用いてメラノーマや前立腺がんの医師主導治験が行われている。これはベクター自身が抗腫瘍作用を持っているので癌治療用ベクターとしてはメリットが大きいが，一般的な DDS としてはそのような作用がないことが望ましい。その点については，紫外線ではなく β-propiolactone での不活性化ではゲノムは断片化せず約 15 kb のまま粒子内にとどまる。また遺伝子封入の際に用いる detergent を Triton X-100 や NP-40 を用いることで融合能を弱めサイトカインやケモカインの産生を抑制できることが分かった。Tween 80 を用

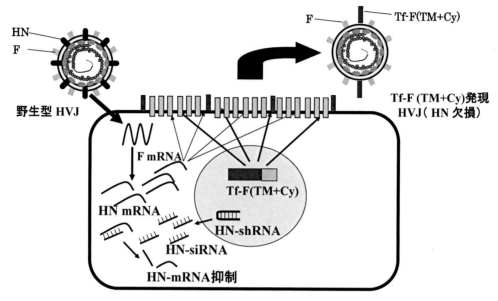

図2:トランスフェリンを膜表面に持つHVJの構築。培養細胞（サル腎臓由来のLLCMK2細胞がよく使われる）にトランスフェリン(Tf)とFタンパク質の膜貫通(TM)と細胞質内(Cy)ドメインを持つキメラ遺伝子を導入し安定発現株を分離しておく。また出芽してくるHVJの膜上のHNタンパク質を欠損させるため，HNmRNAを破壊できるsiRNAを産生できるようにHNshRNAも導入しておく。この細胞に野生型HVJを感染させるとHNが欠損し，膜表面にFタンパク質とトランスフェリン・F(TM+Cy)のキメラ蛋白質をもつHVJが産生される。HVJ-Eベクターにするためにはこれを紫外線照射して不活性化し，detergentと遠心操作によってplasmid DNAを封入すればよい。またこの粒子はトランスフェリンを表面に持つHVJ-リポソーム作成にも応用できる。

いるとサイトカインやケモカインの産生能力を残すことができるので目的に応じて使い分ければよい。

　標的分子や機能分子を有するHVJ-Eの構築も可能である。融合タンパク質がHVJの膜に取り込まれるのは，産生細胞の細胞膜にこれらのタンパク質が局在するためである。そのために必要なドメインは膜貫通ドメイン(TM)と細胞質内ドメイン(Cy)であることをF，HNどちらのタンパク質についても見出したので，一本鎖抗体やトランスフェリンの遺伝子とTM+Cy遺伝子のキメラ遺伝子を作成し，細胞に発現させ膜表面に並ぶことを確認した[6]。図2は，トランスフェリンを表面に発現するHVJの産生を表している。培養細胞にトランスフェリンとFタンパク質のTM+Cyドメインをもつキメラ遺伝子を発現させ，野生型のHVJを感染させると出芽してくるHVJの膜蛋白の一部には，このキメラ蛋白質が取り込まれ，トランスフェリンによる標的能力を発揮することができた。本来のHVJ受容体であるガングリオシドへの結合を防ぐためにはHNタンパク質を除く必要があり，そのために感染細胞にHNのshRNAを導入し，

第1章　リポソーム

HNmRNA を破壊する siRNA を産生するようにしておくと，HN 欠損で F と標的分子をウイルス膜表面に持つ HVJ を分離することができた。一本鎖 IL-12 をもつ高機能化 HVJ-E も完成し，これはさらに強力な抗腫瘍免疫活性化作用を発揮した[7]。HVJ-E はウイルスベクターではなくウイルスの殻を利用した DDS であるが，このように遺伝子工学的手法を駆使して様々な改変が可能である。

文　　献

1) Kaneda, Y. et al., The hemagglutinating virus of Japan-liposome method for gene delivery, In Methods in Enzymology (ed. by Duzgunes, N.), vol. 373, p482-492, 2003.
2) Kaneda, Y. et al., Progress of fusigenic viral liposomes, In Progress in Gene Therapy (Ed. by Bertolotti, R., et al.) p225-244, 2000.
3) Kaneda, Y. et al., HVJ (hemagglutinating virus of Japan) envelope vector as a versatile gene delivery system, Molecular Therapy 6, 219-226, 2002.
4) Shimamura, M. et al., A novel therapeutic strategy to treat brain ischemia: Overexpression of hepatocyte growth factor gene reduced ischemic injury without cerebral edema in rat model. Circulation 109, 424-431, 2004.
5) Oshima, K. et al., Intrathecal injection of HVJ-E containing HGF gene to cerebrospinal fluid can prevent and ameliorate hearing impairment in rats, The FASEB J. 18, 212-214, 2004.
6) Kawachi, M. et al., Development of tissue-targeting HVJ envelope vector for successful delivery of therapeutic gene to mouse skin, Human Gene Therapy, 18, 881-894, 2007.
7) Saga, K. et al., Systemic administration of a novel immune-stimulatory pseudovirion suppresses lung metastatic melanoma by regionally enhancing IFN-γ production, Clinical Cancer Research, 1; 19 (3): 668-79, 2013.

第 1 章　リポソーム

5　ペプチド修飾リポソームの調製

浅井知浩[*1]，奥　直人[*2]

5.1　はじめに

　リポソームのペプチド修飾は，様々な用途で行われる。例えば，特定の受容体に結合性を示すペプチドをリポソームに修飾することにより，標的細胞への選択的な薬物送達が可能になる[1~5]。また別の例としては，細胞膜透過性ペプチドをリポソームに修飾することにより，細胞質への効率的な薬物送達が可能になる[6]。その他にも核酸の保持[7]，エンドソームからの脱出[6]など，多種多様な目的のもとにペプチドが利用されている。ペプチドは，抗体，タンパク質，糖鎖などと比較し，安価かつ容易に大量調製ができる利点がある。ペプチド修飾リポソームの特徴や応用については，引用文献[8~10]に記載の著書や総説も参照されたい。

　ペプチド修飾の方法は，有機合成を伴う方法もあれば，水溶液中の反応だけで済む簡便な方法もある。本稿では，どこの研究室でも実施できるであろう簡便なペプチド修飾法のプロトコルを紹介する。マレイミドとチオールのマイケル付加反応を利用するものであり，温和な条件で反応が進行するので，一般的によく行われている方法である。以下に，ポリエチレングリコール（PEG）修飾リポソームの先端に環状 RGD ペプチド（cRGD）を提示させたリポソーム（図1）を調製する方法を述べる。cRGD は，がん細胞や新生血管に高発現が認められるインテグリン $αvβ3$ に結合することが知られており，リポソームの腫瘍集積性を高める目的で用いられる[5]。

5.2　実験材料

・末端にシステイン残基を配置した合成 cRGD ペプチド：Cyclo(-Arg-Gly-Asp-D-Phe-Cys)
・マレイミド化 PEG5000- ジステアロイルホスファチジルエタノールアミン（MAL-PEG5k-DSPE）
・リポソーム構成脂質：ジパルミトイルホスファチジルコリン（DPPC），コレステロール

[*1]　Tomohiro Asai　静岡県立大学　薬学部　准教授
[*2]　Naoto Oku　静岡県立大学　薬学部　教授

第1章 リポソーム

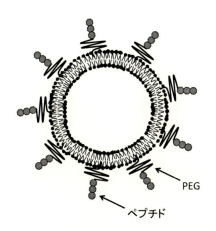

図1 ペプチド修飾PEGリポソームの模式図

- クロロホルム
- 超純水
- リン酸緩衝生理食塩水（PBS）
- HPLC移動相：100 mMリン酸二水素ナトリウム溶液＋100 mM硫酸ナトリウム溶液（塩酸を加え，pH 6.8に調整）
- HPLC
- HPLC用ゲル濾過（GFC）カラム
- ナス型フラスコ
- ロータリーエバポレーター
- 真空ポンプ
- デシケーター
- エクストルーダー
- ポリカーボネート膜（孔径：100 nm）
- 粒子径・ゼータ電位測定装置

5.3 実験操作

5.3.1 ペプチドとマレイミド化PEG脂質の反応

PEG先端のマレイミド基と合成cRGDペプチドに含まれるチオール基とのマイケル付加反応によってペプチド結合PEG脂質誘導体を調製する。

cRGDおよびMAL-PEG5k-DSPEを10 mMとなるように，それぞれ超純水に溶解する。調製したcRGD水溶液とMAL-PEG5k-DSPE水溶液を1:1のモル比で混合する。

25℃で一晩静置してcRGD-PEG-DSPE水溶液（5 mM）を調製する。本反応は温和な条件で

反応が進行するため，汎用性が高い．

5.3.2　cRGD-PEG-DSPE の分析

ゲル濾過カラムを用いた HPLC 分析によって cRGD と MAL-PEG5k-DSPE の結合を確認する．cRGD-PEG-DSPE 水溶液および cRGD 水溶液を 250 μM となるように超純水でそれぞれ希釈し，以下の HPLC 条件で分析する．

〔HPLC 条件〕
　　カラム：ゲル濾過カラム（例：TOSOH TSKgel G2000SW$_{XL}$）
　　移動相：100 mM リン酸二水素ナトリウム溶液＋100 mM 硫酸ナトリウム溶液
　　注入量：20 μL
　　流速：0.5 mL/min
　　検出：UV（214 nm）

HPLC 分析の結果を図 2 に示す．cRGD の保持時間は 20.51 分（図 2A）であるのに対し，cRGD と MAL-PEG5k-DSPE を反応させた cRGD-PEG-DSPE の保持時間は，14.93 分（図 2B）である．cRGD-PEG-DSPE のサンプルに cRGD のピークは観察されず，ほぼすべての cRGD が MAL-PEG5k-DSPE に結合したことがわかる．

5.3.3　リポソームの調製

クロロホルムに溶解した 100 mM DPPC 溶液および 100 mM コレステロール溶液を調製する．DPPC：コレステロール＝3：2（モル比）となるように，ナス型フラスコに分取する．適量のクロロホルムを加え，混合脂質溶液を調製する．

ロータリーエバポレーターを用いて減圧下クロロホルムを留去した後，真空ポンプを用いて 1 時間以上減圧乾固し，混合脂質薄膜を形成させる．

総脂質の最終濃度が 10 mM となるように，60℃[*1] に温めた PBS[*2] を加えて混合脂質を水和する．ナス型フラスコを 60℃ に温めながらボルテックスミキサーを用いてよく水和する．

必要に応じて凍結融解処理や超音波処理を行った後，60℃[*1] に加温したエクストルーダーを用いて粒子径の調整を行う．

粒子径調整は段階的に行い，最終的に 100 nm もしくは 80 nm のポリカーボネート膜を通すことにより，約 100 nm の小さな一枚膜リポソーム（SUV）を調製する．

5.3.4　ペプチド修飾リポソームの作成

5.3.1 で調製した cRGD-PEG-DSPE 水溶液および 5.3.3 で調製したリポソーム溶液を用いてペプチド修飾リポソームを調製する．cRGD-PEG-DSPE をポストインサーションすることに

[*1] リポソームの相転移温度よりも十分に高い温度であたためる．
[*2] リポソームの組成や修飾するペプチドの種類によっては，塩濃度が高いとリポソームが凝集を起こすことがある．リポソームの物性に応じて適切な緩衝液を選択することが必要である．

第1章　リポソーム

(A)

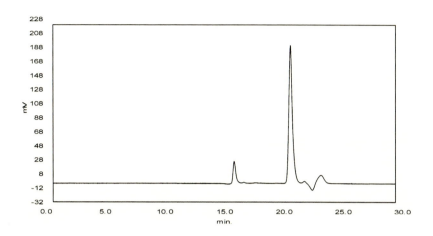

(B)

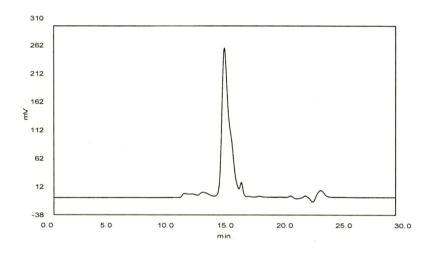

図2　cRGD-PEG-DSPE の HPLC クロマトグラム
(A) cRGD のクロマトグラム。保持時間は 20.51 分。(B) cRGD-PEG-DSPE のクロマトグラム。保持時間は 14.93 分。

よってペプチド修飾リポソームを作成する。

　リポソームの総脂質に対して 5 mol% となるように cRGD-PEG-DSPE 水溶液を加え，60℃[*1]で 15 分間インキュベーションする。

　ペプチド修飾リポソームをゲル濾過や超遠心操作によって精製する。ペプチド修飾のリポソームの粒子径とゼータ電位を測定し，物理化学的性質を評価する。

5.4　応用

　本稿では，水溶液中の反応のみで完結するペプチド修飾リポソームの作成法を紹介したが，他にも様々な作成法がある。以前に筆者らは，ペプチドとPEG化脂質をジシクロヘキシルカルボジイミド（DCC）-1-ヒドロキシベンゾトリアゾール（HOBt）法で縮合し，そのコンジュゲートをリポソーム膜に組み込む方法でペプチド修飾PEGリポソームを調製した[11~14]。有機合成による方法は，ペプチドPEG脂質誘導体の構造をある程度自由にデザインできる利点が大きい。リポソームへの修飾は，上述の方法と同様の操作で行うことができる。2種以上のペプチドを同時にリポソームに修飾することも容易であり，複数の機能をリポソームに付与したり，標的細胞への結合性を格段に高めたりすることができる[15,16]。本稿では，ポストインサーションによる調製プロトコルを記載したが，プレインサーションでペプチドを修飾することも可能である。プレインサーションの場合は，「5.3.3　リポソームの調製」の混合脂質溶液にペプチドPEG脂質誘導体を加え，他の脂質とともに薄膜を形成させる。その後の操作は上述の方法に準じて行うことで，ペプチド修飾リポソームを作成できる。

　PEGリポソームの先端ではなく，PEGを含まないリポソームにペプチドを修飾することももちろん可能である。ペプチドを結合した脂質を用意し，他の脂質を加えた混合脂質を水和すれば，簡便にペプチド修飾リポソームを調製することができる。脂質を結合したペプチドは，研究室で設計・合成してもよいし，受託合成で購入してもよい。脂質を結合したペプチドが水に溶けない場合は，ポストインサーションでの修飾は困難であり，プレインサーションを選択することになる。アミノ酸配列によってはペプチドの疎水性が高く，上手くペプチド修飾リポソームが出来ない場合もあるので，注意が必要である。このような場合，親水性のアミノ酸を付加することで改善が図れるが，付加によってペプチドの機能が損なわれないことが前提となる。

　また別のペプチド修飾リポソームの調製法として，プレーンなリポソームをあらかじめ調製した後にリポソームとペプチドの結合反応を行う方法がある。マレイミド化PEG脂質あるいはマレイミド化脂質を含有するリポソームをあらかじめ調製し，そのリポソームとチオール基を有するペプチドを混合する。これにより，マイケル付加反応によってリポソーム表面にペプチドを修飾することができる。この方法は，抗体修飾リポソームを調製する際によく用いられる[7,17,18]。いずれの方法で調製した場合であっても修飾するペプチドのアミノ酸配列によってはリポソームの凝集が観察されることがあり，ペプチドの設計やリポソーム溶液の溶媒の選択には工夫が必要である。

　本稿では，ラボスケールで手軽にペプチド修飾リポソームを調製する方法を記載したが，リポソームの調製法を多少変更すればスケールアップをしてペプチド修飾リポソームを調製することも可能である。混合脂質の調製法，水和の方法，精製の方法などは調製スケールに応じて変更する必要性が出てくるが，ペプチドの修飾方法はとてもシンプルであり，製品化は可能であると考えられる。ペプチド修飾リポソームは実用化に至っていないものの，その機能性はよく研究され

第1章　リポソーム

ており，スケールアップが困難な製造工程を伴わないことから，今後の医薬品化が期待される。

文　　献

1) Oku N. *et al., Oncogene*, **21**, 2662-2669（2002）
2) Asai T. *et al., FEBS Lett.*, **520**, 167-170（2002）
3) Kondo M. *et al., Int. J. Cancer*, **108**, 301-306（2004）
4) Asai T. *et al., Bioconjug. Chem.*, **22**, 429-435（2011）
5) Yonenaga N. *et al., J. Control. Release*, **160**, 177-181（2012）
6) Asai T. *et al., Biochem. Biophys. Res. Commun.*, **444**, 599-604（2014）
7) Okamoto A. *et al., Biochem. Biophys. Res. Commun.*, **449**, 460-465（2014）
8) 浅井知浩，リポソーム応用の新展開，p539-546，エヌ・ティー・エス（2005）
9) Asai T. & Oku N., *Methods Enzymol.*, **391**, 163-176（2005）
10) Asai T. & Oku N., *Methods in Molecular Biology*, **605**, 335-347 Humana Press（2010）
11) Maeda N. *et al., Bioorg Med Chem Lett.*, **14**, 1015-1017（2004）
12) Yonezawa S. *et al., J. Control. Release*, **118**, 303-309（2007）
13) Asai T. *et al., Cancer Sci.*, **99**, 1029-1033（2008）
14) Katanasaka Y. *et al., Int. J. Cancer*, **127**, 2685-2698（2010）
15) Murase Y. *et al., Cancer Lett.*, **287**, 165-171（2010）
16) Sugiyama T. *et al., PLoS One.*, **8**, e67550（2013）
17) Atobe K. *et al., Biol. Pharm. Bull.*, **30**, 972-978（2007）
18) Nishikawa K. *et al., J. Control. Release*, **160**, 274-280（2012）

第 1 章　リポソーム

6　バブルリポソーム

鈴木　亮[*1]，根岸洋一[*2]，丸山一雄[*3]

6.1　はじめに

　現在，診断装置としてX線 Computed Tomography（CT），Magnetic Resonance Imaging（MRI），Positron Emission Tomography（PET），超音波などが臨床応用されており，各装置で様々な特徴がある。その中で超音波造影装置は，管理区域が不要，小型でベッドサイドにも運搬可能，比較的安価，リアルタイムイメージングが可能などの多くの利点があり注目されている。また，最近では標的部位に体外からピンポイントに超音波のエネルギーを集束できる治療用超音波装置（強力集束超音波（HIFU））が開発され，新たながん治療法として期待されている。このように超音波は，治療と診断のための装置が揃っており，診断・治療を行うシステム（セラノスティクス）を構築する上で有望な医療用エネルギーとして捉えられる。さらに，微小気泡（ナノ・マイクロバブル）と超音波の併用により超音波診断の精度向上やソノポレーション効果の増強によるドラッグデリバリーへの応用が期待されている。そこで本節では，ナノバブルの1例としてリポソーム懸濁液からのナノバブル（バブルリポソーム）[1,2]の調製法を概説するとともに，応用例としてバブルリポソームを利用した超音波遺伝子デリバリー[3]について紹介する。

6.2　材料および試薬

・リポソーム懸濁液
・パーフルオロプロパン
・水槽型超音波照射装置（Branson 社）
・脱気水
・5 mL バイアル瓶，ゴムキャップ，アルミキャップ

＊1　Ryo Suzuki　帝京大学　薬学部　准教授
＊2　Yoichi Negishi　東京薬科大学　薬学部　准教授
＊3　Kazuo Maruyama　帝京大学　薬学部　教授

6.3 実験操作

① リポソーム懸濁液を準備する。リポソーム脂質組成中にコレステロールが存在すると，完成したバブルの安定性が低下するため，リポソームの構成脂質にコレステロールを含有しない方がよい。また，エタノールインジェクション法で調製したリポソームを利用する場合，エタノールの残存がバブルの形成・安定性に悪影響を及ぼす傾向があるので，エタノールを除去したリポソーム懸濁液を準備した方がよい。

② 調製したリポソーム（脂質濃度1 mg／mL）懸濁液を5 mLバイアル中に2 mL添加する。その後，パーフルオロプロパン7.5 mLでバイアル内の空気を置換し，ゴムキャップで栓をしたのちにアルミキャップをかける。その後，ルアーロックシリンジを用いてバイアル内にパーフルオロプロパンを7.5 mL添加し，バイアル内をパーフルオロプロパンで加圧する（図1）。

③ 脱気水を満たした水槽型超音波照射装置（図2）にて，バイアルに超音波を5分間照射する。バイアルに超音波を照射すると徐々にリポソーム懸濁液が白濁してくる（図3）。なお，照射中はバイアルをゆっくりと撹拌し，最も超音波の強い場所付近でバイアルに超音波を照射するとよい。

④ バイアル内が白濁していれば，バブルリポソームが作成されている（図4）。もし白濁度合いが悪ければ，注射針をバイアルに刺し，圧力を解放後，再度パーフルオロプロパンで加圧し，超音波照射を行うとよい。

⑤ 27Gの注射針を装着した1 mLシリンジでバイアル内からバブル懸濁液を取り出し，チューブに移すときは，注射針を外してシリンジからゆっくりとバブル懸濁液をチューブ

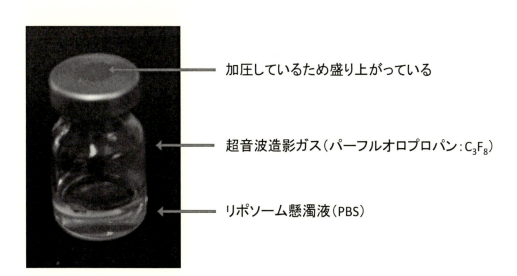

図1　水槽型超音波照射前のリポソーム懸濁液

超音波洗浄槽の準備（Branson社 model 2510の場合）

Operating level より5mmほど上まで水を入れると水しぶきが出るくらい強力になる水位がある。強度が弱い場合は、degasをすると良い。Degas modeがない場合は、1時間程度超音波を出しておくと強力になる。

封入操作の際は、キャップ部分が高温になるので、洗濯バサミなどを使って直接手に持たないようにする

図2　水槽型超音波照射装置のセッティング

封入操作

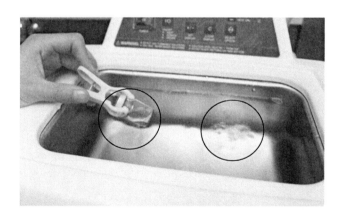

超音波洗浄槽の左右に1か所ずつ液面が激しく動く場所がある（○）
この場所にバイアル瓶を少し傾けて入れる。
時折（30秒程度）バイアル瓶を振りながら5分間超音波をあてる

図3　水槽型超音波照射装置によるリポソーム懸濁液への超音波照射

第1章　リポソーム

図4　バブルリポソームの外観

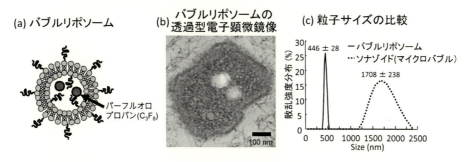

図5　バブルリポソームの構造およびサイズ

に排出する。とり出したバブルは速やかに実験に使用する。なお，バイアル内が加圧状態にあるので，バイアルからバブル懸濁液をとり出すときは注意すること。

⑥　調製したバブルリポソームのサイズを動的光散乱法で測定すると，平均粒子径約500 nmであった（図5）。

6.4　応用

　バブルリポソームに超音波を照射すると，超音波の周波数や強度に応じてバブルリポソームが振動したり圧壊したりと様々な振る舞いをする。例えば，超音波造影装置でのイメージング超音波ではバブルリポソームは振動し，イメージング輝度を増強させる。実際に水槽中のチューブにリポソーム懸濁液またはバブルリポソーム懸濁液を添加し，超音波造影装置で観察すると，ガスを保持しているバブルリポソームのみで超音波造影輝度の増強が認められた（図6）。また，超音波照射強度の高い治療用超音波照射では，バブルリポソームの圧壊が誘導される。この時にジェット流が生じるが，このエネルギーを駆動力として細胞内や組織への薬物・遺伝子デリバリーを行うことができる。実際にバブルリポソームとドキソルビシンを担がんモデルマウスの尾

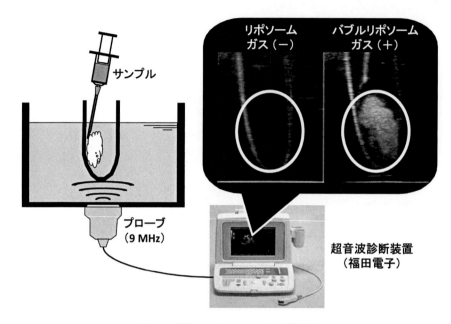

図6 バブルリポソームの超音波造影

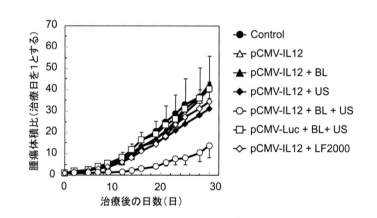

pCMV-IL12: IL-12発現プラスミドDNA（治療用遺伝子）
pCMV-Luc: ルシフェラーゼ発現プラスミドDNA（コントロール）
BL:バブルリポソーム、US:超音波照射、LF2000:リポフェクタミン2000

図7 バブルリポソームと超音波照射を用いたIL-12遺伝子導入によるがん遺伝子治療

第1章　リポソーム

静脈から全身投与し，がん組織に向けて超音波照射することでがん組織へのドキソルビシンのデリバリー効率を向上させることができる[4]。これに伴い，がんの増殖抑制効果が増強することが明らかとなっている。さらに，がん遺伝子治療のための遺伝子デリバリーツールとしてバブルリポソームを利用した超音波遺伝子導入を試みたところ，がん組織にインターロイキン-12（IL-12）を発現させることに成功している[5]。この発現したIL-12により効果的な抗腫瘍効果が得られることも確認している（図7）。このように，バブルリポソームは，超音波造影剤として機能するのみならず，薬物・遺伝子デリバリーによる治療への応用をも可能とする超音波セラノスティクス製剤になるものと期待される。

文　　献

1) Suzuki, R., Takizawa, T., Negishi, Y., Hagisawa, K., Tanaka, K., Sawamura, K., Utoguchi, N., Nishioka, T., and Maruyama, K. (2007) Gene delivery by combination of novel liposomal bubbles with perfluoropropane and ultrasound. *Journal of controlled release: official journal of the Controlled Release Society* **117**, 130-136

2) Suzuki, R., Takizawa, T., Negishi, Y., Utoguchi, N., and Maruyama, K. (2007) Effective gene delivery with liposomal bubbles and ultrasound as novel non-viral system. *Journal of drug targeting* **15**, 531-537

3) Suzuki, R., Oda, Y., Utoguchi, N., and Maruyama, K. (2011) Progress in the development of ultrasound-mediated gene delivery systems utilizing nano-and microbubbles. *Journal of controlled release: official journal of the Controlled Release Society* **149**, 36-41

4) Ueno, Y., Sonoda, S., Suzuki, R., Yokouchi, M., Kawasoe, Y., Tachibana, K., Maruyama, K., Sakamoto, T., and Komiya, S. (2011) Combination of ultrasound and bubble liposome enhance the effect of doxorubicin and inhibit murine osteosarcoma growth. *Cancer biology & therapy* **12**, 270-277

5) Suzuki, R., Namai, E., Oda, Y., Nishiie, N., Otake, S., Koshima, R., Hirata, K., Taira, Y., Utoguchi, N., Negishi, Y., Nakagawa, S., and Maruyama, K. (2010) Cancer gene therapy by IL-12 gene delivery using liposomal bubbles and tumoral ultrasound exposure. *Journal of controlled release: official journal of the Controlled Release Society* **142**, 245-250

第1章 リポソーム

7 ポリマー修飾

弓場英司[*1], 河野健司[*2]

7.1 はじめに

　リポソームのDDSとしての有用性を高めるために様々な機能性を付与することが望まれる。その手段として、種々の機能をもつポリマーによるリポソームの修飾が有効である。リポソームへの高分子化学の導入は、Ringsdorfらによって開拓された[1]。その代表的な方法として、①重合性脂質を用いてリポソーム中で重合することでポリマー鎖をリポソーム中に生成させるアプローチ、②ポリマー鎖に疎水性基（オクタデシル基、コレステリル基など）を導入し、それらをアンカーとしてリポソーム膜に固定化するアプローチ、あるいは、③ポリマー鎖をリン脂質極性基に結合させることでリポソーム膜に結合するアプローチなどがあげられる。特に2番目のアプローチは、高分子合成・反応によってアンカー部位をもつポリマーを得ることが可能であることからよく用いられる。また、リポソームの血液中での安定性や滞留性を向上させるためによく用いられているポリエチレングリコール脂質はポリエチレングリコール鎖をホスファチジルエタノールアミンに結合させたものである。

　血中安定性、血中滞留性の向上だけでなく、温度応答性、pH応答性といったDDSとして重要な機能性をリポソームに付与する目的のためにも、ポリマー修飾のアプローチが用いられている。これらのリポソームの機能性は、リポソーム表面に結合したポリマーとリポソーム膜との相互作用によって発現するため、温度やpHなど様々な外部シグナルや環境変化に応答性を示すポリマーを利用することで多様な機能性を与えることが出来る。また、鋭敏な応答性を示すポリマーと安定なリポソームを組み合わせることで、高い安定性と鋭敏な応答性をあわせもつ優れた機能性リポソームを作製することも可能である。ここでは、DDSとしての有用性の高い温度応答性リポソームおよびpH応答性リポソームについて述べる。

　温度応答性リポソームは、体外からの局所加温の適用によって標的部位において最適なタイミングで薬物を放出させ、標的組織に選択的に、効率よく薬物を作用することが可能であることか

---

*1　Eiji Yuba　大阪府立大学　大学院工学研究科　助教
*2　Kenji Kono　大阪府立大学　大学院工学研究科　教授

ら，部位特異的な DDS として有用である[2,3]。温度応答性リポソームは，温度応答性ポリマーをリポソーム膜に固定化することで作製される。代表的な温度応答性ポリマーとして，ポリ N-イソプロピルアクリルアミドがある[4]。このポリマーは低温では水溶性であるが，32℃以上で疎水化して水不溶性になる。この温度は下限臨界溶液温度（LCST）と呼ばれる。また，アクリルアミドやメタクリル酸などの親水性モノマーとの共重合体とすることで，その LCST を調節することができ，体温付近で応答性を示す温度応答性ポリマーを作製することも可能である[5~7]。ほかにも，ビニルエーテルポリマーなど種々の温度応答性ポリマーがリポソーム修飾に用いられている[8,9]。

pH 応答性リポソームは，弱酸性 pH 環境において不安定化して崩壊，膜融合するリポソームである。このような特性のため，pH 応答性リポソームは，腫瘍や炎症部位などの標的組織近傍の弱酸性 pH 環境において自律的に薬物放出するキャリアとして利用することが検討されている[10~12]。また，pH 応答性リポソームは水溶性薬物や生理活性分子を導入するためのキャリアとしても有用である。リポソームはエンドサイトーシスによって細胞内部に取り込まれ，エンドソーム内に保持される。エンドソームの内部は弱酸性環境であるため，pH 応答性リポソームは，エンドソーム膜を不安定化・融合し，内包物質をサイトゾルに導入することができる。カルボキシル基をもつ種々の分子構造のポリマーが用いられており，その代表的な例としてポリ 2-エチルアクリル酸，サクシニル化ポリグリシドールなどの pH 応答性ポリグリシドール誘導体，多糖誘導体などでリポソーム膜を表面修飾することで鋭敏な pH 応答性を示すリポソームが作製されている[13~15]。

7.2 材料および試薬

7.2.1 温度応答性ポリマー修飾リポソーム

- 卵黄ホスファチジルコリン（EYPC）
- コレステロール
- ポリエチレングリコール（PEG）脂質（PEG 分子量：2000）
- 温度応答性ポリマー（p(EOEOVE-b-ODVE，図 1a），転移温度 40.5℃）[8,9]
- 脂質組成（mol 比）：EYPC/ コレステロール /PEG 脂質 / 温度応答性ポリマー＝50.5/45.5/4/2
- Gd^{3+} キレート残基導入ポリアミドアミンデンドロン脂質（G3-DL-DOTA-Gd，図 1b）[16]
- 硫酸アンモニウム
- HEPES 緩衝生理食塩水（20 mM HEPES，150 mM NaCl，pH 7.4）
- ドキソルビシン塩酸塩
- 10 mL ナス型フラスコ
- エクストルーダー
- ロータリーエバポレーター

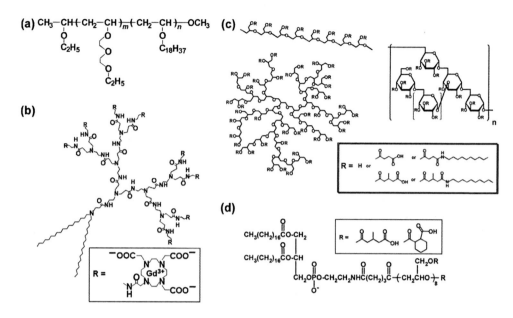

図1 (a)温度応答性ポリマー，(b)MRI可視化機能分子，(c)pH応答性ポリマー，(d)pH応答性ポリマー脂質の構造

- Sepharose 4B
- リン脂質Cテストワコー
- Triton-X100
- 蛍光分光光度計
- ラジオ波照射装置

7.2.2 pH応答性ポリマー修飾リポソーム

- ローダミン結合脂質（Rh-PE）
- モノホスホリルリピッドA（MPLA）
- pH応答性ポリマー（サクシニル化ポリグリシドール SucPG など，図1c，d）[17〜21]
- ピラニン
- p-Xylene-bis-pyridinium bromide（DPX）
- リン酸水素二ナトリウム
- 卵白アルブミン（OVA）

7.3 実験操作

7.3.1 温度応答性ポリマーの合成（図2a）[22]

N-イソプロピルアクリルアミド，N-イソプロピルメタクリルアミド，2-アミノエタンチオー

第 1 章 リポソーム

ルおよび開始剤 AIBN を N,N-ジメチルホルムアミドに溶解させ，75℃，窒素雰囲気下で 15 時間反応させた。ジエチルエーテルを用いて再沈殿し，得られた粗生成物を LH-20 カラムを用いて精製した。得られたポリマー末端のアミノ基と N,N-ジドデシルスクシナミン酸を，N,N-ジメチルホルムアミド中カルボジイミドにより縮合させ，末端にジドデシル基を持つ温度応答性ポリマーを合成した。精製は LH-20 カラムを用いて行った。化合物の同定は ^{1}H NMR によって行った。

7.3.2　pH 応答性ポリマーの合成 （図 2b)[15, 17]

　ポリグリシドールまたは多分岐状ポリグリシドールを，蒸留した N,N-ジメチルホルムアミドまたはピリジンに溶解させた後，コハク酸無水物，または 3-メチルグルタル酸無水物をヒドロキシ基に対して 3 等量加え，115℃，不活性ガス雰囲気下で 24 時間加熱撹拌した。溶媒を減圧留去した後，飽和炭酸水素ナトリウム水溶液を加えて pH を 7.4 に調整し，蒸留水に対して 3 日間透析後凍結乾燥することにより，カルボキシ基を導入したポリグリシドール誘導体を得た。蒸留水に溶解させたポリグリシドール誘導体のカルボキシ基に対して 0.1 等量のデシルアミンおよび縮合剤（水溶性カルボジイミド，またはトリアジン系縮合剤 DMT-MM）を加え，室温，不活性ガス雰囲気下で一晩撹拌した。蒸留水に対して 3 日間透析後凍結乾燥することにより，アンカーを導入したポリグリシドール誘導体を合成した。化合物の同定は ^{1}H NMR によって行った。

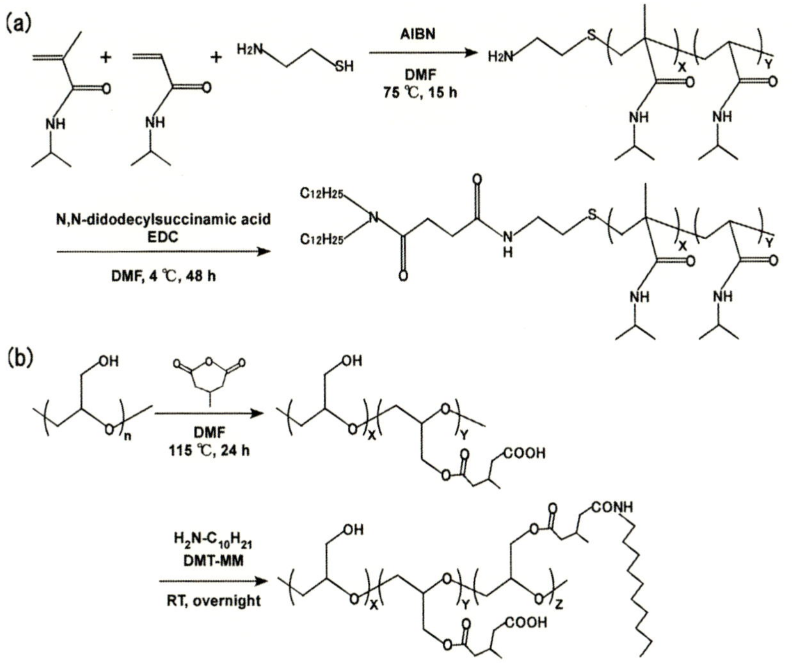

図 2　(a) 温度応答性ポリマー 2C$_{12}$-poly (NIPMAM-co-NIPAM)，(b) pH 応答性ポリマー MGluPG-C$_{10}$ の合成スキーム[15, 22]

7.3.3 温度応答性ポリマー修飾リポソーム[8,9]

① リポソームの調製（図3）

EYPC，コレステロール，PEG脂質のクロロホルム溶液，および温度応答性ポリマーのメタノール溶液を，モル比が50.5/45.5/4/2となるようにナス型フラスコに取り，ロータリーエバポレーターを用いて溶媒を減圧留去して脂質－ポリマー混合薄膜を作製した。300 mM硫酸アンモニウム水溶液（pH 5.3）を混合薄膜に加え，バス型超音波照射装置を用いて低温下超音波照射し，薄膜を分散させた。凍結－融解を5回行い，孔径100 nmのポリカーボネート膜にエクストルーダーを用いて通すことで粒径を揃えた。リポソーム分散液をHEPES緩衝生理食塩水で平衡化したSepharose 4Bカラムに通すことによって，リポソーム内外にpH勾配を形成した（低温下で行うことが望ましい）。リン脂質Cテストワコーを用いて脂質濃度を定量し，脂質1 molに対して100 gのドキソルビシンを加えて30℃で一時間静置した。再びHEPES緩衝生理食塩水で平衡化したSepharose 4Bカラムに通すことによって（低温下で行うことが望ましい），封入されなかったドキソルビシンを除去し，ドキソルビシン封入リポソームを得た。リポソームの精製は，超遠心操作によっても行うことができる。ドキソルビシンの封入効率は95%以上で，粒子径130 nm程度のリポソームが得られる[8,9]。

② リポソームの温度応答性評価

得られたリポソームのドキソルビシン放出挙動について，蛍光分光光度計を用いて評価した。PBSを入れた蛍光セルに脂質濃度が13.3 μMとなるようにリポソームを加え，さまざまな温度条件でドキソルビシンの蛍光の経時変化をモニターした。測定終了時に10%Triton-X100を最終濃度が0.1%となるように加えてリポソーム膜を破壊したときの蛍光強度を100%として放出

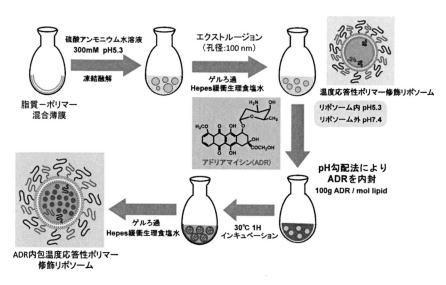

図3　温度応答性ポリマー修飾リポソームの作製スキーム

率を計算した。温度応答性ポリマー修飾リポソームは 30℃ 以下ではほとんどドキソルビシンを放出しないが，転移温度以上の温度条件では 1 分以内に 60〜90%のドキソルビシンを放出した[8,9]。これは，高温においてリポソーム表面に結合した温度応答性ポリマーが疎水化し，リポソーム膜を速やかに不安定化することを示している。

③ リポソームの細胞との相互作用

ヒト子宮頸がん由来 HeLa 細胞に様々なドキソルビシン濃度となるようにリポソームを加え，2 時間静置した。PBS で洗浄した後，恒温槽を用いて 45℃ で 5 分間処理し，直後に顕微鏡観察を行った。さらに，一晩培養した後，MTT アッセイを用いて細胞生存率を求めた。温度応答性ポリマーで修飾していないリポソームで処理した細胞からは，ドキソルビシン由来の輝点状の蛍光が観察された[9]。これはリポソームが細胞内に取り込まれた後，エンドソーム・リソソームにトラップされていることを示している。一方，温度応答性ポリマー修飾リポソームで処理した細胞を，5 分間加温処理してから観察すると，細胞核からドキソルビシンの強い蛍光が観察された[9]。これは，加温によって細胞内で放出されたドキソルビシンが，細胞核に集積したことを表している。温度応答性ポリマー修飾リポソームは加温したときのみ強い細胞毒性を示した[9]。

④ リポソームによるがん治療効果

マウス大腸がん由来 Colon26 細胞を接種して腫瘍を形成させた BALB/c マウス（♀，7 週齢）に，麻酔下リポソームを尾静脈投与し，所定時間後にラジオ波照射装置を用いて腫瘍部位を 45℃ で 10 分間局所加温した。腫瘍体積（長径×短径^2/2）をモニターし，抗腫瘍効果に及ぼす加温の影響を調べた。温度応答性ポリマー修飾リポソームを投与して 8〜12 時間後に腫瘍組織を局所加温したところ，腫瘍成長の強い抑制が観察された[9]。加温しない場合には抑制効果が見られなかったことから，腫瘍部位の局所加温によって腫瘍組織でのみドキソルビシンを放出し，選択的ながん治療効果を得ることに成功した。

7.3.4 MRI 可視化リポソーム[16]

① リポソームの調製

EYPC，コレステロール，PEG 脂質のクロロホルム溶液，および温度応答性ポリマーのメタノール溶液を，モル比が 42/42/4/2 となるようにナス型フラスコに取り，溶媒を減圧留去して脂質-ポリマー混合薄膜を作製した。さらに，G3-DL-DOTA-Gd 水溶液をモル比が 10 mol% となるように加え，溶媒を減圧留去して混合薄膜を得た。HEPES 緩衝生理食塩水を混合薄膜に加え，バス型超音波照射装置を用いて低温下超音波照射し，薄膜を分散させた。凍結－融解を 5 回行い，孔径 50 または 100 nm のポリカーボネート膜にエクストルーダーを用いて通すことで粒径を揃えた。リポソーム分散液を HEPES 緩衝生理食塩水で平衡化した Sepharose 4B カラムに通すことによって，リポソームの精製を行った。それぞれ，平均粒径 48 nm，110 nm のリポソームが得られた[16]。

② リポソームの体内動態評価

Colon26 細胞を接種して腫瘍を形成させた BALB/c マウス（♀，7 週齢）に，リポソームを尾

静脈投与し，7T 実験用水平型 MRI 装置を用いてリポソームのイメージングを行った。48 nm のリポソーム，110 nm のリポソームはそれぞれ経時的に腫瘍組織に集積し，およそ 8 時間で集積量は一定となった[16]。また，48 nm のリポソームに比べて，110 nm のリポソームの方がその集積量は多かった[16]。また，110 nm のリポソームを，異なるサイズ（141 mm^3 および 242 mm^3）の腫瘍を持つマウスに尾静脈投与してリポソームの集積を測定したところ，より大きな腫瘍にリポソームが優先的に集積することが分かった[16]。このように，リポソームサイズおよび腫瘍の状態がリポソームの集積性に影響を与えることが分かった。MRI 可視化リポソームを用いることで，ナノキャリアの集積を精密にモニタリングして，適確な治療を実施することが可能になる。

7.3.5 pH 応答性ポリマー修飾リポソーム

① 混合薄膜法によるリポソームの調製（図 4 上）

EYPC のクロロホルム溶液をナス型フラスコに取り，溶媒を減圧留去して脂質薄膜を作製した。さらに，pH 応答性ポリマーのメタノール溶液を脂質：ポリマーの重量比が 7:3 となるように加え，溶媒を減圧留去して脂質－ポリマー薄膜を得た。35 mM ピラニン，50 mM DPX，25 mM リン酸水素二ナトリウム水溶液（pH 7.4-8.0）を混合薄膜に加え，バス型超音波照射装置を用いて低温下超音波照射し，薄膜を分散させた。溶液の pH を測定し，低下している場合は，0.1 M NaOH 水溶液を加えて pH 7.4 に調整した。凍結－融解を 5 回行い，孔径 100 nm のポリカーボネート膜にエクストルーダーを用いて通すことで粒径を揃えた。リポソーム分散液を PBS で平衡化した Sepharose 4B カラムに通すことによって，封入されなかったピラニンを除去した。脂質濃度はリン脂質 C テストワコーを用いて定量した。平均粒径 100〜150 nm，ゼータ電位 −15〜−50 mV のリポソームが得られる[17〜20]。脂質とポリマーの重量比を変化させることで，pH 応答性を調整することができる。

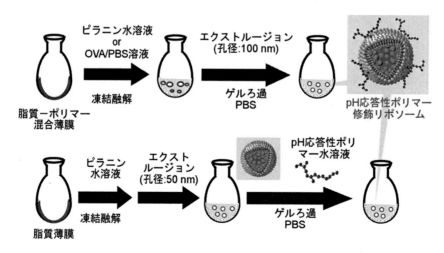

図 4　pH 応答性ポリマー修飾リポソームの作製スキーム

第 1 章 リポソーム

② 後付け法によるリポソームの調製（図 4 下）

EYPC のクロロホルム溶液をナス型フラスコに取り，溶媒を減圧留去して脂質薄膜を作製した。35 mM ピラニン，50 mM DPX，25 mM リン酸水素二ナトリウム水溶液（pH 7.4）を混合薄膜に加え，バス型超音波照射装置を用いて低温下超音波照射し，薄膜を分散させた。凍結－融解を 5 回行い，孔径 50 nm のポリカーボネート膜にエクストルーダーを用いて通すことで粒径を揃えた。脂質と pH 応答性ポリマーの重量比が 7:5 となるように pH 応答性ポリマーの PBS 溶液を加え，4℃で 1 時間静置し，pH 応答性ポリマーに導入したデシル鎖とリポソーム膜との疎水性相互作用を利用して，ポリマーを固定化した。リポソーム分散液を PBS で平衡化した Sepharose 4B カラムに通すことによって，封入されなかったピラニンおよび固定化されなかったポリマーを除去した。脂質濃度はリン脂質 C テストワコーを用いて定量した。平均粒径約 60 nm，ゼータ電位約 −30 mV のリポソームが得られる[15]。

③ リポソームの pH 応答性

得られたリポソームからのピラニンの放出挙動について，蛍光分光光度計を用いて評価した。所定 pH に調整した PBS に，脂質濃度が 20 μM となるようにリポソーム分散液を加え，37℃におけるピラニンの蛍光の経時変化をモニターした。測定終了時に 10% Triton-X100 を終濃度が 0.1% となるように加えてリポソーム膜を破壊したときの蛍光強度を 100% として放出率を計算した。pH 応答性ポリマー修飾リポソームは，中性では安定であるが，弱酸性領域の特定の pH 以下で速やかにピラニンを放出した[16〜21]。弱酸性 pH において pH 応答性ポリマーのカルボキシ基がプロトン化され，ポリマーが疎水化することで脂質膜と相互作用し，リポソーム膜からのピラニンの放出を誘起したものと考えられる。応答 pH は，脂質とポリマーの重量比，pH 応答性ポリマーの構造を変化させることによって調整できる。

④ リポソームと細胞との相互作用

蛍光色素ローダミンを結合した脂質（Rh 脂質）を構成脂質として 0.6 mol% 含むリポソームを作製した。また，FITC ラベルした卵白アルブミン（OVA）をモデル抗原としてリポソームに封入した。マウス骨髄由来樹状細胞株 DC2.4 細胞を，脂質濃度 0.5 mM のリポソーム分散液を含む RPMI1640 培地中で 4 時間培養し，リポソームを取り込ませた。PBS で 3 回洗った後，フローサイトメーターを用いて細胞の蛍光を測定し，細胞によるリポソーム，および FITC-OVA の取り込みを評価した。さらに，処理した細胞を共焦点レーザー顕微鏡を用いて観察し，リポソーム，および FITC-OVA の細胞内動態を評価した。pH 応答性ポリマー修飾リポソームは，ポリマー未修飾リポソームに比べて，2〜10 倍効率良く取り込まれ，内包した FITC-OVA を細胞質に導入することができた[17〜20]。pH 応答性ポリマー修飾リポソームは細胞内に取り込まれた後，エンドソーム／リソソーム内の弱酸性 pH に応答して不安定化し，内包物を放出すると同時に，エンドソーム／リソソーム膜を不安定化することで内包物を細胞質に導入したものと考えられる。

⑤ pH 応答性リポソームのがん免疫治療への応用

マウス T リンパ腫由来 E.G7-OVA 細胞を左背部皮下に接種して腫瘍を形成させた C57BL/6N

マウス（♀, 7週齢）に, 麻酔下, 右背部皮下にOVAを封入したリポソーム（アジュバントとしてモノホスホリルリピッドAを4 g/mol lipidsで含有）を投与し, 腫瘍体積をモニターした。また, 所定期間後に全血および脾臓を回収した。血清中のOVA特異的抗体や, in vitroで抗原刺激を加えた脾細胞から分泌されるIFN-γをELISA法により測定した。また, 抗原刺激した脾細胞をエフェクター細胞とし, 抗原を発現したE.G7-OVA細胞と発現していないEL4細胞をターゲット細胞として, 傷害を受けた細胞から放出される乳酸脱水素酵素（LDH）を定量することによってエフェクター細胞の細胞傷害活性を評価した。pH応答性ポリマー修飾リポソームを投与したマウスの血中からは, 抗原OVAに特異的なIgG抗体が検出され, 抗原刺激を加えた脾細胞からは, 細胞性免疫の誘導を示すIFN-γの分泌が観測された[20,21]。さらに, 抗原刺激を加えた脾細胞は, 抗原を発現したE.G7-OVA細胞に対して高い細胞傷害活性を示し, 抗原を発現していないEL4細胞に対しては細胞傷害を示さなかった[18〜20]。pH応答性ポリマー修飾リポソームは, マウス体内の免疫担当細胞に効率良く取り込まれた後, その細胞質に抗原OVAを導入することでMHC class I上での抗原提示を介して, OVA特異的な細胞性免疫を誘導したものと考えられる。E.G7-OVA細胞腫瘍を持つマウスに対してpH応答性ポリマー修飾リポソームを皮下投与すると, 誘導された細胞性免疫によって, 腫瘍の縮退・消失が確認された[18〜21]。

7.4 応用

　温度応答性ポリマー修飾リポソームは, 体温付近では内部の薬物を安定に保持するが, 特定の温度（40.5℃）以上に加温することで, 瞬時に薬物を放出することができる[8,9]。温度応答性ポリマー修飾リポソームに, Gd^{3+}キレート残基導入ポリアミドアミンデンドロン脂質（G3-DL-DOTA-Gd）を導入して, MRI可視化機能を付与することで, リポソームの体内動態を高精度にモニタリングし, リポソームがEPR効果によって腫瘍組織へ最大限集積したタイミングを見計らって局所加温することで, より高精度で強力な抗がん効果を得ることが期待できる。これまでの研究で, リポソームのサイズや腫瘍の状態によって, その集積過程が異なることが示されている[16]。リポソームの腫瘍集積のモニタリングと薬物放出の制御を精密に行うことができる可視化・温度応答性リポソームは, 患者ごとに最適化されたパーソナライズドナノメディスンの実現に繋がる技術になるものと期待される。現在, リポソームの腫瘍病巣への集積は, EPR効果を利用した受動的ターゲティングを主としているが, 腫瘍特異的な分子に対するリガンドをリポソーム表面に結合することで, 腫瘍病巣へのより効果的なリポソームの集積化が可能になり, より高い抗がん効果が期待できる[23]。

　pH応答性ポリマー修飾リポソームは, 中性環境では安定であるが, 細胞内に取り込まれた後の弱酸性環境に応答して不安定化し, 内包した様々な物質を細胞質内に導入することが出来る。リポソームのpH応答性や細胞内デリバリー機能は, リポソームに複合化するポリマーの分子鎖構造によって調節することができる。例えば, 線状ポリマーに比較して多分岐状ポリマー（図

1c）を用いたり，あるいはより重合度の高いポリマーを複合化することで，より鋭敏なpH応答性を示すリポソームが得られている[17]。また，pH応答性ポリマーをリン脂質に結合させたpH応答性ポリマー脂質（図1d）を用いてもpH応答性リポソームを作製できる[19]。ポリマー脂質はリポソーム構成脂質と同じくリン脂質部分を含んでいるため，脂質二重層膜の構造を乱すことなくpH応答性ポリマーを導入でき，安定性と鋭敏なpH応答性をあわせもつ高性能なリポソームが得られる。さらに，生物由来ポリマーである多糖（デキストランなど）にpH応答性基を導入することでpH応答性ポリマー（図1c）をリポソームに複合化させることでもpH応答性リポソームを作製できる[20]。このようなリポソームは，生分解性と機能性を両立できるため生体での利用に有利である。

　pH応答性ポリマー修飾リポソームの応用例として免疫治療のための抗原キャリアとしての利用があげられる。免疫治療は，抗原特異的な免疫を効率よく誘導することで治療効果を得るものであり，がんなど様々な疾患への治療法としてその重要性が高まっている。pH応答性ポリマー修飾リポソームは樹状細胞などの免疫担当細胞の細胞質に抗原を運搬するため，細胞性免疫を効果的に誘導することができる。がん免疫治療においては，抗原特異的な細胞性免疫を誘導することが必要であることから，このようなリポソームの機能はがん免疫治療への応用に有利である。実際，マウスに抗原タンパク質を内包したpH応答性ポリマー修飾リポソームを投与することで，抗原特異的な細胞性免疫の誘導と抗腫瘍効果が得られている[18〜21]。抗原特異的な免疫を誘導するためには，免疫担当細胞に抗原を導入するとともに，それらの細胞を活性化することが重要である。リポソームを抗原キャリアとして用いる場合，免疫担当細胞を活性化する物質（アジュバント）をリポソームに組み込めるため，免疫担当細胞に対して抗原の導入と細胞活性化を同時に行うことができ，効果的に免疫を誘導できる[18〜21]。

文　　献

1) H. Ringsdorf et al., *Angew. Chem. Int. Ed. Engl.*, **27**, 113 (1988)
2) M. B. Yatvin et al., *Science*, **202**, 1290 (1978)
3) D. Needham et al., *Adv. Drug Delivery Rev.*, **53**, 285 (2001)
4) H. G. Schild, *Prog. Polym. Sci.*, **17**, 163 (1992)
5) J. C. Kim et al., *J. Biochem.*, **121**, 15 (1997)
6) O. Meyer et al., *FEBS Lett.*, **421**, 61 (1998)
7) J. C. Laroux et al., *J. Control. Release*, **72**, 71 (2001)
8) K. Kono et al., *Bioconjugate Chem.*, **16**, 1367 (2005)
9) K. Kono et al., *Biomaterials*, **31**, 7096 (2010)
10) M. B. Yatvin et al., *Science*, **210**, 1253 (1980)

11) J. Connor *et al.*, *Proc. Natl. Acad. Sci. USA*, **81**, 1715 (1984)
12) H. Ellens *et al.*, *Biochemistry*, **23**, 1532 (1984)
13) K. Seki *et al.*, *Macromolecules*, **17**, 1692 (1984)
14) K. Kono *et al.*, *Biochim. Biophys. Acta*, **1193**, 1 (1994)
15) N. Sakaguchi *et al.*, *Bioconjugate Chem.*, **19**, 1040 (2008)
16) K. Kono *et al.*, *Biomaterials*, **32**, 1387 (2011)
17) E. Yuba *et al.*, *J. Control. Release*, **149**, 72 (2011)
18) E. Yuba *et al.*, *Biomaterials*, **34**, 3042 (2013)
19) E. Yuba *et al.*, *Biomaterials*, **34**, 5711 (2013)
20) E. Yuba *et al.*, *Biomaterials*, **35**, 3091 (2014)
21) Y. Yoshizaki *et al.*, *Biomaterials*, **35**, 8186 (2014)
22) K. Yoshino *et al.*, *Bioconjugate Chem.*, **15**, 1102 (2004)
23) K. Kono *et al.*, *J. Control. Release*, in press.

第2章　エマルション

1　ナノエマルション

髙木和行＊

　ナノテクノロジーが新しい技術として話題となっているが，その理由は，粒子には固有の臨界粒子径を持ち，この粒子径を境に物性が大きく変化する。この変化した物性が従来にない性質を示し，その性質が有用であることが多いためである。
　ナノ粒子の製造方法として，二つに分けられる。
① 　ブレイクダウン法（トップダウン法）：Break down（Top down）
　大きな粒子を機械的な力を使って粉砕し，ナノ粒子を得る方法で，有効な機械力として，粒子に対して直接的に働く力圧縮力，圧搾力，その他に衝撃力（図1）やせん断力（図2）がある。ナノエマルションの調製はこちらに含まれる。樹脂の強制乳化等も含め乳化法の多くが含まれる。
② 　ビルドアップ法（ボトムアップ法）：Build up（Bottom up）
　溶液等を調製し，結晶を成長させナノ粒子を製造する方法である。化学工業分野のポリマー

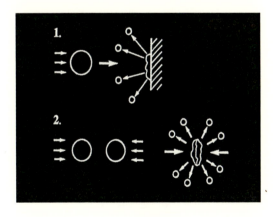

図1　衝撃力

＊　Kazuyuki Takagi　みづほ工業㈱　常務取締役

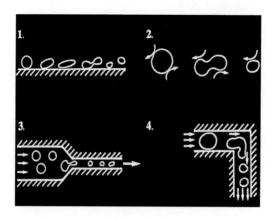

図2 せん断

製造で利用される乳化重合等の乳化法の一部も含まれる。

したがって，乳化方法においては，両方がある。

また，超臨界法も両方の方法がある。古い，超臨界流体の低界面張力性と常圧に戻ったときの膨張力を利用した方法は，ブレイクダウン法になり，比較的新しい超臨界流体の溶解性を利用して結晶を成長させる方法[1]は，ビルドアップ法になる。どちらの場合も，製造装置は必要であるがブレイクダウン法では機械力が中心で，ビルドアップ法の場合は処方的な力の影響が大きい。

一般的に，ブレイクダウン法では約100 nmまでで，10 nm以下の粒子を得るには，ビルドアップ法でないと難しいと言われている。

1.1 乳化技術の利用[2]

乳化技術を利用してナノエマルションを調製する方法は，主にブレイクダウン法が考えられる。約100 nm以下の粒子径を持つ乳化物をナノエマルションと考えている。

1.1.1 処方的乳化と機械的乳化

乳化方法は大きく処方的乳化方法と機械的乳化方法に分けられる。

① 処方的乳化方法

界面化学的な特性を利用して乳化を行う方法で，乳化剤の選定による界面張力や，比重差，電気的反発力による安定性等の制御がある。処方的乳化方法には，石ケン乳化法，反転乳化法，転相温度乳化法，液晶乳化法，ゲル乳化法，D相乳化法等がある。近年それぞれの乳化法に適した撹拌羽根の選定も重要になっている[3]。

② 機械的乳化法

機械力を利用する乳化方法で，ナノ粒子を得るには超高速せん断ミキサーや高圧ホモジナイ

第2章　エマルション

ザーのような強力な機械力が一般的に必要となる。

1.2　ナノエマルションと乳化剤の働き

1.2.1　ナノエマルションの処方例と調製方法
① 処方
　　水　　　　　　　　　　71%
　　流動パラフィン　　　　25%
　　乳化剤　　　　　　　　4%
　　（TWEEN／SPAN HLB＝10）
② 処理条件
　　プレ乳化：70℃　ホモミキサー；5000 rpm－30 min.
　　高圧乳化：172 MPa 1パス

処理の結果を図3に示す。図中，右端のラインがホモミキサーでの処理結果で，左端が高圧ホモジナイザーの結果である。正規分布と考えると50%のラインが粒子径のピークを示すので，ホモミキサーで5μmのものが，高圧ホモジナイザーを使用すると100 nm以下になることがわ

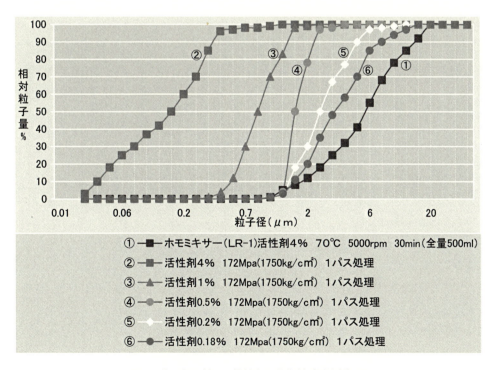

図3　粒子径に対する機械力と乳化剤（活性剤）量

かる。

1.2.2 乳化剤量と粒子径の関係

図3は，乳化剤の量と粒子径の関係についても示していて，乳化剤量を2％，1％，0.5％，0.18％と変化させたときの粒子径の違いを示している。乳化剤量が少なくなると，粒子径が大きくなることを示し，約3〜5μmである粒子径のエマルションを得るには，ホモミキサーでは，4％の乳化剤が必要であるのに対し，高圧ホモジナイザーでは，0.18％で済むことを示している。

1.2.3 乳化剤の働き

乳化剤には2つの働きがあり，
①界面張力を下げて，微粒子化しやすくする。
②微粒化されたエマルションを安定に保つ。
図3（1.2.2）の結果は，①の乳化剤が，機械力により減少させることができることを示している。

このことは，HLB法や有機概念法の影響が少ないことを示している。HLB法や有機概念法が，界面張力を低下させるポイントを探すことであることに起因するためであると予想される。

1.3 ナノエマルションの調製

1.3.1 可溶化領域を利用する方法[4]

油を相当量可溶化するとマイクロエマルションが調製できる。しかし，ミセルに油分を多量に可溶化したのち，急冷して二相領域（エマルション，Wm+O）に移行させることにより20〜100 nm程度のナノエマルションが調製できることが報告されている。この可溶化領域を用いた調製技術は油分をいったん可溶化することが前提であるため処方的な制限はあるが，機械力による工程を必要としないメリットがある。

また，高圧ホモジナイザーを使用することによって，1,3-ブチレングリコールやグリセリンなどの水溶性溶媒の水溶液を水相とする処方では50 nm以下のナノエマルションの調製も可能と述べられている。

100 nm以下のナノエマルション調製の効果として，クリーミングに対して安定に保つことが可能であると述べられている。

1.3.2 高圧ホモジナイザーを使用した透明なエマルションの調製[5]

両親媒性物質としてベヘニルアルコール，ステアリルアルコール，ベヘニン酸，ステアリン酸と，両親媒性物質の脂肪酸の一部を水酸化カリウムで中和して生成する脂肪酸石鹸と，流動パラフィンからなる界面活性剤－両親媒性物質－油－水系において，多価アルコール高濃度の水相を用いて高圧ホモジナイザーで処理した後，水で希釈した結果，粒子径30 nmの透明なエマルションを得られることが報告されている。

1.3.3　多相エマルションの調製過程での高圧ホモジナイザーによるナノエマルション生成[6]

O/W/O型多相エマルションを調製する過程で，高圧ホモジナイザーを使用し，O/W型ナノエマルションを調製することが報告されている。

① O/Wエマルションの原料として
　　油相：スクワラン，グリチルレチン酸ステアリル
　　乳化剤：ステアリン酸カリウム石鹸
　　乳化安定剤：ステアリルアルコール，ベヘニン酸
② 処理
　　147 MPaで，2パス
③ 乳化粒子径
　　92.6 nm±37.9 nm

1.3.4　界面科学的な方法と機械的な方法を組み合わせた調製方法[7,8]

エマルションの粒子径をより小さくするためには，非常に高いエネルギーを必要とするために機械的な方法のみでは限界があり，界面化学的な方法を取り入れる調製方法もある。ポリオールの粗エマルションを調製し，高圧ホモジナイザーを用いて粗エマルションを乳化する方法がある。

1.3.5　高含油ナノエマルションの調製[9]

高圧ホモジナイザーを使用してエマルションがヘキサゴナル状に配列した，透明でジェル状の高含油ナノサイズエマルション原液を調製し，希釈する方法も報告されている。

1.4　脂肪乳剤

当初は，高カロリー輸剤で，栄養剤として静脈注射する医薬品として開発されたが，主剤を含んだリポ化製剤も発売されている。

通常は，大豆油：10，レシチン：1.2，濃グリセリン：2.5，残り蒸留水の処方で，レシチンを乳化剤として大豆油を乳化したO/Wエマルションで，粒子径が小さいことが特徴である。2年以上も安定性を有している製品もある。ただし，微細化は，界面エネルギーの増大を伴うため，微細になるほど凝集が起こりやすいので，処方的な対応が重要となる。ホスファチジルコリンの純度が70％の方が，99％より静電気的な反発力が大きく，乳化安定性が良いとの報告もされている[10]。

従来は，LMS（Lipid Micro Sphere）で，粒子径が0.2〜0.4 μm（200〜400 nm）であったが，最近のLNS（Lipid NanoSphere）では，製造方法は基本的に同じで，得られる粒子径が0.1 μm（100 nm）以下になっている。

リポソームの報告が多いが，実用化では，LMSの方が進んでいる。また，高圧乳化＋背圧に関したLNSの製造等多くの特許もでている[11]。

1.4.1 脂肪乳剤の処理例

処理例1：
- (1)処方：大豆油：10.0%　レシチン：1.2%　水：88.8%
- (2)処理：① 70℃　ホモミキサー；3000 rpm　5 min.
    　　　②高圧ホモジナイザー；172 MPa
- (3)結果：① 14.226 μm
    　　　② 1パス　0.473 μm
    　　　　2パス　0.416 μm
    　　　　3パス　0.108 μm（108nm）

処理例2：
- (1)処方：大豆油：20.0%　レシチン：1.2%　水：78.8%
- (2)処理：① 70℃　ホモミキサー；3000 rpm　5 min.
    　　　②高圧ホモジナイザー；172 MPa
- (3)結果：① 70.0 μm
    　　　② 1パス　0.542 μm
    　　　　2パス　0.432 μm
    　　　　3パス　0.404 μm
    　　　　5パス　0.384 μm
    　　　　10パス　0.109 μm

1.4.2 脂肪乳剤の製造プロセス

ホモミキサー　　　高圧ホモジナイザー
1次乳化　　→　　2次乳化　　→　　PH調製　　→　ろ過滅菌　→　アンプル充填
（粗乳化）　　　　　　　　　　　　PH調整剤
　　　　　　　　　　　　　　　　　浸透圧調整剤

1.5　ナノエマルションの効果

ナノエマルションでは，角質層への透過スピードが増大し，滞留濃度も上昇することが報告されている[12]。

1.6　リポソーム

ホスファチジルコリンは両親媒性の性質を持ち，相転移温度以上で閉鎖小胞を形成する。

1.6.1　DDSに適したリポソームの粒子径

正常組織では血管壁がバリアーとなってリポソームは組織内に分布できないが，腫瘍組織や炎

症組織では血管壁透過性が亢進していて，100 nm のリポソームは組織内に分布することが可能となる報告がされている[13]。

1.6.2 リポソームの血中での安定化

肝臓や脾臓等の細胞内皮系組織に異物として認識されると，貧食されやすいため，RES 以外の臓器に送達する DDS の場合や血中での長期安定性が必要なものは，PEG 誘導体で表面修飾することも検討されている[14]。

1.6.3 リポソーム製剤の有用性

① 皮膚親和性

② 保湿効果

③ 皮膚バリア機能の向上（小じわへの有効性）

腸粘膜の透過，浸透性，吸収性の改善（高分子の浸透性：高分子が構造を変化することなく，血中濃度が増加する）[15]

④ 徐放性のコントロール

⑤ 抗酸化性機能

1.6.4 リポソームの製造方法[16]

① 凍結乾燥空リポソーム法

バイアル中へ無菌充填後，凍結乾燥させて調製した空リポソームへ薬物水溶液を添加することにより，約 100 nm のリポソーム製剤を得る方法である。

② メカノケミカル法

高圧ホモジナイザー等のせん断力を利用して，脂質粉末を薬物水溶液に分散させる。

③ 噴霧乾燥法

脂質を溶解させた揮発性有機溶媒に，糖類を水溶性芯物質として分散させたものを噴霧乾燥後，薬物水溶液と混合撹拌する。

④ 脂質溶解法

脂質を揮発性有機溶媒に分散し，窒素バブリング等により乾燥後，薬物水溶液と混合撹拌する。

⑤ 多価アルコール法

脂質をプロピレングリコールやグリセリンの多価アルコールに溶解または膨潤後，薬物水溶液と混合撹拌する。

⑥ 加温法

リン脂質の粉末としての相転移温度と油性荷電脂質の融点以上で，脂質粉末を薬物水溶液で瞬時に水和・膨潤させた後，撹拌して調製する。

1.7 ナノエマルションに関連して

1.7.1 ナノエマルションにおける油脂の結晶化に関して[17]

一般的に粒子径が小さくなると結晶化温度が低下することが知られている。また，ナノエマルションでは結晶核形成速度が遅くなると考えられている。ナノエマルションを医薬品において難溶性薬物のキャリアーとして応用する場合，基剤からの薬物のリリース調整にはナノエマルション中の油相部分の結晶化および多形転移が影響する。また，結晶化および多形転移については使用する乳化剤も影響することが報告されている。

1.7.2 乳化剤が少ない系での，高圧ホモジナイザーを使用したエマルションの調製における新しい乳化剤選定の考え方

最近，ヨーロッパを中心に，乳化剤の選定および微小乳化粒子の調製方法の検討の中で，乳化剤の拡散速度について，足の速い乳化剤と足の遅い乳化剤という評価方法が検討されている。足の速い乳化剤とは，界面に吸着・配向するまでの時間が短い乳化剤で，足の遅い乳化剤とは，逆に，時間が長い乳化剤と考えられている。特に，スプレーノズルから噴霧される微小液滴の調製および安定性の研究において議論されている。スプレーノズルから噴霧される液滴は，急激に界面が膨張するため，気−液界面への乳化剤の配向が間に合わず，界面において乳化剤が不足した状態になることが考えられる。そのため，界面に吸着・配向する速度の速い乳化剤が必要となる。しかし，その微小液滴が調製された後の安定性を保つためには，足の遅い乳化剤が必要であると言われている。

この微小液滴の界面の状況を高圧ホモジナイザー処理で発生する液−液界面において適用できると考え，検討を行った結果が報告されている。

1.8 ナノエマルションの製造装置

現在，ナノエマルション調製のために一般に使用されている乳化装置として，以下の2つがある。

①回転式の高速高せん断ミキサー
②高圧ホモジナナイザー

この2つの装置の違いは，構造上はもちろん，得られるエマルションの粒子径が異なる。①のホモミキサー（図4）では，処方的なカバーがあっても，最小粒子径が約 $0.3\,\mu m$（300 nm）であると言われている。②の高圧ホモジナイザーでは，$0.1\,\mu m$ 以下のエマルションが容易に得ることができる。

1.8.1 高圧ホモジナイザー

ナノエマルションを製造するには，強力な機械力が必要で，高圧ホモジナイザーが多く使用されている。

第2章　エマルション

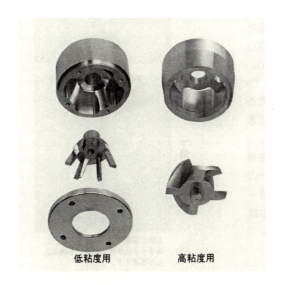

図4　ホモミキサー

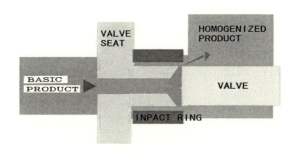

図5　バルブ式高圧ホモジナイザー

高圧ホモジナイザーは，以下の二つに分類される。
① バルブ式ホモジナイザー（図5）
　バルブ式ホモジナイザーは高圧ポンプとホモバルブより構成されている。10～100 MPa の圧力で細い間隙を製品が通過することによってせん断力を与える。次に，インパクトリングへ衝突することによって衝撃力を与え，ほぼ同時に，高圧で圧縮されていた状態から常圧に戻るときにキャビテーション力を与える。2段バルブ方式もあり，2段加圧が安定性および微粒子化に良い結果を与えるケースがある。2段目は低圧である。
② 流路固定式高圧ホモジナイザー（図6）
　チャンバー内で原料の流れを二手に分け 275 MPa の超高圧で細管内を通過させ，その時に強力なせん断力を与える。その後，原料の流れを再び合流させ，衝突させて衝撃力を与える。超高圧下で処理するため，他の装置で分散しなかった原料にも効果を発揮し，500 nm 以下の微細エマルションの製造もできる。化粧品の乳化剤フリーのクリーム製造や，細胞破砕にも使

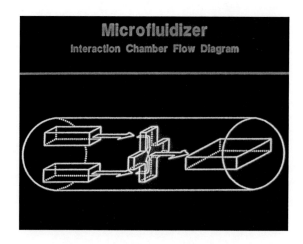

図6 流路固定式高圧ホモジナイザー チャンバーフロー

用されている。

1.8.2 高圧ホモジナイザーを使用する場合の注意点

　高圧ホモジナイザーは従来の装置と比較して，せん断力，衝撃力，キャビテーション力が非常に大きいために，高分子増粘剤の分子量が減少したような挙動を示し，製品粘度が低下することが生じる。しかし，200 MPa の超高圧処理を行なっても，粘度低下が少ない高分子材料も存在する。

文　　献

1) 依田智，超臨界流体を利用したナノ粒子の調製技術，色材，**76**(4)，142 (2005)
2) 髙木和行，ナノテクノロジーと製造装置，*Fragrance Journal*，**57**(68)，97 (2003)
3) 髙木和行，処方的乳化と機械的乳化のバランスを考えた乳化技術，*Fragrance Journal*，臨時増刊，No.19，131 (2005)
4) 岡本亨，エマルションの粒子サイズ制御と化粧品機能，*J. Soc. Cosmet. Jpn.*，**44**(3)，199 (2010)
5) 岡部慎也，化粧品講座，色材，**74**(7) 366 (2001)
6) 作山 他，色材，**74**(6) 279 (2001)
7) 中島英夫，*J. Soc. cosmet. Chem. Jpn.*，**23**(4) 288 (1990)
8) 坂貞徳，乳化粒子径を制御する乳化技術，オレオサイエンス，**10**(3)，697 (2010)
9) 佐野友彦，ナノエマルションの生成と相互作用の研究，Spring-8 利用推進協議会 第12回 ヘルスケア研究会 資料（2011）

10) T. Ymaguchi *et al.*, Pharm. Res, **12**, 342 (1995)
11) 特許番号：2976526
12) 今村仁，酒井祐二，色材，**78**(1)，28 (2005)
13) 菊池寛，ナノDDSとしてのリポソーム医薬品，ファルマシア，**42**(4)，337 (2006)
14) 山内仁史，杉江修一，医薬品分野における界面活性剤，オレオサイエンス，**12**(11)，697 (2002)
15) 梶浦正俊，須賀哲也，ナノテクノロジーによる機能性食品の開発，*Fragrance Journal*，**57**(68)，87 (2003)
16) 菊池寛，ナノテクノロジーとしてのリポソーム製剤，PHARM TECH JAPAN，**19**(1)，99 (2003)
17) 園田智之，ナノ粒子エマルションにおける油脂の結晶化と多形転移，製剤機械技術研究会誌，**17**，(4)347 (2008)

第2章 エマルション

2 自己乳化型 O/W マイクロエマルション

荒谷 弘*

2.1 はじめに

2.1.1 自己乳化型 O/W マイクロエマルションとは

　自己乳化型 O/W マイクロエマルション（以下，「SEDDS（Self-Emulsifying Drug Delivery System）型 O/W マイクロエマルション」という）は，油と界面活性剤（親油性および親水性），必要に応じて溶解補助剤を添加する混合物からなり，図1に示すように，胃や小腸上部の消化管内で水系と接触して自己乳化し，100 nm 以下の，熱力学的に安定な O/W マイクロエマルションを形成する組成物である。

　O/W マイクロエマルションでは難水溶性化合物を油相中に溶解することによって溶解性を向上させ，これにより消化管からの難水溶性化合物の吸収性を向上させる効果と共に，食事摂取や

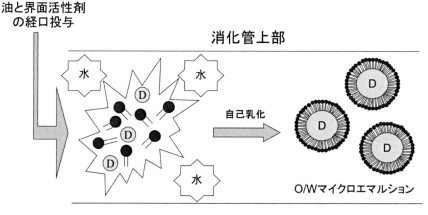

図1　消化管内における O/W マイクロエマルションの生成過程

---

*　Hiroshi Araya　中外製薬㈱　監査部　課長

胆汁分泌流量に影響されずに,安定な消化管吸収を可能にする効果を持つ,難水溶性化合物の経口投与製剤として非常に有用な剤形であると考えられる。

2.1.2 SEDDS型O/Wマイクロエマルションの処方設計

難水溶性化合物の消化管吸収性向上化と安定化効果を併せ持つSEDDS型O/Wマイクロエマルション処方を設計するために,評価すべき項目としては,「水相との接触後の速やかな乳化」,「主薬の溶解性確保」,「消化管からの吸収性向上化」が挙げられる。

(1) 乳化

図2に示すように,油,界面活性剤(親油性および親水性)および水相との混合物は,その混合比により,澄明な等方性領域,ゲル,粗エマルション,W/OマイクロエマルションおよびO/Wマイクロエマルションとなり,さらに,親油性/親水性界面活性剤の混合比によってO/Wマイクロエマルション領域の広さが変化することが知られている[1]。したがって,SEDDS型O/Wマイクロエマルションが,大きなせん断や撹拌力を必要とせず,消化管内での蠕動運動のような弱い撹拌力で容易に自己乳化し,100 nm以下の粒子径を持つ,熱力学的に安定なO/Wマイクロエマルションとなるためには,油,親油性界面活性剤および親水性界面活性剤の種類と混合比を適切に選定する処方設計が最も重要となる。以下に我々のグループが実施した処方設計を示す。

世の中には医薬品,食品,化粧品をはじめ様々な分野に用いられる油,親油性界面活性剤,親水性界面活性剤が多数ある。まず,油,HLB値4～9の親油性界面活性剤,HLB値11.5～17.5の親水性界面活性剤の混合比率を変化させて,実験室にあるラボスターラーで50 rpm程度の穏やかな撹拌を行い,O/Wマイクロエマルションの作製を試みた。乳化速度,乳化状態,濁度および粒子径の物理化学的特性を指標として評価した。

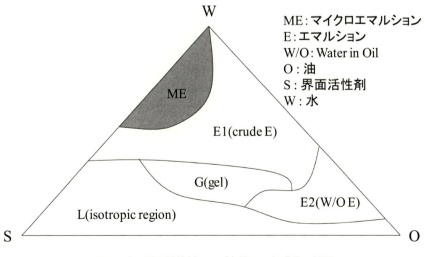

図2 油,界面活性剤および水相の3組成物の相図

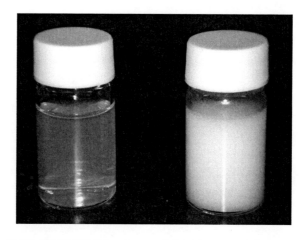

(A)マイクロエマルション　　(B) マクロエマルション

写真1　O/Wマイクロエマルションと O/Wマクロエマルション
A処方：MCT: DGMO-C: HCO-40: Ethanol: PBS(pH6.8)=5:1:9:5:80%(w/w)
B処方：MCT: DGMO-C: HCO-40: Ethanol: PBS(pH6.8)=5:5:5:5:80%(w/w)

　次に，これらの結果を基に，医薬用，食用として使用可能な組成成分に限定し，親油性界面活性剤，親水性界面活性剤および溶解補助剤を固定して，SEDDS型O/Wマイクロエマルションから良好にO/Wマイクロエマルションを形成できる油の種類および親油性／親水性界面活性剤混合比を選定する検討を行った。親水性界面活性剤として，安全性が高く，油溶性物質の水への可溶化剤として汎用され，優れた可溶化能を有するHCO-40（ポリオキシエチレン硬化ヒマシ油40）を用い，新規な組み合わせとして，親油性界面活性剤にエマルションの改質に効果的なDGMO-C（モノオレイン酸ジグリセリル）を用いた。また，薬物の油相への溶解補助作用を果たし，カプセル化による薬物の溶解度低下を防止するために溶解補助剤としてエタノールを用いた。水相としてPhosphate Buffered Saline（PBS, pH 6.8）を用い，油の種類（脂肪酸エステル，中鎖脂肪酸トリグリセリド（MCT），長鎖脂肪酸トリグリセリド）および界面活性剤混合比（親油性／親水性界面活性剤 =1/9～5/5（w/w））を変えて検討した。

　その結果，油としてMCTを5％（w/w）の含量で用いた場合に，親油性／親水性界面活性剤の混合比1/9（w/w）～5/5（w/w）の範囲で，いずれも良好に乳化した。特に，親水性界面活性剤比が大きい1/9（w/w）では，チンダル光を持ち，平均粒子径が20 nm程度，濁度も非常に小さなO/Wマイクロエマルションが形成された（写真1-(A)，右の(B)の写真は，親油性／親水性界面活性剤の混合比が5/5（w/w）のマクロエマルション）[2]。

(2) **溶解性**

　難水溶性化合物をSEDDS型O/Wマイクロエマルションに適用するためには，主薬の溶解性確保，すなわち，油相中に薬物を溶解させることが必要となる。本処方では，エタノールを溶解

第2章 エマルション

補助剤として用いており，エタノールに溶解する化合物であれば適用できると考えられる。さらに油への溶解性，界面活性剤の可溶化能を加味してSEDDS型O/Wマイクロエマルションに溶解できる薬物量を評価し，臨床での投与量を考え合わせて適用可能な化合物が決まる。例えば，新規抗エストロゲンレセプター純アンタゴニストであるER-1258は，分子量約700，log Pが9.3の弱酸性物質であり，水への溶解度が1 μg/mL以下のBCSクラスⅡに分類される化合物である。本処方のSEDDS型O/Wマイクロエマルションにより，ER-1258は約100 mg/mLと水に対する溶解度の10万倍以上の値となり，溶解度を向上させることができ[3]，予想臨床用量が100 mg／3回／日の場合，1 mLを経口投与することができれば適用できると判断される。

(3) 消化管からの吸収性

最後に，難水溶性化合物をSEDDS型O/Wマイクロエマルションとして経口投与した時の消化管からの吸収性の向上化と安定化効果を確認する。すなわち，各種実験動物に難水溶性化合物含有SEDDS型O/Wマイクロエマルションを経口投与した時の血漿中濃度推移から薬物速度論的パラメータ（AUC，Cmax，Tmax等）を算出する。溶解過程が消化管からの吸収性の律速要因となる剤形で経口投与した時のパラメータと比較し，消化管吸収性の向上化と安定化効果を評価してSEDDS型O/Wマイクロエマルションの処方を決定することになる。他の剤形との比較検討は2.3.3項で説明する。

2.2　材料・試薬および機器

- 中鎖脂肪酸トリグリセリド（MCT，日本油脂製パナセート810）
- モノオレイン酸ジグリセリル（DGMO-C，日光ケミカルズ製）
- ポリオキシエチレン硬化ヒマシ油40（HCO-40，日光ケミカルズ製）
- ER-1258（中外製薬製）

＊その他は試薬特級を用いた。

- 動的光散乱粒度分布計 NICOMP C370（Particle sizing systems）
- LC/MS（ウォーターズ）

2.3　実験操作

2.3.1　難水溶性化合物含有SEDDS型O/Wマイクロエマルションの調製

① 難水溶性化合物に無水エタノールを加え溶解する。溶解しにくい時は，超音波を照射し溶解する。化合物濃度は，最終処方濃度の4倍濃い濃度とする。

（例）ER-1258 20 mgに無水エタノールを1 mL添加して溶解した（濃度20 mg/mL）。

② 25（w/w％）の油（MCT），5（w/w％）の親油性界面活性剤（DGMO-C），50℃に加温して融解させた45（w/w％）の親水性界面活性剤（HCO-40）および25（w/w％）の難

水溶性化合物含有エタノール溶液をそれぞれガラスバイアルに秤取する。

（例）MCT 900 mg，DGMO-C 180 mg，HCO-40 1620 mg，ER-1258含有エタノール溶液 900 mgをそれぞれガラスバイアルに秤量した（ER-1258濃度5 mg/mL）。

③ ラボスターラーを用いて，室温で10分間撹拌して均一にする。これで難水溶性化合物含有SEDDS型O/Wマイクロエマルションが調製される。

2.3.2　粒子径（粒度分布）測定

ガラスバイアル中，難水溶性化合物含有SEDDS型O/Wマイクロエマルションを50 rpm程度の速度で撹拌しながら，4倍重量の水系溶媒を添加し，2時間撹拌して，難水溶性化合物含有O/Wマイクロエマルションを調製する。

（例）ER-1258含有SEDDS型O/Wマイクロエマルション3.6 gにPBS（pH 6.8）を14.4 g添加し，2時間撹拌してER-1258含有O/Wマイクロエマルションを調製した。

難水溶性化合物含有O/WマイクロエマルションをPBS（pH 6.8）で適度に希釈し，動的光散乱粒度分布計を用いて，O/Wマイクロエマルションの粒子径を測定する。

2.3.3　*In vivo* 吸収性（吸収性向上化と安定化）

絶食下，実験動物に難水溶性化合物をSEDDS型O/Wマイクロエマルション，他の剤形として経口投与時の血漿中濃度推移から薬物速度論的パラメータを算出して比較する。

（例）絶食させたラットにER-1258を可溶化溶液，懸濁液および油性溶液として，3 mg/3 mL/kgの用量で胃内に投与した。SEDDS型O/WマイクロエマルションではER-1258を3 mg/0.6 mL/kgの用量で胃内に投与した後，続けてPBS（pH 6.8）2.4 mL/kgを同様に投与した。経時的に血液約0.3 mLを採取し，遠心分離により血漿を分取した。LC/MSを用いて血漿中ER-1258濃度を測定し，薬物速度論的パラメータを算出した。消化管吸収性の安定化効果を検討する際には，胆汁漏ラット群として胆管にカニューレを挿入し胆汁を体外に排泄させる処置を施した。

2.4　実験結果

我々が設計した新規処方SEDDS型O/Wマイクロエマルション（MCT：DGMO-C：HCO-40：Ethanol = 25：5：45：25%（w/w））が難水溶性化合物の溶解性改善に基づく消化管吸収性向上化作用を示すこと，また，難水溶性化合物の消化管吸収に対する胆汁分泌流量の影響を低減化し，安定的な消化管吸収をもたらすことができることを，新規化合物ER-1258をモデル化合物として検証した。以下にその結果を示す。

2.4.1　SEDDS型O/Wマイクロエマルションの消化管吸収性向上化効果

ラットにER-1258をSEDDS型O/Wマイクロエマルションとして経口投与した場合，懸濁液に比べて，CmaxおよびAUCがそれぞれ2.6倍および1.8倍になり，どちらも有意に増大すると共に，油性溶液に比較してもCmaxおよびAUCの増大が認められた（図3）。ER-1258は，2.1.2

第2章　エマルション

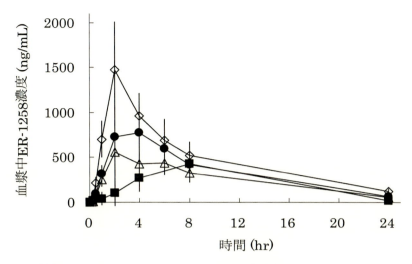

図3　絶食ラットに ER-1258 を 3 mg/kg の用量で各種剤形としてそれぞれ経口投与した時の血漿中 ER-1258 濃度推移（N=5，平均値±標準偏差として示す）
●：可溶化溶液，△：懸濁液，■：MCT 溶液，◇：SEDDS 型 O/W マイクロエマルション

項の(2)に示したように，SEDDS 型 O/W マイクロエマルションにすることにより水に対する溶解度（1 μg/mL 以下）の 10 万倍以上の溶解度を示しており，この溶解性向上化により消化管吸収性を増大させることができることが示された[3]。

2.4.2　SEDDS 型 O/W マイクロエマルションの消化管吸収性安定化効果

ER-1258 は水にはほとんど溶解しないが（1 μg/mL 以下），胆汁酸含有の FaSSIF（Fasted State Simulated Intestinal Fluid, pH 6.5）に対する溶解度が約 60 μg/mL に増大するという物性を示す。この物性は化合物の溶解過程が小腸へ分泌される胆汁酸量・胆汁流量に影響されることを示唆しており，ER-1258 では消化管からの吸収量の個体差が大きくなる可能性が考えられる。実際，ER-1258 を各種剤形として経口投与した場合，胆汁漏ラットに対する未処置ラット投与時の AUC 比は，図4に示すように，懸濁液，油性溶液，SEDDS 型 O/W マイクロエマルションにおいてそれぞれ 5.1，12.1，3.0 であった。これらの結果から，化合物吸収量の個体間差が最大となるリスクは，「油性溶液＞懸濁液＞SEDDS 型 O/W マイクロエマルション」の順となり，SEDDS 型 O/W マイクロエマルションは最もリスクが低いことが示唆され，胆汁分泌流量に起因する化合物吸収量の個体間差のリスクを低減できる製剤であることを示すことができた[4]。

2.5　応用

シクロスポリン A は免疫抑制剤として汎用されている薬物であり，当初は油性製剤のサンディミュンとして使用されており，吸収性の低さとばらつきが多く，臨床成績に影響を及ぼし

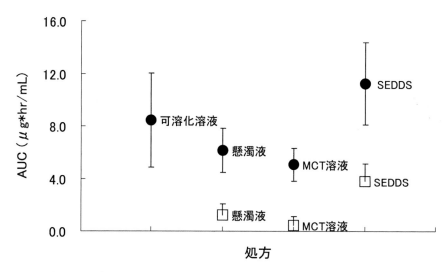

図4 未処置および胆汁漏ラットに ER-1258 を 3 mg/kg の用量で各種剤形としてそれぞれ経口投与した時の ER-1258 の AUC 比較（N=4～5，平均値±標準偏差として示す）
●：未処置ラット，□：胆汁漏ラット
SEDDS：SEDDS 型 O/W マイクロエマルション

ていた。その後，SEDDS 型 O/W マイクロエマルションであるネオーラルが発売され，サンディミュンに比べて吸収不良状態にある患者における消化管吸収を改善できること，血中濃度の個体内・個体間でのバラツキが減少すると共に吸収に及ぼす胆汁酸分泌量や食事の影響が減少することが報告されている[5]。この例では移植臓器の拒絶反応抑制という生命存続にかかわる重大な制御が SEDDS 型 O/W マイクロエマルションによってなし遂げられたものであると考えられる。

　一般に，経口投与製剤の剤型開発においては，コストや製剤化の容易さ等から錠剤や油性製剤が第一選択される傾向にあるが，シクロスポリン A ほどではないにしても，薬効領域が狭く，消化管からの吸収動態を制御しなければならない難水溶性化合物に対して，十分な薬理効果を示しかつ安全に使用するための剤型として SEDDS 型 O/W マイクロエマルションは適切ではないかと考えられる。また，近年のスクリーニングでステージアップする化合物の多くが難水溶性化合物という特性を考えると，吸収量が2倍に増大し薬効も2倍高くなれば，使用する原薬量が2分の1になるという経済的メリットもあるので，今後開発され，上市される難水溶性薬物の剤型として期待される。

　上記，シクロスポリン A のように既に上市されている製剤があるが，SEDDS 型 O/W マイクロエマルションの処方・製法設計においては様々な課題が発生することが予想される。課題の例としては，「油性基剤，界面活性剤，溶解補助剤の種類と量の選定」，「組成物の粘性（充てん性）」，「カプセル充てん後の主薬の溶解性確保」などが挙げられる。

　SEDDS 型 O/W マイクロエマルションにおいて，その組成は油性基剤，界面活性剤，溶解補助剤である。その種類と量の選定は，処方設計段階から行われるが，医療用に使用できる物質で

あること，処方量が1日最大使用量内であることを念頭において慎重に選択すべきである。1日最大使用量内を超えてしまうと，新たに膨大な安全性試験を実施しなければならなくなるからである。

　また，SEDDS型O/Wマイクロエマルションは比較的粘性が高い。臨床で用いる剤形はソフトカプセル剤が一般的であり，今は優れた充填機が多数あるのでそれほど苦労することはないかもしれないが，手持ちの充填機を使用して製造することを考えると，カプセルに均一に効率良く充填できるように工夫することが必要になるかもしれない。

　さらに，SEDDS型O/Wマイクロエマルションには主薬を溶解する溶解補助剤としてエタノールを使用している。溶解補助剤のエタノールが揮発して薬物濃度が高まり，薬物が不溶化し析出してしまうと溶解型製剤の特性が失われ，想定していた吸収性の向上化と安定化が得られない懸念が出てくるので，不揮発性の溶解補助剤を使用するか，溶解補助剤が揮発しないように包装等で工夫する必要がある。

2.6　おわりに

　以上，本稿では，難水溶性化合物に対して，溶解性向上化に基づき，消化管からの吸収性を向上させる効果と共に，食事摂取や胆汁分泌流量に影響されずに安定的な消化管吸収を可能にする効果を併せ持つ汎用的な新規SEDDS型O/Wマイクロエマルションの処方設計の方法，調整法とその有用性を，具体例を示しながら解説した。新薬開発システムを鑑みると，今後もますます難水溶性化合物が経口剤の候補化合物としてステージアップすることが予想される。上市までにはクリアしなければならない処方・製法上の課題は多数あると思われるが，それにも勝る効果が期待できるので，処方設計と共に製法設計にも力を入れてSEDDS型O/Wマイクロエマルションの活用と実用化が望まれるところである。

文　　献

1) Gao, Z-G. *et al.*, *Int. J. Pharm.*, **161**, 75 (1998)
2) Araya, H. *et al.*, *Int. J. Pharm.*, **305**, 61 (2005)
3) Araya, H. *et al.*, *Drug Metab. Pharmacokin.*, **20**, 244 (2005)
4) Araya, H. *et al.*, *Drug Metab. Pharmacokin.*, **20**, 257 (2005)
5) ネオーラル医薬品インタビューフォーム改訂第16版，ノバルティスファーマ (2015)

第3章 超分子ポリマー

1 ジブロックコポリマーを基盤とする高分子ミセル型制がん剤送達キャリア

武元宏泰[*1], 西山伸宏[*2]

1.1 はじめに

制がん剤の腫瘍特異的な送達は，腫瘍における制がん剤集積に伴う薬効向上と正常組織への副作用低減を実現する[1〜3]。これに関し，ジブロックコポリマーを用いて制がん剤を高分子ミセル内に封入することで，前述の腫瘍特異的な送達を可能とする技術が開発されている[4〜7]。薬剤を高分子ミセルに封入する概念が1984年にRingsdorfらにより提唱されて以降[8]，この技術は現在に至るまで日々発展を遂げている。我々の研究成果においても，ジブロックコポリマーにより調製される高分子ミセルは，制がん剤の血中滞留性向上と副作用の低減[5〜7,9〜11]，延いては転移がんへの有効性等が実証されている[12]。

高分子ミセルは制がん剤を担持するコアとステルス性を付与するシェルとから構成される（図1）。コア内に制がん剤を封入しその周囲をステルス性のシェルで被覆することで，制がん剤と血液成分との非特異的吸着あるいは正常組織との無作為な相互作用・腎排泄等を抑制し，その血中滞留性の向上を実現する[5,13,14]。さらに，腫瘍組織における未熟な血管組織は有窓性に富んでお

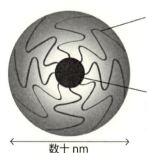

図1　制がん剤封入高分子ミセルのイメージ図

---

*1　Hiroyasu Takemoto　東京工業大学　資源化学研究所　助教
*2　Nobuhiro Nishiyama　東京工業大学　資源化学研究所　教授

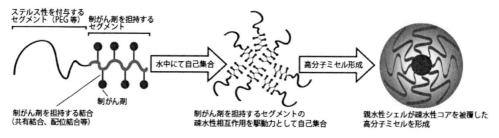

図2 ジブロックコポリマーを用いた高分子ミセルへの制がん剤の封入イメージ

り，高分子ミセルに代表される 100 nm 以下の粒子に対する血管透過性を著しく亢進させている[15,16]。結果として，高分子ミセルに封入された制がん剤は，その長期血中滞留性と相まって効率的な腫瘍への集積を可能とする[5,9,17]。

高分子ミセルを調製するためのジブロックコポリマーは，ステルス性を付与するためのセグメントと制がん剤を担持するためのセグメントとから構成される（図2）[5,18,19]。ステルス性のセグメントは一般にポリエチレングリコール（PEG）が選択される。強い水和能と非電荷性という PEG の二つの特徴は，PEG で被覆された粒子の補体等による認識を阻害するため脾臓や肝臓等で発達している細網内皮系での貪食を回避し，血液中のアルブミン等の荷電性物質やリポプロテイン等の疎水性物質と粒子との相互作用を低減して高分子ミセルに血液中でのコロイド安定性を付与する[20,21]。制がん剤を担持するためのセグメントには制がん剤と物理的・化学的な結合を可能とする高分子が選択される[18,22~24]。これに関し，制がん剤を高分子へ結合するための駆動力としては疎水性相互作用や共有結合・配位結合等が応用され[9,22~26]，制がん剤が結合したセグメントは疎水性相互作用を主な駆動力として水中にて自己会合し，ステルス性セグメントにて被覆された高分子ミセルを形成する（図2）[5,9,22~26]。ジブロックコポリマーは分子量を精密に制御可能なリビング重合法により合成出来るため，低い分子量分布（Mw/Mn<1.2）を有しながら目的となる分子量・組成のポリマーの合成が可能である[27,28]。分子量の精密制御は均一な高分子ミセル形成および正確な粒径制御を可能とし，目的・標的に適応したキャリア調製が実現される。本節では，ジブロックコポリマーを用いて制がん剤を高分子ミセルに封入する方法を主に我々の実施例（Cisplatin 内包高分子ミセル）をもとにして記述する[9,24,29]。

1.2 材料および試薬

- N-Carboxy anhydride of β-benzyl L-glutamate（NCA-BLG）
- α-Methoxy-ω-amino-poly(ethylene glycol)（Mw = 12,000 Da）（MeO-PEG-NH$_2$）
- N, N-Dimethylformamide（DMF）
- Diethylether
- Sodium hydroxide（NaOH）

第3章　超分子ポリマー

・Dimethylsulfoxide-d6（DMSO-d6）
・D_2O
・*cis*-Dichlorodiammineplatinum（Ⅱ）（Cisplatin）
・硝酸

1.3　実験操作

1.3.1　ジブロックコポリマーの合成

合成スキームは図3の通りである。まず，ベンゼンを用いた凍結乾燥等により脱水処理したMeO-PEG-NH_2を蒸留したDMFに対して100 mg/mLになるようにアルゴン雰囲気下で溶解する。そして，NCA-BLGをアルゴン雰囲気下でフラスコにとり，蒸留したDMFに対して100 mg/mLになるように溶解する（標的とするBLG連鎖数に応じてMeO-PEG-NH_2に対する量を調節する）。上記2つのDMF溶液をアルゴン雰囲気下で混合し，室温で一晩撹拌することでNCA開環重合を行った後にDiethylether（DMFに対して10-30倍量）に対して撹拌しながら滴下する。析出した沈殿物をフィルター濾過し，減圧下にて乾燥することで白色粉末（MeO-PEG-PBLG）を得る。得られた白色粉末をDMSO-d6に溶解して^{1}H NMR解析し，PEG内のオキシエチレンユニット（-CH_2-CH_2-O-，δ = 3.7 ppm）とPBLG内のベンジル基（-CH_2-C_6H_5，δ = 7.3 ppm）とのプロトン強度比からPBLG連鎖数を算出する。さらに，SEC（サイズ排除クロマトグラフィー）解析（column: SuperAW4000とSuperAW3000 × 2，carrier: 50 mM LiClを含有したDMF，flow rate: 0.8 mL/min）により重合の進行を確認し，標準物質（PEG）で作成した分子量解析検量線から分子量分布（Mw/Mn）を算出する。

得られたMeO-PEG-PBLGはアルカリ条件下にて加水分解し，MeO-PEG-PGluを合成する。MeO-PEG-PBLGを0.5 M NaOH水溶液（BLGに対して5等量）に懸濁し，室温で一晩撹拌する。得られた水溶液は純水を用いた透析処理により遊離したベンジルアルコールや過剰なNaOHを除去し，凍結乾燥を行うことで白色粉末（MeO-PEG-PGlu）を得る。得られた白色粉末はD_2Oに溶解して^{1}H NMR解析し，PBLG内のベンジル基（-CH_2-C_6H_5，δ = 7.3 ppm）の消失か

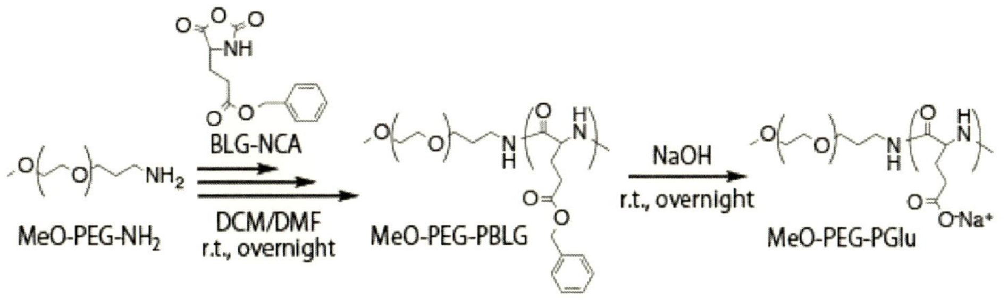

図3　ジブロックコポリマーの合成スキーム

ら脱保護の完了を確認する。

1.3.2 Cisplatin封入高分子ミセルの調製と解析

　高分子ミセルは図4に従って調製する。Glu濃度とCisplatin濃度をともに5 mMになるように，純水中にてMeO-PEG-PGluとCisplatinとを混合する。混合水溶液は37℃にて120時間撹拌し，純水を用いて限外ろ過処理（Molecular weight cut off: 30,000 Da）を行うことで高分子ミセル形成に関与していないCisplatinおよびMeO-PEG-PGluを除去する。続けて，PVDFフィルター（pore size: 0.22 μm）にて処理することで水溶液中のダスト等を除去し，目的物となるCisplatin封入高分子ミセルの水溶液を得る。得られた高分子ミセルは動的光散乱法により流体力学的半径と多分散度を解析する。さらに，水溶液中のCisplatin濃度を算出するために高分子ミセルを90%硝酸にて加熱・溶解処理する。90%硝酸溶液を熱処理により蒸発させた後に1%硝酸にて再度溶液調製し，ICP-MS（誘導結合プラズマ質量分析）解析を行い，水溶液中のプラチナ濃度（Cisplatin濃度）を測定する。

1.3.3 培養細胞に対する制がん活性評価

　培養がん細胞を96ウェルプレートにて24時間インキュベート（5,000 cells/well）し，様々な濃度の高分子ミセルの水溶液を加えてさらに48時間インキュベートする。細胞生存率をCell Counting kit-8を用いて測定（450 nmの吸光度を利用）することで，高分子ミセルで処理した際の細胞生存率を算出する。

1.3.4 担がんマウスにおける高分子ミセルの腫瘍集積評価・制がん活性評価

　高分子ミセルの腫瘍集積評価においては，まず担がんマウスを作成し，Cisplatin封入高分子ミセルの水溶液を尾静脈より投与する。一定時間後，マウスから腫瘍，肝臓，脾臓，腎臓等の主要な臓器を摘出し，90%硝酸にて処理することで臓器内のプラチナ成分を加熱・溶解させる。90%硝酸溶液を熱処理にて蒸発させた後に1%硝酸にて再度溶液調製し，ICP-MS解析にて各臓器内のプラチナ量（Cisplatin量）を算出する。制がん活性評価においては，担がんマウスに対してCisplatin封入高分子ミセルの水溶液を尾静脈より2日おきに投与する。腫瘍サイズの計時的な変化をノギスにより測定することで，制がん活性を評価する。

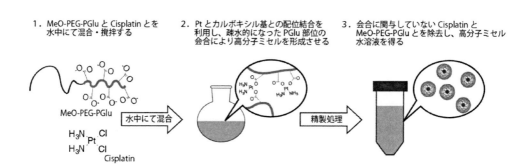

図4　Cisplatin封入高分子ミセルの調製手法

1.4 応用

制がん剤を封入した高分子ミセルの表面に腫瘍集積を促すリガンド分子を導入することで，制がん剤の体内動態をさらに向上させることが可能である[7,30,31]。これに関し，ジブロックコポリマーにおけるPEG鎖の末端にリガンド分子を導入することで，表面にリガンド分子が修飾された高分子ミセルが調製可能であることを我々は実証している（図5）[7,31]。具体的には，がん細胞表面に過剰発現している葉酸レセプターを標的とした葉酸修飾高分子ミセルや，腫瘍組織に過剰発現しているインテグリン（$α_vβ_3$や$α_vβ_5$）に特異的に結合するcyclic RGD（cRGD）ペプチドを導入した高分子ミセル，腫瘍組織に過剰発現している組織因子（tissue factor，TF）に特異的な抗TF抗体で修飾した高分子ミセル等の調製に成功している（図5）[32〜34]。リガンド分子が修飾された高分子ミセルはがん細胞への取り込み効率が増大し，制がん活性のさらなる向上を可能とする[35]。興味深いことに，cRGDを修飾した高分子ミセルは脳腫瘍においても治療効果が認められている。一般に，脳腫瘍は脳組織における緻密な血管組織に由来して物質透過性が著しく低下しているため，薬剤（および高分子ミセル）の集積は困難である。これに関し，cRGDで修飾した高分子ミセルは脳腫瘍組織における血管を透過することで腫瘍組織への集積を可能とし，有意な制がん効果をもたらすことが確認されている[36]。

さらに，高分子ミセルはポリマーの組成を調整することで粒径を30-100 nmの間で自在に制御出来る[37,38]。近年，我々は腫瘍の種類に応じて粒子の集積性が異なることを見出しており，目的・標的に応じた最適な粒径の存在が示唆されている[38]。実際に，血管密度が低く間質が豊富な

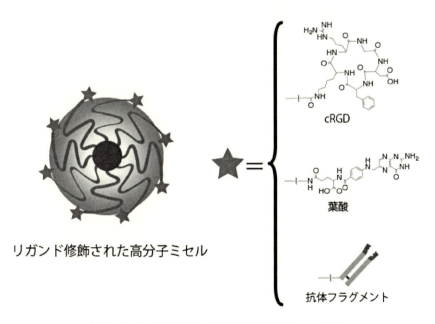

図5　リガンド修飾された高分子ミセルのイメージ図

膵臓がんにおいては 30 nm の高分子ミセルが最も効率的な集積・制がん効果を示したのに対して，50，70，90 nm の高分子ミセルの集積性・制がん効果は粒径増大に伴って有意に減少した。一方で，血管密度の高い大腸がんにおいては 30，50，70，90 nm の高分子ミセルはいずれも同等の集積性・制がん効果を示した。これらの事実は，腫瘍の種類に応じて制がん剤キャリアの粒径を最適化する必要性を提言しており，100 nm 以下における自在なサイズ制御を可能とする高分子ミセルの有用性を強く裏付けている。

ジブロックコポリマーはその修飾の容易さから種々の薬剤を封入した高分子ミセルを調製可能である。また，目的・標的に応じたジブロックコポリマーおよび高分子ミセル構造の最適化や，リガンド分子の導入により高分子ミセルに標的特異性を付与することも可能である。さらに，ジブロックコポリマーは GMP グレードでの製造が可能であり，実際に高分子ミセルのいくつかは既に治験薬として展開されていることからその実用性の高さが窺い知れる[7,39,40]。このように，ジブロックコポリマーを基盤とした高分子ミセルには卓越した可能性・実用性が秘められており，当該技術は今後益々発展していくことと思われる。

文　　献

1) I. Brigger, C. Dubernet, P. Couvreur, *Adv. Drug Deliv. Rev.*, **54**, 631 (2002)
2) A. V. Kabanov, E. V. Batrakova, V. Y. Alakhov, *J. Control. Release*, **82**, 189 (2002)
3) S. Mitragotri, P. A. Burke, R. Langer, *Nat Rev Drug Discov.*, **13**, 655 (2014)
4) M. C. Jones and J. C. Leroux, *Eur. J. Pharm. Biopharm.*, **48**, 101 (1999)
5) K. Kataoka, A. Harada, Y. Nagasaki, *Adv. Drug Deliv. Rev.*, **47**, 113 (2001)
6) G. S. Kwon, K. Kataoka, *Adv. Drug Deliv. Rev.*, **64**, 237 (2012)
7) H. Cabral, K. Kataoka, *J. Control. Release*, **190**, 465 (2014)
8) H. Bader, H. Ringsdorf, B. Schmidt, *Angew, Makromol. Chem.*, **123**, 457 (1984)
9) N. Nishiyama, S. Okazaki, H. Cabral, M. Miyamoto, Y. Kato, Y. Sugiyama, K. Nishio, Y. Matsumura, K. Kataoka, *Cancer Res.*, **63**, 8977 (2003)
10) H. Uchino, Y. Matsumura, T. Negishi, F. Koizumi, T. Hayashi, T. Honda, N. Nishiyama, K. Kataoka, S. Naito, T. Kakizoe, *Br. J. Cancer.*, **93**, 678 (2005)
11) M. Baba, Y. Matsumoto, A. Kashio, H. Cabral, N. Nishiyama, K. Kataoka, T. Yamasoba, *J. Control. Release*, **157**, 112 (2012)
12) H. Cabral, J. Makino, Y. Matsumoto, P. Mi, H. Wu, T. Nomoto, K. Toh, N. Yamada, Y. Higuchi, S. Konishi, M. R. Kano, H. Nishihara, Y. Miura, N. Nishiyama, K. Kataoka, *ACS Nano*, DOI: 10.1021/nn5070259, (2015)
13) K. Kataoka, G. S. Kwon, M. Yokoyama, T. Okano, Y. Sakurai, *J. Control. Release*, **24**, 119 (1993)

14) R. Gref, Y. Minamitake, M.T. Peracchia, V. Trubetskoy, V. Torchilin, R. Langer, *Science*, **263**, 1600 (1994)
15) Y. Matsumura, H. Maeda, *Cancer Res.*, **46**, 6387 (1986)
16) H. Maeda, J. Wu, T. Sawa, Y. Matsumura, K. Hori, *J. Control. Release*, **65**, 271 (2000)
17) R. Duncan, *Nat. Rev. Drug Discov.*, **2**, 347 (2003)
18) G. Riess, *Prog. Polym. Sci.*, **28**, 1107 (2003)
19) R. Duncan, H. Ringsdorf, R. S. Fainaro, *Adv. Polym. Sci.*, **192**, 1 (2006)
20) J. M. Harris, R. B. Chess, *Nat. Rev. Drug Discov.*, **2**, 214 (2003)
21) K. Knop, R. Hoogenboom, D. Fischer, U. S. Schubert, *Angew. Chem. Int. Ed.*, **49**, 6288 (2010)
22) M. Yokoyama, T. Okano, K. Kataoka, *J. Control. Release*, **32**, 269 (1994)
23) J. Wang, D. Mongayt, V. P. Torchilin, *J. Drug Target.*, **13**, 73 (2005)
24) K. M. Huh, S. C. Lee, Y. W. Cho, J. Lee, J. H. Jeong, K. Park, *J. Control. Release*, **101**, 59 (2005)
25) M. Yokoyama, T. Okano, Y. Sakurai, S. Suwa, K. Kataoka, *J. Control. Release*, **39**, 351 (1996)
26) Y. Bae, S. Fukushima, A. Harada, K. Kataoka, *Angew. Chem. Int. Ed.*, **42**, 4640 (2003)
27) H. R. Kricheldorf, a, *Angew. Chem. Int. Ed.*, **45**, 5752 (2006)
28) N. Hadjichristidis, H. Iatrou, M. Pitsikalis, G. Sakellariou, *Chem Rev.*, **109**, 5528 (2009)
29) Y. Mochida, H. Cabral, Y. Miura, F. Albertini, S. Fukushima, K. Osada, N. Nishiyama, K. Kataoka, *ACS Nano*, **8**, 6724 (2014)
30) M. Srinivasarao, C. V. Galliford, P. S. Low, *Nat. Rev. Drug Discov.*, **14**, 203 (2015)
31) Y. Bae, K. Kataoka, *Adv. Drug Deliv. Rev.*, **61**, 768 (2009)
32) Y. Bae, N. Nishiyama, K. Kataoka, *Bioconjugate Chem.*, **18**, 1131 (2007)
33) M. Oba, S. Fukushima, N. Kanayama, K. Aoyagi, N. Nishiyama, H. Koyama, K. Kataoka, *Bioconjugate Chem.*, **18**, 1415 (2007)
34) J. Y. Ahn, Y. Miura, N. Yamada, T. Chida, X. Liu, A. Kim, R. Sato, R. Tsumura, Y. Koga, M. Yasunaga, N. Nishiyama, Y. Matsumura, H. Cabral, K. Kataoka, *Biomaterials*, **39**, 23 (2015)
35) Y. Vachutinsky, M. Oba, K. Miyata, S. Hiki, M. R. Kano, N. Nishiyama, H. Koyama, K. Miyazono, K. Kataoka, *J. Control. Release*, **149**, 51 (2011)
36) Y. Miura, T. Takenaka, K. Toh, S. Wu, H. Nishihara, M. R. Kano, Y. Ino, T. Nomoto, Y. Matsumoto, H. Koyama, H. Cabral, N. Nishiyama, K. Kataoka, *ACS Nano*, **7**, 8583 (2013)
37) N. Nishiyama, K. Kataoka, *J. Control. Release*, **74**, 83 (2001)
38) H. Cabral, Y. Matsumoto, K. Mizuno, Q. Chen, M. Murakami, M. Kimura, Y. Terada, M. R. Kano, K. Miyazono, M. Uesaka, N. Nishiyama, K. Kataoka, *Nat. Nanotechnol.*, **6**, 815 (2011)
39) Y. Matsumura, K. Kataoka, *Cancer Sci.*, **100**, 572 (2009)
40) R. Plummer, R. H. Wilson, H. Calvert, A. V. Boddy, M. Griffin, J. Sludden, M. J. Tilby, M. Eatock, D. G. Pearson, C. J. Ottley, Y. Matsumura, K. Kataoka, T. Nishiya, *Br. J. Cancer*, **104**, 593 (2011)

第3章　超分子ポリマー

2　細胞内分解性ポリロタキサンを用いた薬物送達と超分子医薬への応用

田村篤志[*1], 由井伸彦[*2]

2.1　はじめに

　現在のDDS研究ならびにDDS製剤の臨床応用において高分子化合物は薬物キャリアを構成するために必要不可欠な材料として広く利用されている。DDSで用いられる高分子は，高分子の性質，機能に応じてランダム共重合体，ブロック共重合体，分岐型高分子など様々な構造のポリマーが用いられており，用途によって適した構造の高分子が選択されている。ロタキサンは環状分子の空洞部に線状分子が貫通した超分子であり，軸の両末端に嵩高い分子を結合させることで立体障害により環状分子が軸上に束縛されたインターロック構造を有する[1,2]。ロタキサンの名称はラテン語のrota（輪）とaxis（軸）に由来するが，輪と軸の間には共有結合が介在していないため，輪は軸上を移動・回転するという構造的な特徴を有する。また，原田らは環状分子としてα-シクロデキストリン（α-CD），線状分子としてポリエチレングリコール（PEG）を混合すると高分子鎖上に多数の環状分子が貫通した擬ポリロタキサンを形成することを発見し，両末端を嵩高い分子でキャッピングしたポリロタキサン（PRX）の合成法を報告した[3,4]。ポリロタキサンを形成する環状分子と線状分子の組み合わせは多数の報告があるが，環状分子としてはグルコースの繰り返し数が異なるα-CD（グルコース数6），β-CD（グルコース数7），γ-CD（グルコース数8）が最もよく利用されている[2,5,6]。

　現在，擬ポリロタキサンの形成やポリロタキサンの構造特性に着目したDDSに関する研究が進められている[6〜8]。例えば，特定の条件で調製した擬ポリロタキサンはゲル状の構造体を形成するため，これを利用した薬物やタンパク質の徐放製剤としての利用が検討されている[9,10]。また，ポリロタキサンの構造特性として，高分子軸と環状分子間には化学結合が存在しないため，環状分子が軸に沿った並進運動，回転運動をする。筆者らは，ポリロタキサンの動的な性質を利用したバイオマテリアルに関して研究を推進しており，動的特性による多価相互作用の亢進[11,12]や，動的表面上における間葉系幹細胞の分化特性[13]に関して報告を行っている。また，高分子軸

[*1]　Atsushi Tamura　東京医科歯科大学　生体材料工学研究所　助教
[*2]　Nobuhiko Yui　東京医科歯科大学　生体材料工学研究所　教授

第3章 超分子ポリマー

図1 ポリロタキサンの分解応答機能

中に分解性の結合を導入した分解応答型ポリロタキサンは，特定の刺激による分解性結合の切断に伴い，ポリロタキサン超分子構造が解離する（図1）[8,14]。従来の生分解性高分子では，完全なポリマーの分解に多数の結合点の切断が必要であったが，ポリロタキサンでは軸中の分解点が1箇所切断されるだけで超分子構造全体の崩壊を導くことができるといった特徴がある。

また，環状分子として用いているCDは難溶性薬物を疎水性空洞部に包接することで薬物の溶解度を上げたり，化学的安定性を向上することから，多くの医薬品に利用されている。近年，CDのActive Pharmaceutical Ingredient（API）としての側面が明らかとされつつあり，アルツハイマー病[15]，滲出性加齢黄斑変性症[16]，Niemann Pick病C型[17]等の難治性疾患に対し治療効果を示すことが明らかとされている。一方，ポリロタキサンは医薬品有効成分としてのCDを細胞内，標的組織へと輸送するための薬物キャリアとしての側面もある。本稿では，分解応答型ポリロタキサンの合成ならびにDDS応用，医薬品応用について概説する。

2.2 材料および試薬

- α-シクロデキストリン（α-CD）
- ポリエチレングリコール（PEG）（数平均分子量10,000）
- 1,1'-カルボニルジイミダゾール（CDI）
- シスタミン塩酸塩
- N-カルボベンゾキシ-L-チロシン（Z-Tyr-OH）
- 4-(4,6-ジメトキシ-1,3,5-トリアジン-2-イル)-4-メチルモルホリニウムクロリド（DMT-MM）
- N,N-ジメチルアミノエチルアミン
- プルロニックP123（PEG-b-PPG-b-PEG）（PPG部分の数平均分子量4,200，PEG部分の数平均分子量1,100×2）
- β-シクロデキストリン（β-CD）
- N-(トリフェニルメチル)グリシン（Trt-Gly-OH）
- 2-(2-アミノエトキシ)エタノール
- 遠心分離器

・サイズ排除クロマトグラフィー装置（SEC）
・核磁気共鳴装置（NMR）

2.3 実験操作

2.3.1 α-CDを包接した細胞内分解性ポリロタキサンの合成

PEG/α-CDを基本骨格とした分解性ポリロタキサンは図2のスキームに従い調製した。PEG，CDI（PEGの10〜20モル当量）をテトラヒドロフラン（THF）に溶解し，室温で24時間撹拌した。反応後，ジエチルエーテルに対して再沈殿させることで精製を行い，両末端にカルボニルイミダゾールを有するPEG（PEG-CI）を得た。脱塩したシスタミン（PEG-CIに対し20モル当量）をTHFに溶解し，PEG-CIのTHF溶液を滴下した。室温で24時間撹拌後，ジエチルエーテルに対して再沈殿させることで精製を行い，両末端にシスタミンを有するPEG（PEG-SS-NH$_2$）を得た。

分解性結合を有する軸ポリマーとしてPEG-SS-NH$_2$を用いて擬ポリロタキサンを調製した。

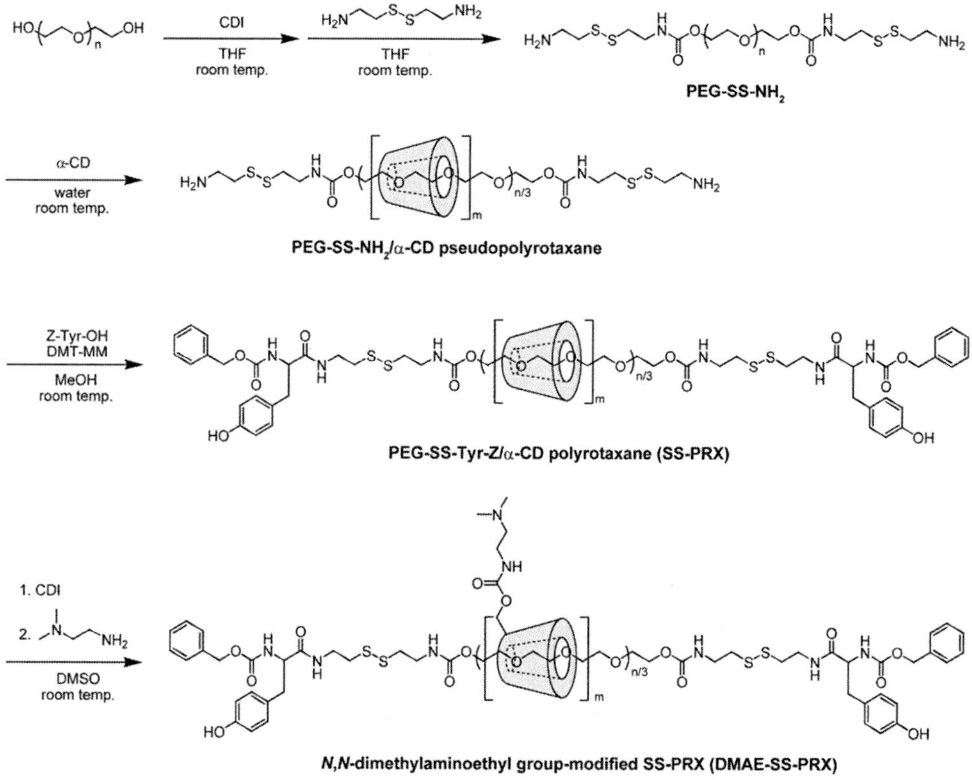

図2 PEG/α-CDを基本骨格とした還元分解応答型カチオン性ポリロタキサン（DMAE-SS-PRX）の合成スキーム

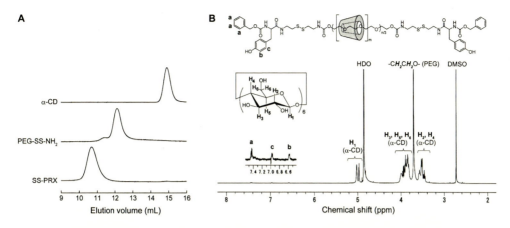

図3 還元分解応答型ポリロタキサン (SS-PRX)，軸ポリマー (PEG-SS-NH$_2$)，環状分子 (α-CD) のサイズ排除クロマトグラフィー測定結果 (A)，0.1 M NaOD/D$_2$O 中における SS-PRX の ^{1}H NMR スペクトル (B)

少量の純水に溶解した PEG-SS-NH$_2$ を α-CD (PEG-SS-NH$_2$ に対し重量比で2〜10倍) の飽和水溶液に加え，室温で24時間撹拌した。擬ポリロタキサンは水に対し不溶性であるため，反応中に沈殿を生じる。得られた沈殿物を遠心分離により回収し，凍結乾燥することで擬ポリロタキサンを得た。キャッピング剤として Z-Tyr-OH，カップリング剤として DMT-MM (それぞれ PEG に対し20〜40モル当量) をメタノールに溶解し，本溶液に擬ポリロタキサンの粉末を加え，室温で24時間撹拌した。反応後，沈殿物を遠心分離により回収し，メタノールで洗浄した。少量のジメチルスルホキシド (DMSO) に沈殿物を溶解し，水に対して再沈殿を行うことで精製した。沈殿物を遠心分離により回収し，凍結乾燥することで軸ポリマー末端にジスルフィド結合を有するポリロタキサンを得た。

ポリロタキサン形成は SEC と ^{1}H NMR より評価した。図3A は α-CD，PEG-SS-NH$_2$，ならびに PEG/α-CD ポリロタキサン (SS-PRX) の SEC 測定結果 (溶離液：DMSO + 10 mM LiBr) である。ポリロタキサン形成により，PEG と比較してピークトップが高分子量側にシフトしたことが確認できる。また，得られたポリロタキサン中には未包接の α-CD が含まれていないことを確認した。ポリロタキサン中における α-CD 貫通数は ^{1}H NMR より計算することができる。図3に示すポリロタキサンの場合，PEG と α-CD に由来するピークの積分比より，ポリロタキサン一分子中の α-CD 貫通数は51.6と算出される。一分子の α-CD はエチレングリコール2ユニットを包接するため，分子量10,000の PEG に貫通することができる α-CD の最大数は113.5である。よって，図3のポリロタキサン中における α-CD の充填率は45%である。

2.3.2 細胞内分解性ポリロタキサンの化学修飾による機能化

ポリロタキサンは CD 間の水素結合性のため溶解する溶媒が DMSO と強アルカリ性の水溶液に限られている[4]。すなわち，DDS における材料としてポリロタキサンを利用するためには水溶

化が必須である。一般的な水溶化の方法は α-CD の水酸基を水溶性官能基で置換することで水溶性ポリロタキサンを得ることができる（図2）。一例として，三級アミノ基である *N,N*-ジメチルアミノエチル（DMAE）基の導入方法を記す。ポリロタキサン，ならびに CDI（ポリロタキサン中の α-CD に対し 2〜15 モル当量）を脱水した DMSO に溶解し，室温で 24 時間撹拌した。本反応溶液に *N,N*-ジメチルアミノエチルアミン（CDI に対し 5〜10 モル当量）を加え，室温でさらに 24 時間撹拌した。反応後，純水に対し透析することで精製した。回収した水溶液を凍結乾燥することで軸ポリマー末端にジスルフィド結合を有するカチオン性ポリロタキサン（DMAE-SS-PRX）を得た。^{1}H NMR 測定より DMAE-SS-PRX 中の α-CD 貫通数ならびに DMAE 基修飾を算出した。

2.3.3 カチオン性ポリロタキサンを用いたタンパク質の細胞導入

上記で合成した DMAE-SS-PRX は核酸やタンパク質などアニオン性の生体分子と静電複合体を形成するため，プラスミド DNA[18]や siRNA[19]の細胞導入に用いることができる。DMAE-SS-PRX からなる静電複合体は細胞内に高濃度で存在するグルタチオン等の還元物質と反応し，超分子構造が崩壊するが，これに伴いプラスミド DNA や siRNA をリリースし，プラスミド DNA の遺伝子発現量，siRNA の遺伝子発現抑制効果を亢進することが明らかとなっている[18,19]。このような分解 PRX による細胞導入と細胞内でのリリース機能を利用したアニオン性酵素 β-ガラクトシダーゼ（β-gal）（大腸菌由来，分子量 465.4 kDa，等電点 4.6）の細胞導入法，ならびに評価方法について記す[20]。

β-gal と DMAE-SS-PRX（PEG 分子量 10,000，α-CD 貫通数 52，DMAE 基修飾数 301，分子量 94,000）をそれぞれ 10 mM HEPES 緩衝溶液に溶解した。β-gal に含まれるアニオン性アミノ酸残基（アスパラギン酸，グルタミン酸）のモル数に対し，DMAE-SS-PRX に含まれる DMAE 基のモル数が 1〜10（[DMAE]/[COOH]比と定義）となるように両者を混合し静電複合体を調製した。静電複合体の形成はアガロースゲルを用いた電気泳動においてタンパク質のバンドの消失より確認することができる。静電複合体の酵素活性は *o*-nitrophenyl-β-D-galacropyranoside（ONPG）を基質として使用し，β-gal の濃度を 10 nM，ONPG 濃度 5 mM，[DMAE]/[COOH]比 1〜10 で混合した後の 410 nm の吸光度の増加分より酵素活性を評価した。フリーの β-gal の酵素活性に対し，DMAE-SS-PRX/β-gal 複合体では複合体形成により活性部位への基質のアクセスが阻害されたため酵素活性が 33.5% まで低下した（図4A）。一方，評価を細胞内の還元物質であるグルタチオン（GSH）1 mM を添加して酵素活性を測定した結果，DMAE-SS-PRX/β-gal 複合体の酵素活性は 95.8% まで回復した。また，分解性結合を持たない DMAE-PRX（PEG 分子量 10,000，α-CD 貫通数 46，DMAE 基修飾数 264，分子量 85,000）や市販のタンパク質導入試薬 Xfect と β-gal との複合体では GSH 添加による酵素活性の回復は認められなかった。これは，GSH により DMAE-SS-PRX 中のジスルフィド結合が切断してポリロタキサン構造の崩壊が起こり，その結果フリーの β-gal がリリースされたためである。

次に細胞内への β-gal の導入，ならびに導入後の酵素活性を評価した。既報に従い FITC 標識

第3章 超分子ポリマー

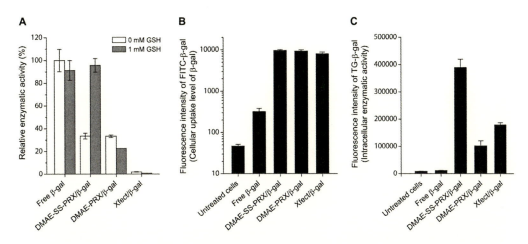

図4 緩衝溶液中における β-gal, DMAE-SS-PRX/β-gal 複合体, 非分解型 DMAE-PRX/β-gal 複合体, Xfect/β-gal 複合体の酵素活性, および 1 mM GSH 添加時の酵素活性変化 (A), HeLa 細胞に対する各複合体の FITC-β-gal 導入量 (B), HeLa 細胞に対する各複合体の細胞内酵素活性 (C)

β-gal を調製し[21]，HeLa 細胞と 24 時間接触後の蛍光強度をフローサイトメトリーで定量した（図 4B）。その結果，カチオン性ポリロタキサンと β-gal の複合体（[DMAE]/[COOH]＝2, FITC-β-gal 濃度＝10 nM）は分解性結合の有無関わらず，フリーの β-gal と比較して約 30 倍程度の蛍光強度の増加が認められた。また，市販のタンパク質導入試薬 Xfect と比較しても同等の蛍光強度であった。

次に細胞内へ導入した β-gal の細胞内における酵素活性を評価した。酵素反応により蛍光を示す Tokyo Green-β-gal（TG-β-gal）を基質として使用し，HeLa 細胞と各試料（[DMAE]/[COOH]＝2, β-gal 濃度＝10 nM）を 24 時間接触後の蛍光強度を評価した（図 4C）。カチオン性ポリロタキサン，Xfect を用いて細胞内に β-gal を導入した際の β-gal 導入量は分解性結合の有無関わらず同等であったが，DMAE-SS-PRX/β-gal 複合体は他の複合体と比較して最も高い蛍光強度（酵素活性）を示した。本結果は，細胞内還元環境における DMAE-SS-PRX の分解によりフリーの β-gal がリリースされたため，高い酵素活性を示したと予想される。以上の結果より，細胞内分解型カチオン性ポリロタキサンは市販の導入剤と同等の細胞内タンパク質導入量を示すとともに，細胞内での効果的な酵素活性発現という点で有用なキャリアであると考えられる。

2.3.4 β-CD を包接した細胞内分解性ポリロタキサンの合成

ポリロタキサンの形成には CD の環サイズに応じて包接錯体を形成することができるポリマーの組み合わせが必要であり，β-CD を包接可能なポリマーとしてポリプロピレングリコール（PPG）やポリイソブチレンが知られている[5,6]。ここでは，PEG-b-PPG-b-PEG トリブロック共重合体（Pluronic P123）を軸ポリマーに用いた β-CD 包接ポリロタキサンの合成について概説する。上記と同様に両末端にシスタミンを結合した Pluronic P123（P123-SS-NH$_2$）を合成し，

擬ポリロタキサンを調製した。β-CD（重量比で Pluronic P123 の 10〜40 倍量）を加温しながら 100 mM リン酸緩衝溶液に溶解し，飽和溶液を調製した。本溶液に P123-SS-NH$_2$ を加え，室温で 24 時間撹拌した。反応後，得られた沈殿物を遠心分離により回収し，凍結乾燥することで擬ポリロタキサンを得た。キャッピング試薬として Trt-Gly-OH，カップリング剤として DMT-MM（それぞれ Pluronic P123 に対し 20〜40 モル当量）を N,N-ジメチルホルムアミド（DMF）とメタノールの混合溶媒に溶解した。本溶液に擬ポリロタキサンを加え，室温で 24 時間撹拌した。反応後，得られた沈殿物を遠心分離により回収し，メタノール，DMF，純水で沈殿物を洗浄し，未反応物を除去した。回収した固体を凍結乾燥することで軸ポリマー末端にジスルフィド結合を有する β-CD 包接ポリロタキサンを得た。ポリロタキサン中における β-CD 貫通数も上記と同様に ^{1}H NMR により求めることができる。

2.3.5 β-CD を包接した細胞内分解性ポリロタキサンによるコレステロール蓄積の改善

　ライソゾーム病の一種であるニーマンピック病 C 型（NPC 病）はコレステロール輸送タンパク質である NPC1 の先天的変異により，細胞内に多量のコレステロールが蓄積する疾患であり，進行性の神経後退，肝脾腫を引き起こす致死的疾患であるが有効な治療法は確立されていない[22]。また近年，NPC 病に対し環状糖類であるヒドロキシプロピル-β-CD（HP-β-CD）がコレステロールを空洞部に包接することでリソソームのコレステロールを減少させることが明らかとなり，NPC 病モデルマウスの生存期間を著しく延長することが報告された[17, 23]。現在では，HP-β-CD は新規 NPC 病治療薬として期待されており世界各国で臨床試験が進められている。しかし，HP-β-CD は細胞膜との作用が強いため細胞内部へは取り込まれにくく，また低分子であるため投与後速やかに腎排泄されるため極端に高濃度での投与が必要である。これらの問題を改善するために，筆者らはポリロタキサンが分解応答に伴い CD をリリースする点に着目し，β-CD を貫通したポリロタキサンを用いた NPC 病治療を検討している[24, 25]。ポリロタキサンに貫通した β-CD の空洞部はポリマー鎖で占有されているため，細胞膜との相互作用が弱く，結果としてエンドサイトーシスにより細胞内へと取り込まれリソソームに集積する[24]。よって，ポリロタキサンは細胞内へ β-CD を輸送することが可能なドラッグキャリアとして機能すると期待される。ここでは，ポリロタキサンによる NPC 病由来線維芽細胞に対するコレステロール蓄積の改善に関して紹介する。

　NPC1 に変異（P237S, I1061T）を有する NPC 病患者由来皮膚線維芽細胞（NPC1 細胞）および正常皮膚線維芽細胞に対し，ヒドロキシエトキシエチル基を修飾した Pluronic P123/β-CD SS-PRX（HEE-SS-PRX），ならびに HP-β-CD を各濃度で作用させた。24 時間経過後，細胞を剥離し細胞溶解液で溶解させた。細胞溶解液に含まれる総コレステロール量を定量し，総タンパク質量で規格化した（図5）。HP-β-CD を作用した細胞では，濃度依存的に総コレステロール量が減少し，1 mM 以上の濃度で有意差が認められた。一方，HEE-SS-PRX を作用した細胞では，β-CD 濃度で 0.01 mM 以上の濃度で有意な総コレステロール量の減少が認められ，1 mM では正常細胞と同程度まで総コレステロール量が減少した。HP-β-CD と効果を比較すると，HEE-SS-

第3章　超分子ポリマー

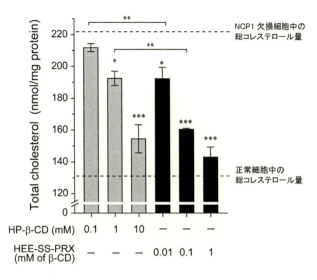

図5　HP-β-CD ならびに HEE-SS-PRX による NPC 病由来（NPC1 欠損）皮膚線維芽細胞中の総コレステロール量変化（*$p<0.01$, **$p<0.05$, ***$p<0.001$）

PRX はより低濃度で作用することがわかる。これは，NPC 病でコレステロールの蓄積が起こる後期エンドソーム，リソソームにおける β-CD の集積量の差によるものと予想される。HP-β-CD は細胞膜との作用が強いためリソソームへの到達効率が低いが，HEE-SS-PRX は細胞膜と作用せずエンドサイトーシスにより細胞に取り込まれ，リソソームへと集積しやすい。以上より，ポリロタキサン骨格は細胞内への β-CD の導入効率に優れることから，NPC 病治療における一種の DDS として有効な形態であると考えている。

2.4　応用

　ポリロタキサンを用いた DDS 研究に関する報告は近年増加傾向にあるものの，その多くは薬物キャリアの調製や *in vitro* での評価に留まっているのが現状である。ポリロタキサンを DDS 製剤として利用するためには *in vivo* での有効性ならびに薬物動態や安全性を確かめる必要であり，今後は筆者らも含めてポリロタキサンの有効性を実証するための研究を進めなければならない。現在，CD の API としての利用が様々な疾患に対して検討されているが，ポリロタキサンは CD のドラッグキャリアとして機能することから，CD による疾患治療の可能性を大きく寄与することになると期待される。また，ポリロタキサンの製造に関しても医薬品としての応用を進めるためには考慮する必要がある。ポリロタキサンの構成成分である各種 CD 類や PEG 等のポリマーに関しては，既に医薬品として利用されていることから GMP グレードの大量生産が行われているが，ポリロタキサンの GMP グレードに準拠した製造に関しては筆者らの知る限りでは実施例はない。しかしながら，アドバンストソフトマテリアル株式会社（http://www.asmi.jp/）

によりコーティング，エラストマー，粘着剤としての利用目的でポリロタキサンの大量生産技術が確立されている。GMPグレードでのポリロタキサンの製造は大きなハードルの一つであるものの技術的には決して不可能ではないと考えられる。

文　　献

1) S. A. Nepogodiev, J. F. Stoddart, *Chem. Rev.*, **98**, 1959 (1998)
2) G. Wenz, B.-H. Han, A. Müller, *Chem. Rev.*, **106**, 782 (2006)
3) A. Harada, M. Kamachi, *Macromolecules*, **23**, 2821 (1990)
4) A. Harada, J. Li, M. Kamachi, *Nature*, **356**, 325 (1992)
5) A. Harada, A. Hashidzume, H. Yamaguchi, Y. Takashima, *Chem. Rev.*, **109**, 5974 (2009)
6) S. Loethen, J.-M. Kim, D. H. Thompson, *Polym. Rev.*, **47**, 383 (2007)
7) J. Li, X. J. Loh, *Adv. Drug Deliv. Rev.*, **60**, 1000 (2008)
8) A. Tamura, N. Yui, *Chem. Commun.*, **50**, 13433 (2014)
9) J. Li, X. Li, X. Ni, X. Wang, L. Li, K. W. Leong, *Biomaterials*, **27**, 4132 (2006)
10) T. Higashi, F. Hirayama, S. Misumi, H. Arima, K. Uekama, *Biomaterials*, **29**, 3866 (2008)
11) T. Ooya, M. Eguchi, N. Yui, *J. Am. Chem. Soc.*, **125**, 13016 (2003)
12) J.-H. Seo, S. Kakinoki, Y. Inoue, T. Yamaoka, K. Ishihara, N. Yui, *J. Am. Chem. Soc.*, **135**, 5513 (2013)
13) J.-H. Seo, S. Kakinoki, T. Yamaoka, N. Yui, *Adv. Healthcare Mater.*, **4**, 215 (2015)
14) T. Ooya, H. Mori, M. Terano, N. Yui, *Macromol. Rapid Commun.*, **4**, 259 (1995)
15) J. Yao, D. Ho, N. Y. Calingasan, N. H. Pipalia, M. T. Lin, M. F. Beal, *J. Exp. Med.*, **209**, 2501 (2012)
16) M. M. Nociari *et al.*, *Proc. Natl. Acad. Sci. USA.*, **111**, E1402 (2014)
17) B. Liu, S. D. Turley, D. K. Burns, A. M. Miller, J. J. Repa, J. M. Dietschy, *Proc. Natl. Acad. Sci. USA.*, **106**, 2377 (2009)
18) T. Ooya *et al.*, *J. Am. Chem. Soc.*, **128**, 3852 (2005)
19) A. Tamura, N. Yui, *Biomaterials*, **34**, 2480 (2013)
20) A. Tamura *et al.*, *Sci. Rep.*, **3**, 2252 (2013)
21) P. Ghosh *et al.*, *J. Am. Chem. Soc.*, **132**, 2642 (2010)
22) M. T. Vanier, *Orphanet. J. Rare Dis.*, **5**, 16 (2010)
23) C. D. Davidson *et al.*, *Plos One.* **4**, e6951 (2009)
24) A. Tamura, N. Yui. *Sci. Rep.* **4**, 4356 (2014)
25) A. Tamura, N. Yui. *J. Biol. Chem.* **290**, 9442 (2015)

第3章 超分子ポリマー

3 デンドリマー

河野健司[*1], 弓場英司[*2]

3.1 はじめに

デンドリマーは，規則的で高度に分岐した骨格を有する合成ポリマーである。デンドリマーは1回の成長反応によって分子鎖末端を2つに分岐させ，その成長反応を繰り返すことによって合成される。デンドリマー分子は成長反応の回数とともに層状に成長するため，デンドリマーのサイズは，成長反応の回数を世代数（Generation）として表す（図1）。最もよく利用されているデンドリマーは，ポリアミドアミンデンドリマーであり，種々の世代数および末端官能基（アミノ基，水酸基，カルボキシ基）のポリアミドアミンデンドリマーが市販されている。また，デン

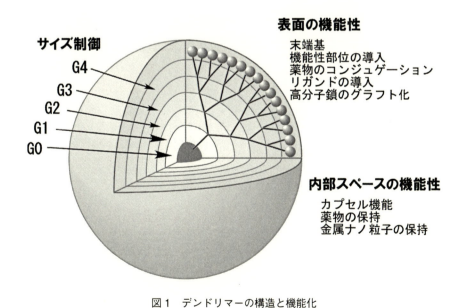

図1 デンドリマーの構造と機能化

[*1] Kenji Kono　大阪府立大学　大学院工学研究科　教授
[*2] Eiji Yuba　大阪府立大学　大学院工学研究科　助教

ドリマーの部分構造はデンドロンと呼ばれ，複数のデンドロンを中心部で連結することで種々の構造のデンドリマーを合成できる。種々の末端官能基をもち中心部に反応性基をもつポリエステルデンドロンが市販されている。高世代数のデンドリマーを合成することは容易ではないが，これらのデンドリマーやデンドロンを利用することで，様々な機能性デンドリマーDDSを作製することが可能である。

　デンドリマーは，その特異な分子構造により線状ポリマーにはない様々な特性をもち，その特性を利用することで様々な機能をデンドリマーに与えることができる。デンドリマーは球状構造を持ちその表面部分のアミノ基，水酸基，カルボキシ基などの末端官能基によって様々な表面特性や反応性を示す。デンドリマー末端基にポリエチレングリコール鎖や糖鎖，リガンド分子を結合することで生体適合性や標的細胞特異性をデンドリマーに付与できる。また，デンドリマーの内部スペースは，薬物などのゲスト分子や金属ナノ粒子の結合サイトになる。さらに，デンドリマーの分子としての均一性は，生体内における分布制御の観点からも有利な点といえる。このようなデンドリマーの特長を活かしてそのDDSへの応用が試みられている。ここでは，筆者らが進めているデンドリマーをベースとするDDSの設計に関連して，PEG修飾デンドリマー，温度応答性デンドリマー，およびデンドロン脂質の作製とドラッグキャリア，遺伝子ベクターとしての機能評価法について説明する。

3.2　材料および試薬

3.2.1　ポリエチレングリコール（PEG）修飾デンドリマー
・ポリアミドアミン（PAMAM）デンドリマー
・PEGモノメチルエーテル
・クロロギ酸4-ニトロフェニル
・アドリアマイシン塩酸塩（ADR）
・Boc-Glu(OBzl)
・1,3-ジシクロヘキシルカルボジイミド（DCC）
・N-ヒドロキシスクシンイミド（NHS）
・トリフルオロ酢酸（TFA）
・トリエチルアミン（TEA）
・ヒドラジン
・Sephadex LH-20
・Sephadex G75

3.2.2　温度応答性デンドリマー
・ポリプロピレンデンドリマー
・イソ酪酸

- 酪酸
- シクロプロパンカルボン酸
- プロピオン酸
- 吉草酸

3.2.3　金ナノ粒子を内包した PEG 修飾デンドリマー

- PEG 修飾デンドリマー（エチレンジアミンコア）
- PEG 修飾デンドリマー（シスタミンコア）
- 塩化金酸（HAu(III)Cl$_4$）
- NaBH$_4$
- CTAB
- 硝酸銀
- アスコルビン酸

3.2.4　デンドロン脂質

- 塩化オレオイル
- オレイルアミン
- アクリル酸メチル
- エチレンジアミン
- シアン化ナトリウム
- 水素化アルミニウムリチウム

3.3　実験操作

3.3.1　PEG 修飾デンドリマー[1)]

① **活性化 PEG の合成**（図 2a）

THF に溶解させた PEG モノメチルエーテルに，2〜4 等量のクロロギ酸 4-ニトロフェニル，

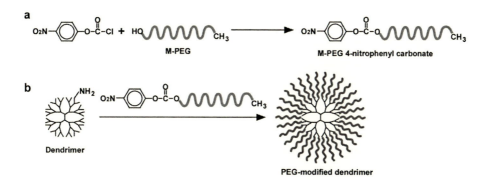

図2　(a)活性化 PEG，(b)PEG 修飾ポリアミドアミンデンドリマーの合成スキーム

TEAを加え，室温で24時間撹拌する．溶媒を減圧留去し，メタノールを溶離液としてLH-20を充填したカラムを用いて精製を行う．化合物の同定は ^{1}H NMRおよび ^{13}C NMRなどによって行うことができる．

② PEG修飾デンドリマーの合成（図2b）

ジメチルスルホキシド（DMSO）に溶解させたPAMAMデンドリマーに，デンドリマーの末端アミノ基に対して2等量の活性化PEGを加え，室温で数日間撹拌する．分画分子量12,000～14,000の透析膜を用いて水に対して24時間以上透析し，凍結乾燥することで得られた粗生成物をSephadex G75もしくはSephadex LH-20を充填したカラムを用いて精製する．化合物の構造は ^{1}H NMRおよび ^{13}C NMRによって同定できる．

③ 抗がん剤を封入したPEG修飾デンドリマーの作製

N,N-ジメチルホルムアミド（DMF）に0.5 mg/mLで溶解したアドリアマイシン（ADR）を，PEG修飾デンドリマーに加え24時間室温で撹拌する．溶媒を減圧留去した後，クロロホルムを加えて6時間撹拌し，ADRを封入したデンドリマーを抽出する．得られた溶液を15,000 rpmで10分遠心し，上澄みを回収して溶媒を減圧留去する．pH 4.5の酢酸バッファーを加えて，ADRを封入したデンドリマー水溶液を得る．なお，ADRの封入効率は，導入したPEGの分子量やデンドリマーの世代数によって変化する．ADRのデンドリマー一分子当たりの封入量は，世代数3のデンドリマーの場合，分子量550のPEGでは1.2，分子量2000のPEGでは2.3であった．世代数4のデンドリマーの場合，分子量550のPEGでは1.6，分子量2000のPEGでは6.5であった[1]．

3.3.2 抗がん剤を結合したPEG修飾デンドリマーの作製（図3）[2]

① Boc-Glu(OBzl)結合デンドリマーの合成

Boc-Glu(OBzl)を，DMF中，DCC，NHS，TEAと氷上で4時間反応させた後，DMSOに溶解されたデンドリマー溶液を加え，室温で4日間反応させる．メタノールを溶離液としてLH-20を充填したカラムを用いて精製を行い，Boc-Glu(OBzl)結合デンドリマーを得る．化合物の同定はNMRなどを用いて行う．

② PEG-Glu(OBzl)結合デンドリマーの合成

Boc-Glu(OBzl)結合デンドリマーにTFAを加え，氷上で4時間撹拌することで，Boc基を除去する．TFAを減圧下で除去した後，活性化PEGとTEAを加えて5日間撹拌し，PEG-Glu(OBzl)結合デンドリマーを得る．化合物の同定はNMRなどを用いて行う．

③ PEG-Glu(ADR)デンドリマーの合成

メタノールに溶解したPEG-Glu(OBzl)結合デンドリマーに，NaOHを加えて氷上で40分間反応させることで，Bzl基の脱保護を行い，PEG-Gluデンドリマーを得る．DMSOに溶解させたPEG-Gluデンドリマーに，NHSとDCCを18℃で2時間反応させ，DMSOに溶解したADRとTEAを加えて窒素雰囲気下で2日間撹拌する．得られた粗生成物を三日間純水中で透析した後，凍結乾燥してPEG-Glu(ADR)デンドリマーを得る．

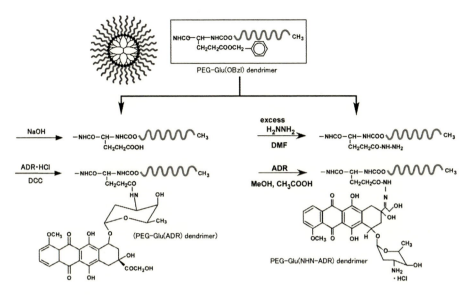

図3 アミド結合(左)またはヒドラゾン結合(右)を介して抗がん剤を結合したPEG修飾デンドリマーの合成スキーム

④ PEG-Glu(NHN-ADR)デンドリマーの合成

PEG-Glu(OBzl)結合デンドリマーをDMFに溶解させ，ヒドラジンを加えて35℃，窒素雰囲気下にて4日間撹拌，反応させる。メタノールを溶離液としてLH-20を充填したカラムを用いて精製を行い，Boc-Glu(NHNH$_2$)結合デンドリマーを得る。メタノールに溶解したBoc-Glu(NHNH$_2$)結合デンドリマーにADRと酢酸を加え，窒素雰囲気下で3日間撹拌して反応させる。化合物の精製はLH-20カラムと透析によって行い，凍結乾燥を行って，PEG-Glu(NHN-ADR)デンドリマーを得る。

⑤ 抗がん剤を結合したPEG修飾デンドリマーの機能評価

デンドリマーのADR放出挙動は，ADR結合デンドリマーを透析膜に入れ，外相のADR濃度を吸光度や蛍光強度を追跡することで調べることができる。PEG-Glu(ADR)デンドリマーの場合，pH 7.4および5.5においてADRがほとんど放出されないが，PEG-Glu(NHN-ADR)デンドリマーの場合，pH 5.5においてADRの放出が促進する。これは，酸性pHにおいてヒドラゾン結合が開裂して，ADRが遊離するためである。デンドリマーを取り込ませたヒト子宮頸がん由来HeLa細胞を，蛍光顕微鏡を用いて観察すると，PEG-Glu(ADR)デンドリマーの場合，核以外の細胞内の領域にADRの蛍光が見られる。しかし，PEG-Glu(NHN-ADR)デンドリマーを用いた場合では，細胞核からもADRの蛍光が観察される。エンドサイトーシスによって取り込まれたPEG-Glu(NHN-ADR)デンドリマーが，エンドソームやリソソームの酸性環境に晒されてそのヒドラゾン結合が開裂し，細胞内にADRを放出するためである。

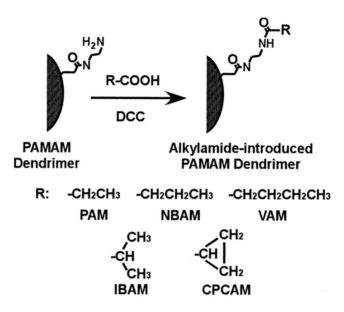

図4　温度応答性デンドリマーの合成スキーム

3.3.3 温度応答性デンドリマー[3~5]

① 温度応答性デンドリマーの合成（図4）

イソ酪酸をDMFに溶解させNHSおよびDCCを加えて氷上で4時間撹拌する。その後，DMSOに溶解させたPAMAMデンドリマーとTEAを加えて室温で5日間撹拌し反応させる。メタノールを溶離液としてLH-20を充填したカラムを用いて精製を行い，イソブチルアミド（IBAM）基を導入したデンドリマーを得る。化合物の同定は^{1}H NMRや^{13}C NMRなどによって行う。イソ酪酸の代わりに，酪酸，シクロプロパンカルボン酸，プロピオン酸，吉草酸を用いて同様の反応を行うことで，それぞれNBAM，CPCAM，PAM，VAM基を導入したデンドリマーを合成できる（図4）。

② デンドリマーの温度応答性評価

温度応答性デンドリマーの温度応答挙動はその水溶液の曇点を測定することで評価できる。温度応答性デンドリマーを10 mg/mLで所定のpHに調整した緩衝液（10 mMリン酸バッファーなど）に溶解させ，紫外可視分光光度計を用いて透過率の温度変化を測定する。様々な末端基をもつ温度応答性デンドリマーの水溶液は，低温ではクリアであるが，特定の温度以上になると急激に白濁して透過率が減少する。この温度は下限臨界溶液温度（LCST）と呼ばれ，デンドリマーの世代数，導入する末端基の構造，pHなどによって変化する。

3.3.4 金ナノ粒子を内包したPEG修飾デンドリマー[6~9]

PAMAMデンドリマーは，金属イオンを内部に保持するため，金属イオンをデンドリマー内部で還元すると均一な粒径の金属ナノ粒子が生成する。PEG修飾PAMAMデンドリマー内部で塩化金酸イオンをNaBH$_4$を用いて還元すると金ナノ粒子を内包したPEG修飾デンドリマーが得

第3章　超分子ポリマー

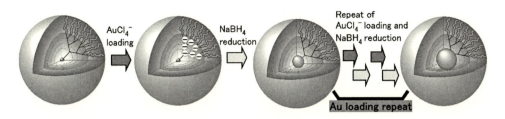

図5　PEG修飾ポリアミドアミンデンドリマー内での金ナノ粒子の生成および成長スキーム

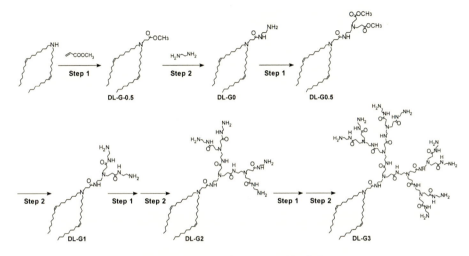

図6　不飽和結合を持つデンドロン脂質の合成スキーム

られる[6]。また，金ナノ粒子を生成したPEG修飾デンドリマーに塩化金酸イオンの添加とその$NaBH_4$還元を繰り返すとデンドリマー内部での金ナノ粒子を成長させることもできる（図5）[7]。金ナノ粒子は，可視光～近赤外光照射によって発熱するため，ホトサーマル治療への応用が期待される[8]。また，X線CTのための造影剤としての利用も可能であることから，治療と診断を統合したセラノスチックスへの応用も期待される[9]。

3.3.5　デンドロン脂質[10,11]

デンドロン脂質は，デンドロンのヘッド部と2本の長鎖アルキル基のテール部からなるデンドリマーと脂質の融合分子である。デンドロン世代数，末端官能基，アルキル鎖の差長や不飽和度などを調節することで様々な特性や機能性をもたせることができる。PAMAMデンドロンを局性基とするデンドロン脂質は，ジアルキルアミンをコアとしてPAMAMデンドロンを成長させることで得られる。2本のオレイル鎖を持つPAMAMデンドロン脂質は，以下の手順にしたがって合成できる（図6）。

① DL-G-0.5の合成

ジオレイルアミンをアクリル酸メチルに溶解させ，70℃で7日間撹拌する。アクリル酸メチルを減圧留去した後，クロロホルム：酢酸エチル＝2:1を展開溶媒としてシリカゲルカラムクロマ

トグラフィーにより精製して，DL-G-0.5 が得られる．

② **DL-G0 の合成**

DL-G-0.5 をメタノールに溶解させ，シアン化ナトリウムを触媒として含む，蒸留したエチレンジアミンに滴下し，窒素雰囲気下，70℃で 7 日間撹拌する．エチレンジアミンを減圧留去した後，クロロホルム：メタノール：水＝65:35:5 を展開溶媒としてシリカゲルカラムクロマトグラフィーにより精製し，DL-G0 を得る．

③ **DL-G0.5 の合成**

メタノールに溶解させた DL-G0 を，アクリル酸メチルに加え，窒素雰囲気下，45℃で 2 日間撹拌する．得られた粗生成物をシリカゲルカラムクロマトグラフィーにより，石油エーテル：酢酸エチル＝10:3 で展開し，さらに引き続きクロロホルム：メタノール＝4:1 を展開することで精製し，DL-G0.5 を得る．

④ **DL-G1 の合成**

DL-G0.5 をメタノールに溶解し，シアン化ナトリウムを触媒として含むエチレンジアミンに加え，窒素雰囲気下，50℃で 45 時間撹拌する．溶媒を減圧留去した後，希塩酸水溶液に溶解させ，蒸留水に対して 3 日間透析し，凍結乾燥することで DL-G1 を得る．さらにこれらの反応と精製を繰り返すことで高世代数のデンドロン脂質を得ることができる．

⑤ **デンドロン脂質－遺伝子複合体（リポプレックス）の作製**

ナス型フラスコに，クロロホルムに溶解させたデンドロン脂質を所定量取り，ロータリーエバポレーターにより溶媒を減圧留去，さらに減圧下に 3 時間置くことで，溶媒を完全に除去する．ここに，デンドロン脂質の濃度が 0.26 mM となるように PBS を加え，バス型超音波照射装置により室温で 2 分間超音波照射することにより，デンドロン脂質分散液を作製する．20 mM Tris-HCl（pH 7.4）に溶解させたプラスミド DNA 1 μg（50 μL）に対して，デンドロン脂質分散液を様々な量加え，室温で 30 分間静置することでリポプレックスを得る．デンドロン脂質と DNA との電荷比はデンドロン脂質の一級アミノ基と DNA のリン酸基との比（N/P 比）で定義される．得られたリポプレックスの複合体形成は，アガロースゲルを用いたゲル電気泳動や，動的光散乱法，原子間力顕微鏡，透過型電子顕微鏡などによって確認できる．長鎖アルキル鎖に不飽和結合を持つデンドロン脂質は，飽和型のデンドロン脂質に比べて，より低い N/P 比で DNA と複合体を形成し，よりコンパクトな複合体を形成することが分かっている．N/P 比 8 において，飽和型のデンドロン脂質によるリポプレックスが 1500 nm 程度の粒径を示したのに対して，不飽和型では 100 nm 程度と非常に微小なサイズになる．室温で液晶状態の不飽和型デンドロン脂質は，水中でより流動性の高い分子集合体となっており，遺伝子との複合体形成時に膜の再配列が効率良く起こるためと考えられる．

⑥ **デンドロン脂質－遺伝子複合体による遺伝子導入**

ルシフェラーゼまたは緑色蛍光タンパク質（EGFP）をコードした遺伝子を用いてリポプレックスを作製し，細胞（ヒト子宮頸がん由来 HeLa 細胞など）に添加して 4 時間取り込ませ，PBS

第3章　超分子ポリマー

で洗浄した後，24時間～48時間程度培養し，細胞のルシフェラーゼやEGFPの発現を調べる。

3.4　応用

　PEG修飾デンドリマーは，生体適合性表面を持ち，また，多数の薬剤分子を導入することができることから，効果的な薬物キャリアとしての利用が期待できる。実際，PEG修飾デンドリマーはフリーの薬剤に比べて長期の血中滞留性を持つことが分かっている[12,13]。また，3.3.4項で示したように，PAMAMデンドリマー内部の3級アミノ基を利用して，金ナノ粒子生成の還元反応場とすることができる。PEG修飾デンドリマー存在下で，塩化金酸を$NaBH_4$還元すると，数nmで非常に均一な粒子サイズの金ナノ粒子を得ることができる[6,7]。さらに，コアにジスルフィド結合を持つPEG修飾PAMAMデンドリマーを，金ナノロッドの生成時に共存させると，金ナノロッドをコアとするハイブリッドデンドリマーが得られる[8]。このようなデンドリマー－金ナノロッドハイブリッドは，デンドリマーに保持した薬剤による化学治療効果と，近赤外光に応答して発熱する金ナノロッドの温熱効果を組み合わせた，「ホトサーマル・ケモセラピー」への展開が期待できる[14]。実際，抗がん剤ADRをヒドラゾン結合により導入したPEG修飾デンドリマーを金ナノロッド表層に結合させたナノハイブリッドを担がんマウスに尾静脈投与し，腫瘍部位に近赤外レーザーを照射したところ，金ナノロッドの発熱効果と，ADRによる化学効果の相乗作用によって，腫瘍の成長を強力に抑制できることが示されている[14]。このようなデンドリマー・金ハイブリッドナノ粒子は，様々な機能性の付与と多重化が可能なことから新しい治療デバイスの開発に繋がると期待される。

　デンドリマーの部分構造であるデンドロンを極性ヘッド部とし，長鎖アルキル基を疎水性テール部とするデンドロン脂質は，そのデンドロン部分の世代数と，アルキル基部分の構造を制御することによって，その遺伝子ベクターとしての機能を高めることができる[10,15~18]。また，デンドロン末端のアミノ基には様々なリガンド分子（ガラクトースなど）や機能性分子（PEGなど）を結合することができ，そのベクター機能の更なる向上を図ることができる[19,20]。

　デンドリマーの末端アミノ基に，温度感応性基を導入することで，温度応答性デンドリマーが開発されている[3~5]。同様の温度感応性基を，デンドロン脂質に結合させると，水中において温度応答するデンドロン脂質ナノ集合体が得られる。このナノ集合体は温度に応答して，その形態がミセル，ベシクル，チューブ構造へと変化することを見出している[21]。このようなデンドロン脂質ナノ集合体は，特定の温度を境に集合体構造が劇的に変化するため，従来の温度応答性リポソームよりも鋭敏，かつ劇的に薬物を放出するDDSとしての展開が期待できる。

　また，デンドロン脂質自体が水中で形成する分子集合体の構造も，外部環境（温度・pH）によって制御できる[22]。中性環境ではベシクル状の構造を取っていたデンドロン脂質集合体が，酸性環境ではミセル構造に転移する。この転移は，デンドロン部位の3級アミノ基のプロトン化と連動しており，3級アミノ基のプロトン化が，デンドロン脂質の親水－疎水バランスを大きく変

化させているものと考えられる。このような，単一分子内における親水－疎水バランスの変化によって構造を劇的に変化させる分子集合体は，細胞内部へのDDSとしての利用が期待される。

文　献

1) C. Kojima *et al.*, *Biocojugate. Chem.*, **11**, 910 (2000)
2) K. Kono *et al.*, *Biomaterials*, **29**, 1664 (2008)
3) Y. Haba *et al*, *J. Am. Chem. Soc.*, **126**, 12760 (2004)
4) Y. Haba *et al.*, *Macromolecules*, **39**, 7451 (2006)
5) Y. Haba *et al.*, *Angew. Chem. Int. Ed.*, **46**, 234 (2007)
6) Y. Haba *et al.*, *Langmuir*, **23**, 5243 (2007)
7) Y. Umeda *et al.*, *Bioconjugate Chem.*, **21**, 1559 (2010)
8) X. Li *et al.*, *J. Mater. Chem. B*, **2**, 4167 (2014)
9) C. Kojima *et al.*, *Nanotechnology*, **21**, 245104 (2010)
10) E. Yuba *et al.*, *J. Control. Release*, **160**, 552 (2012)
11) S. Iwashita *et al.*, *J. Biomaterials Applications*, **27**, 445 (2012)
12) C. Kojima *et al.*, *Int. J. Pharm.*, **383**, 293 (2010)
13) C. Kojima *et al.*, *Nanomedicine-Nanotechnology Biology and Medicine*, **7**, 1001 (2011)
14) X. Li *et al.*, *Biomaterials*, **35**, 6576 (2014)
15) T. Takahashi *et al.*, *Bioconjugate Chem.*, **14**, 764 (2003)
16) T. Takahashi *et al.*, *Bioconjugate Chem.*, **16**, 1160 (2005)
17) K. Kono *et al.*, *Bioconjugate Chem.*, **23**, 871 (2012)
18) S. Iwashita *et al.*, *J. Biomaterials Applications*, **27**, 445 (2012)
19) T. Takahashi *et al.*, *Res. Chemical Intermediates*, **35**, 1005 (2009)
20) T. Takahashi *et al.*, *Bioconjugate Chem.*, **18**, 1163 (2007)
21) K. Kono *et al.*, *Angew. Chem. Int. Ed.*, **50**, 6332 (2011)
22) T. Doura *et al.*, *Langmuir*, **31**, 5105 (2015)

第4章 カプセル

1 高分子ステレオコンプレックス積層膜からなるナノカプセル

木田敏之[*1], 明石 満[*2]

　ナノカプセルは，内部の空間を利用しての物質分離・保存に加え，ナノリアクター，薬物や遺伝子の送達担体など幅広い分野で利用可能であることから，近年注目を集めている[1~5]。これまで様々なカプセル作製法が報告されてきた[1,2]が，中でも，高分子積層（Layer-by-Layer）法と鋳型（テンプレート）法を組み合わせたカプセル作製法は，大きさや膜厚が均一なカプセルを作製する時に有効な方法である[6,7]。これはシリカやポリスチレンなどのコロイド粒子を鋳型に用いて，その表面に高分子薄膜を積層させた後，鋳型粒子を除去してカプセルを作製するというものである。しかし，本手法によるカプセル作製の大半は，反対電荷をもつイオン性高分子（高分子電解質）間の静電相互作用[8,9]あるいは水素結合ドナーとアクセプター高分子間の水素結合相互作用を利用したものに限られていた[10~13]。これに対し，高分子間のファンデルワールス相互作用を駆動力として形成された積層膜からなるカプセルについての研究はなされていなかった。静電相互作用や水素結合よりも弱い分子間力であるファンデルワールス相互作用を利用して形成されるカプセルは，鋳型除去の際に崩壊し易いため，作製困難とこれまで考えられてきたからである。本稿では，ポリメタクリル酸メチルのステレオコンプレックス積層膜ならびにポリ乳酸のステレオコンプレックス積層膜といった，高分子間のファンデルワールス相互作用により形成されるナノ薄膜からなるナノカプセルの作製とその性質について述べる。

1.1 ポリメタクリル酸メチルのステレオコンプレックス積層膜からなるナノカプセルの作製[14]

1.1.1 はじめに

　イソタクチックポリメタクリル酸メチル（it-PMMA）とシンジオタクチックポリメタクリル酸メチル（st-PMMA）はアセトニトリルなどの有機溶媒中でステレオコンプレックスと呼ばれ

---

*1　Toshiyuki Kida　大阪大学　大学院工学研究科　准教授
*2　Mitsuru Akashi　大阪大学　大学院生命機能研究科　特任教授

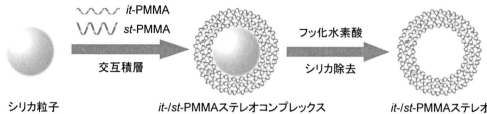

図1 *it*-/*st*-PMMA ステレオコンプレックスカプセル作製の模式図（*it*-PMMA: イソタクチックポリメタクリル酸メチル，*st*-PMMA: シンジオタクチックポリメタクリル酸メチル）

る2重らせん状の複合体を形成することが知られている[15, 16]。筆者らの研究グループでは，交互積層法により *it*-/*st*-PMMA ステレオコンプレックスからなる安定な高分子積層膜を基板上に作製することに成功している[17]。また，この PMMA ステレオコンプレックス薄膜はタンパク質の変性を抑制し，高い細胞親和性と抗血液凝固性を示す優れた生体適合性材料として利用できることを示した[18, 19]。筆者らは，高分子間のファンデルワールス相互作用を利用した生体適合性ナノカプセルの創製を目的として，交互積層法により *it*-PMMA と *st*-PMMA からなるステレオコンプレックス積層膜をシリカ粒子上に形成させ，続いてシリカを除去することにより *it*-/*st*-PMMA ステレオコンプレックス積層膜からなるナノカプセルの作製を行った（図1）[14]。

1.1.2 材料および試薬

- シリカ粒子（平均粒径 330 nm，日産化学工業㈱製）
- イソタクチックポリメタクリル酸メチル（*it*-PMMA）
- シンジオタクチックポリメタクリル酸メチル（*st*-PMMA）
- フッ化水素酸（2.3 wt%）
- 四酸化ルテニウム（1 wt%）水溶液：透過型電子顕微鏡観察用染色液

1.1.3 実験操作（図2）

① 42.5 mg の *it*-PMMA（$mm:mr:rr = 99:1:0$, $M_n = 20400$, $M_w/M_n = 1.21$）を溶解させたアセトニトリル/水混合溶液（9:1）25 mL に平均粒子経 330 nm のシリカ粒子 180 mg を加え，室温で15分間緩やかに撹拌した。遠心分離（5000 rpm, 1 min）により上澄みを除去後，アセトニトリル/水混合溶液（9:1）25 mL で3回洗浄した。

② 得られたシリカ粒子を 42.5 mg の *st*-PMMA（$mm:mr:rr = 1:9:90$, $M_n = 73200$, $M_w/M_n = 1.20$）を溶解させたアセトニトリル/水混合溶液（9:1）25 mL に15分間浸漬後，上記と同様にアセトニトリル/水混合溶液（9:1）25 mL で3回洗浄した。

③ これらの操作を10サイクル繰り返し，シリカ粒子上に *it*-/*st*-PMMA ステレオコンプレックス薄膜を10層積層させた。

④ 得られた粒子をフッ化水素酸（2.3 wt%）40 mL に室温で12時間浸漬した後，超純水で5回洗浄し，常温・常圧で乾燥して *it*-/*st*-PMMA ステレオコンプレックスナノカプセルを

第4章 カプセル

調製した。

⑤ 得られた *it-/st*-PMMA ナノカプセルの形状を透過型電子顕微鏡（TEM）で観察した（図3）。カプセル膜の染色は四酸化ルテニウム（1 wt%）水溶液に粒子を2時間浸漬することで行った。シリカ除去後も球状の形態を保持しており，粒径約470 nm，膜厚約70 nm のカプセルが形成されていることがわかった。

⑥ 作製したナノカプセルの粉末 X 線回折（XRD）測定を行い，*it-/st*-PMMA ステレオコンプレックス形成の確認を行った（図4）。シリカ粒子除去前（図4b）と除去後（図4a）ともに $2\theta = 11°$ と $15°$ に *it-/st*-PMMA ステレオコンプレックスに特有のピーク[20]が観測さ

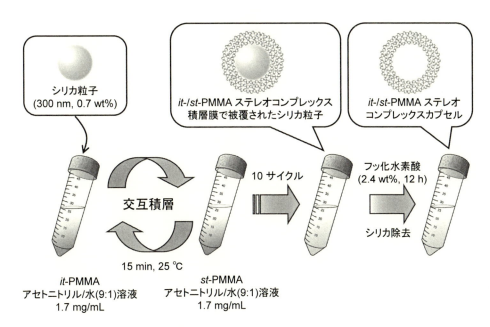

図2　*it-/st*-PMMA ステレオコンプレックスカプセル作製の手順

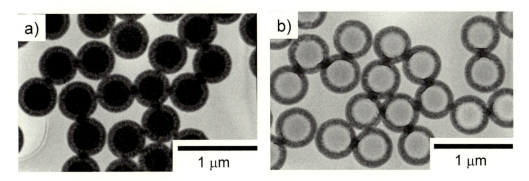

図3　a) *it-/st*-PMMA ステレオコンプレックス積層膜で被覆されたシリカ粒子，b) *it-/st*-PMMA ステレオコンプレックスカプセルの透過型電子顕微鏡（TEM）写真

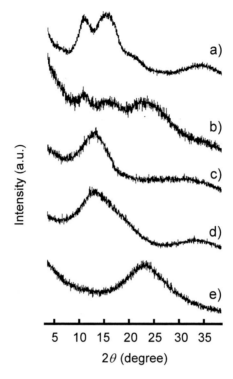

図4 a) *it*-/*st*-PMMA ステレオコンプレックスカプセル, b) *it*-/*st*-PMMA ステレオコンプレックス積層膜で被覆されたシリカ粒子, c) *it*-PMMA, d) *st*-PMMA, e) シリカ粒子の X 線回折 (XRD) パターン

れた.また,シリカ粒子除去後のカプセル (図4a) にはシリカ粒子由来のピーク $2\theta = 23°$ が観測されなかった.これらのことより,*it*-/*st*-PMMA ステレオコンプレックス積層膜からなるカプセルの形成を確認した.

⑦ FT-IR/ATR スペクトルからも *it*-/*st*-PMMA ステレオコンプレックス積層膜の形成を確認した (図5).*it*-/*st*-PMMA カプセルでは,*it*-PMMA,*st*-PMMA 単独とは異なった波数に,*it*-/*st*-PMMA ステレオコンプレックス特有の CH_2 面内変角振動に基づく吸収 (860 cm^{-1}) ならびに C=O 伸縮振動由来の吸収 (1750 cm^{-1})[15, 16, 19, 21] が観測され,これらの結果より,作製したカプセル膜が *it*-/*st*-PMMA ステレオコンプレックスから形成されていることを確認した.

⑧ また,シリカ粒子除去前後の誘導結合プラズマ (ICP) 発光分析により,99.8% 以上のシリカ粒子がフッ化水素酸処理により除去されたことがわかった.

1.1.4 応用

ここで作製した PMMA ステレオコンプレックスカプセルはドラッグキャリヤやナノコンテナーとして利用可能である.また,カプセル膜中の *st*-PMMA を *st*-ポリメタクリル酸 (*st*-PMAA) に置き換えることで,中性やアルカリ性水溶液中での *st*-PMAA の放出に伴う内包物

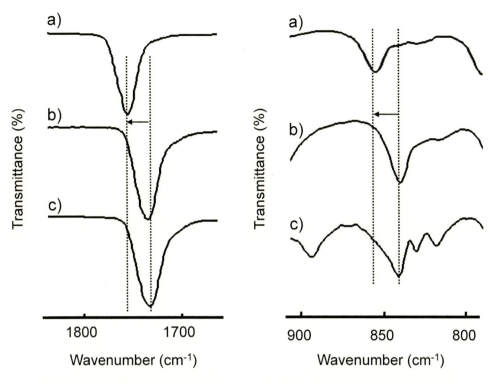

図5 a) it-/st-PMMA ステレオコンプレックスカプセル，b) it-PMMA，c) st-PMMA の FT-IR/ATR スペクトル

の選択的放出が可能なカプセルが作製できる[22]。

1.2 ポリ乳酸のステレオコンプレックス積層膜からなるナノカプセルの作製[23]

1.2.1 はじめに

ポリ乳酸（PLA）はトウモロコシなどの植物原料から合成され，高い安全性・生分解性・生体適合性を有していることから，生体材料や環境適合材料として広く利用されている[24,25]。また，光学異性体であるポリ L-乳酸（PLLA）とポリ D-乳酸（PDLA）を溶液中や溶融状態で混合すると，ファンデルワールス相互作用に基づくステレオコンプレックスを形成することが知られている[26,27]。筆者らは，シリカテンプレート法と交互積層法を用いて，ポリ L-乳酸（PLLA）とポリ D-乳酸（PDLA）のステレオコンプレックス交互積層膜からなるナノカプセルを作製した（図6)[23]。ここでは，ファンデルワールス相互作用を利用したポリ乳酸ナノカプセルの作製とそれらの一次元融合によるナノチューブ形成について紹介する。

1.2.2 材料および試薬

・シリカ粒子（平均粒径 300 nm，日産化学工業㈱製）

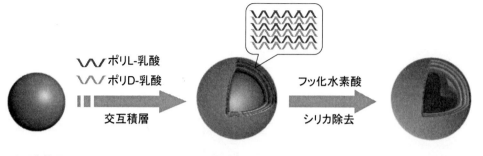

図6　ポリL-/D-乳酸ステレオコンプレックスカプセル作製の模式図

- ポリL-乳酸（PLLA, M_w = 30,000, M_w/M_n = 2.4）
- ポリD-乳酸（PDLA, M_w = 26,000, M_w/M_n = 2.0）
- フッ化水素酸
- 四酸化ルテニウム（0.5 wt%）水溶液：透過型電子顕微鏡観察用染色液

1.2.3　実験操作

① 粒径300 nmのシリカ粒子80.0 mgを50℃, 5.0 mg/mLのポリL-乳酸（PLLA, M_w = 30,000, M_w/M_n = 2.4）のアセトニトリル溶液（5.0 mL）に浸漬し，15分間攪拌後，熱アセトニトリル5 mLで2回洗浄した。

② 次に，50℃, 5.0 mg/mLのポリD-乳酸（PDLA, M_w = 26,000, M_w/M_n = 2.0）のアセトニトリル溶液（5.0 mL）に浸漬し，15分間攪拌後，熱アセトニトリル5 mLで2回洗浄した。この一連の操作を1サイクルとして10サイクル繰り返すことでシリカ粒子上に交互積層膜を形成させた。このとき，サンプルの回収および再分散は遠心分離（5000 rpm, 1 min）とボルテックスミキサー（3 min）によって行った。

③ 得られた粒子水分散液1 mLにフッ化水素酸を濃度が2.3%になるように加え4℃で12時間浸漬して，シリカを除去した。その後，超純水（1回当たり1.5 mL使用）で水分散液のpHが6.0になるまで洗浄（5回）（遠心分離：1500 rpm, 15 min）し，得られた水分散液を常温・常圧で乾燥させることで，ポリ乳酸交互積層薄膜からなるカプセルを調製した。

④ 得られたポリ乳酸交互積層膜からなるカプセルの形状を透過型電子顕微鏡（TEM）により観察した（図7）。染色は，フォルムバール膜をコートしたTEM用銅グリッドに5 μLのサンプルをキャストして真空乾燥後，0.5%の四酸化ルテニウム溶液を入れたチャンバー内に封入し，四酸化ルテニウムの蒸気に1.5分間さらすことで行った。フッ化水素酸処理（図7b）によりシリカ粒子が除去され，粒径約300 nm, 膜厚約60 nmのカプセルが形成されたことがわかった。

第4章　カプセル

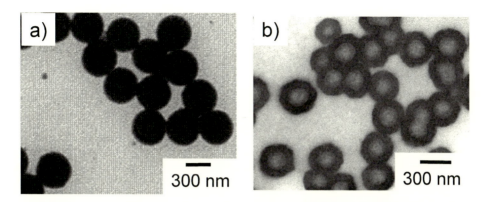

図7　a) ポリ L-/D-乳酸ステレオコンプレックス積層膜で被覆されたシリカ粒子，b) シリカ粒子除去後に得られたポリ L-/D-乳酸ステレオコンプレックスカプセルの TEM 写真

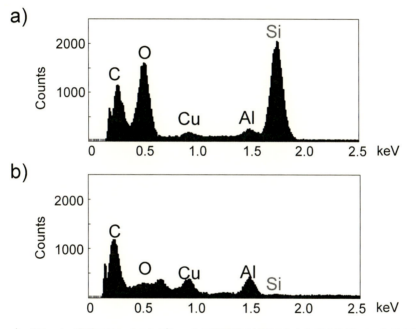

図8　a) ポリ L-/D-乳酸ステレオコンプレックス積層膜で被覆されたシリカ粒子，b) シリカ粒子除去後に得られたポリ L-/D-乳酸ステレオコンプレックスカプセルの TEM-EDX 分析

⑤　エネルギー分散型 X 線分析（TEM-EDX）測定より，フッ化水素酸処理により Si 由来のピークの消失を確認した（図8）（スペクトル上に見られる Cu および Al のピークは試料を固定する Cu グリッドと Al カバー由来のものである）。

⑥　FT-IR/ATR スペクトルにおいて，フッ化水素酸処理により 1050 cm^{-1} 付近に見られるシリカ由来の非対称伸縮のピークが消失していることから，シリカがほぼ完全に除去できていることを確認した（図9）。

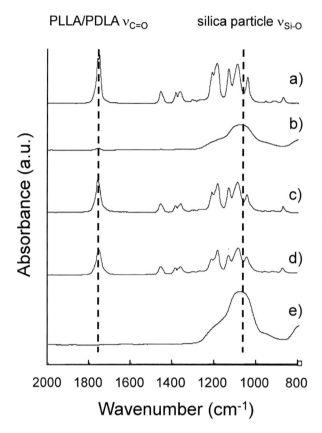

図9 a) ポリ L-/D- 乳酸ステレオコンプレックスカプセル，b) ポリ L-/D- 乳酸ステレオコンプレックス積層膜で被覆されたシリカ粒子，c) ポリ L- 乳酸 (PLLA)，d) ポリ D- 乳酸 (PDLA)，e) シリカ粒子の FT-IR/ATR スペクトル

⑦ カプセルの電子線回折測定（カメラ長の決定には Au を用いた）を行ったところ，PLLA/PDLA ステレオコンプレックス結晶の 010 面（$d = 0.339$ nm）と 200 面（$d = 0.424$ nm）に相当する結晶パターン[28]が観測されたことから，カプセルはポリ乳酸ステレオコンプレックスから形成されていることが確認された。

1.2.4 応用

ここで得られたポリ乳酸カプセルの水分散液をポリエチレンテレフタレート基板上に滴下し，常温・常圧で水を留去後，形成された構造体の形態を走査型電子顕微鏡（SEM）および TEM により観察したところ，分子量が約5千の PDLA と PLLA からなるナノカプセルを用いた場合，興味深いことに，平均径 300 nm，長さ 2～5 μm のナノチューブが形成されていることがわかった（図10a）[23]。一方，より分子量の大きい（分子量約3万）PDLA ならびに PLLA からなるナノカプセルを用いた時には，ナノチューブは形成されなかった（図10b）。低分子量のポリ乳酸を用いた時ほどカプセルからのチューブ形成が起こり易いことから，チューブ形成にはカプセル

第4章 カプセル

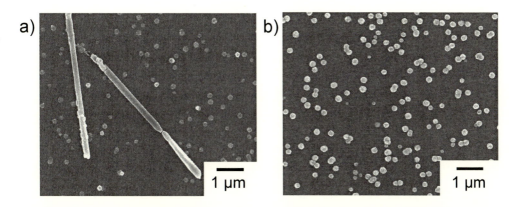

図10 a) ポリL-/D-乳酸ステレオコンプレックスカプセルの水分散液を基板上で乾燥後に得られたナノ構造体のSEM写真。(a) PLLAの分子量 = 5500，PDLAの分子量 = 5800，(b) PLLAの分子量 = 30000，PDLAの分子量 = 26000

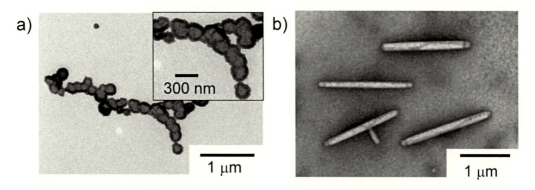

図11 a) ポリL-/D-乳酸ステレオコンプレックスカプセルの融合中間体とb) ポリ乳酸ナノチューブのTEM写真（PLLAの分子量 = 5500，PDLAの分子量 = 5800）

膜の安定性[29]）が関与していると考えられる。また，生成物のTEM写真には，ナノチューブ（図11b）とともに数個のカプセルが融合して内部の空間がつながった構造体も観察された（図11a）。これらの結果から，チューブ形成は，安定性が比較的低いポリ乳酸ステレオコンプレックス積層膜をもつカプセルどうしの一次元融合によって引き起こされていると考えられる。カプセル調製時に用いるシリカテンプレートの粒径を100 nm〜2 μmの範囲で変えることで，生成するチューブの径を自在に制御することにも成功している。

DDS キャリア作製プロトコル集

文　　献

1) W. Bin, W. Shujun, S. Hongguang, L. Hongyan, L. Jie, and L. Ning, *Pet. Sci.*, **6**, 306 (2009)
2) C. E. Mora-Huertas, H. Fessi, and A. Elaissari, *Int. J. Pharm.*, **385**, 113 (2010)
3) D. Lensen, D. M. Vriezema, and J. C. M. van Hest, *Macromol. Biosci.*, **8**, 991 (2008)
4) A. Kumari, S. K. Yadav, and S. C. Yadav, *Colloids Surf., B* **75**, 1 (2010)
5) K. Sato, S. Takahashi, and J. Anzai, *Anal. Sci.*, **28**, 929 (2012)
6) F. Caruso, *Chem. Eur. J.*, **6**, 413 (2000)
7) P. T. Hammond, *Adv. Mater.*, **16**, 1271 (2004)
8) A. A. Antipov and G. B. Sukhorukov, *Adv. Colloid Interface Sci.*, **111**, 49 (2004)
9) L. Dähne and C. S. Peyratout, *Angew. Chem. Int. Ed.*, **43**, 3762 (2004)
10) Y. Zhang, Y. Guan, S. Yang, and J. Xu, and C. C. Han, *Adv. Mater.*, **15**, 832 (2003)
11) V. Kozlovskaya, S. Ok, A. Sousa, M. Libera, and S. A. Sukhishvili, *Macromolecules*, **36**, 8590 (2003)
12) E. Kharlampieva, V. Kozlovskaya, J. Tyutina, and S. A. Sukhishvili, *Macromolecules*, **38**, 10523 (2005)
13) E. Kharlampieva, V. Kozlovskaya, and S. A. Sukhishvili, *Adv. Mater.* **21**, 3053 (2009)
14) T. Kida, M. Mouri, and M. Akashi, *Angew. Chem. Int. Ed.* **45**, 7534 (2006)
15) J. Spěváček and B. Schneider, *Adv. Colloid Interface Sci.* **27**, 81 (1987)
16) E. Schomaker and G. Challa, *Macromolecules* **22**, 3337 (1989)
17) T. Serizawa, K. Hamada, T. Kitayama, N. Fujimoto, K. Hatada, and M. Akashi, *J. Am. Chem. Soc.*, **122**, 1891 (2000)
18) K. Hamada, K. Yamashita, T. Serizawa, T. Kitayama, and M. Akashi, *J. Polym. Sci. Part A: Polym. Chem. Ed.*, **41**, 1807 (2003)
19) T. Serizawa, K. Yamashita, and M. Akashi, *J. Biomater. Sci. Polym. Ed.*, **15**, 511 (2004)
20) E. J. Vorenkamp, F. Bosscher, and G. Challa, *Polymer*, **20**, 59 (1979)
21) J. Spěváček and B. Schneider, *J. Polym. Sci. Part C, Polym. Lett. Ed.*, **12**, 349 (1974)
22) T. Kida, M. Mouri, K. Kondo, and M. Akashi, *Langmuir*, **28**, 15378 (2012)
23) K. Kondo, T. Kida, Y. Arikawa, Y. Ogawa, and M. Akashi, *J. Am. Chem. Soc.*, **132**, 8236 (2010)
24) R. K. Kalkarni, K. G. Pani, G. Neuman, and F. Leonard, *Arch. Surg.*, **93**, 839 (1966)
25) A. Heino, A. Naukkarinen, T. Kulju, P. Törmälä, T. Pohjonen, and E. A. Mäkeäl, *J. Biomed. Mater. Res.*, **30**, 187 (1996)
26) Y. Ikada, K. Jamshidi, H. Tsuji, S. H. Hyon, *Macromolecules*, **20**, 906 (1987)
27) H. Tsuji, F. Horii, M. Nakagawa, Y. Ikada, H. Odani, and R. Kitamaru, *Macromolecules*, **25**, 4114 (1992)
28) J. Hu, Z. Tang, X. Qiu, X. Pang, Y. Yang, X. Chen, and X. Jing, *Biomacromolecules*, **6**, 2843 (2005)
29) S. J. de Jong, W. N. E. van Dijk-Wolthuis, J. J. Kettenes-van Bosch, P. J. W. Schuyl, and W. E. Hennink, *Macromolecules*, **31**, 6397 (1998)

第4章 カプセル

2 キトサンカプセル

佐藤智典*

2.1 序論

　キトサンは，カニやエビなどから得られるキチンをアルカリ処理により脱アセチル化したものであり，グルコサミンが β1-4 で連結している（図1）。多くの場合，一部のアミノ基にアセチル基が残存している。キトサンは生体適合性に優れていることから，創傷被覆剤，タンパク質や核酸のデリバリーシステムなどのバイオマテリアルとして広く利用されている。

　プラスミド DNA（pDNA）などの遺伝子は負の電荷を有しており水溶性が高いことから細胞内への導入効率は低い。一方，キトサンは酸性条件下でプロトン化され正に帯電される。そこで，pDNA とキトサンを混合するとイオン複合体が形成される（図2）[1〜4]。pDNA の負の電荷が中和されると，DNA 鎖は折り畳まれてグロビュール構造の微粒子になる。グロビュール構造が形成されることで，DNA 分解酵素に対する安定性が向上し，さらに細胞に取り込まれやすくなる。しかしながら，pDNA／キトサン複合体の欠点は，凝集しやすく，細胞との特異性がないことである。その解決策として，ラクトースやマンノースを修飾したキトサンを用いた。ラクトースはアシアログライコプロテイン受容体を発現するがん細胞と，マンノースはマクロファージなどの細胞に親和性を有していることから，アクティブターゲティングに頻繁に用いられている分子で

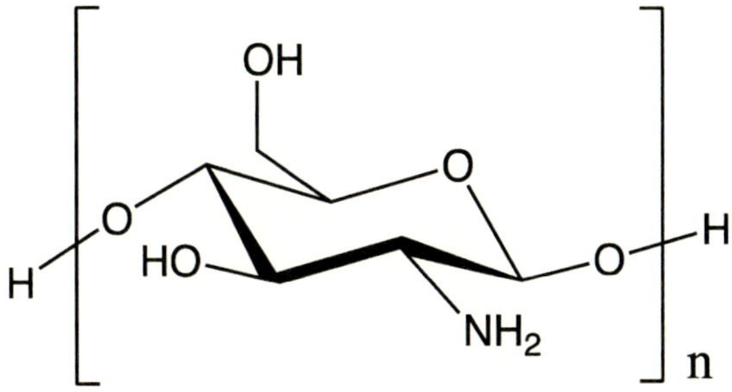

図1　キトサンの構造

＊　Toshinori Sato　慶應義塾大学　理工学部　教授

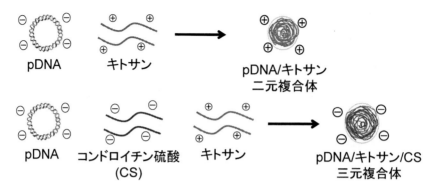

図2 pDNAとキトサンとの複合体の作製方法の概要

ある。ラクトース修飾キトサン[5]およびマンノース修飾キトサン[6]を用いた遺伝子複合体では溶液中での凝集が抑制され，各々肝がん細胞株および腹腔マクロファージとの親和性と遺伝子発現活性が向上していた。次に，糖修飾キトサンと異なる手法として，pDNA／キトサン複合体の表面をアニオン性の多糖（コンドロイチン硫酸CSなど）で被覆した三元複合体を開発した。三元複合体では，構造安定性の向上のみならず，*in vitro* や *in vivo* での遺伝子発現活性の向上が達成された[7,8]。ここでは，pDNA／キトサン複合体およびpDNA／キトサン／CS複合体の作製方法，物理化学的なキャラクタリゼーション，*in vitro* および *in vivo* での遺伝子発現活性の評価方法について述べる。

2.2 実験方法

2.2.1 プラスミドDNA／キトサン複合体の作製方法[3,4]

① pDNA溶液はMilliQで1.0 mg/mLの濃度に調整する。

② キトサン溶液は，3.0 mg/mLの濃度になるようにキトサン塩酸塩を精秤し，pH 6.5に調整したPBS(−)を所定量加え，一晩振盪混合する。その後，0.22 μmの滅菌用フィルターで濾過滅菌する。筆者らが用いているキトサン塩酸塩は，分子量が40-50 kDaであり，脱アセチル化度が80%程度である。

③ pDNAとキトサンの混合比は，pDNAのリン酸(P)の数とキトサンのアミノ基(N)の比（P:N比）で規定する。例えば，上記で調製したpDNA溶液とキトサン溶液を同量混合するとP:Nは1:5となる。pDNA／キトサン複合体を作製する際は，プラスミド溶液およびキトサン溶液をそれぞれpH 6.5に調整したDMEM FBS(−)溶液で希釈して，所定のP:N比になるように混合し，ピペティングした後に15分間インキュベートする。

2.2.2 pDNA／キトサン／コンドロイチン硫酸（CS）複合体の作製方法[7,8]

① CS溶液は2.0 mg/mLの濃度になるようにpH 6.5に調整したPBS(−)を所定量加え，一晩振盪混合する。その後，0.22 μmの滅菌用フィルターで濾過滅菌する。筆者らが用いてい

るCSの分子量は14 kDa，硫酸化度は7%である。
② pDNA：キトサン：CSの混合比は，pDNAのリン酸(P)の数，キトサンのアミノ基(N)およびCSの負電荷((-))の比（P:N:(-)比）で規定する。上記で調整したpDNA溶液，キトサン溶液，CS溶液を6:6:31の割合で混合するとP:N:(-)=1:5:16となる。混合の順序は複合体の形成に影響するので，pDNAとCSをあらかじめ混合して15分室温でインキュベートし，そこにキトサン溶液を加えてさらに15分室温でインキュベートすることで複合体を作製する。

2.2.3 ルシフェラーゼアッセイ

ルシフェラーゼアッセイではルシフェラーゼ遺伝子をコードするpDNA（pGL3, Promega）を用いる。24穴マルチプレートに$8.0×10^4$ cells/wellで細胞を播種し，24時間培養して接着させる。各ウェルの培地をトランスフェクション用血清含有培地（pH 6.5 DMEM＋10%FBS）450 μLに交換し，pGL3複合体溶液（[pGL3]=30 μg/mL）50 μL（pGL3の終濃度3 μg/mL）を加えた後に炭酸ガスインキュベーター内で4時間トランスフェクションを行なう。その後，10%FBS添加DMEM培地に交換して，さらに24時間のポストトランスフェクションを行なう。その後，PBS(-)で洗浄してCell Culture Lysis Reagent（Promega）により細胞を融解して，4℃，12,000 rpmで5分間遠心する。上清20 μLとルシフェリン溶液（Promega）100 μLを96ウェルマルチプレートに入れて，ルミノメーターで測定する。

2.2.4 共焦点レーザー顕微鏡観察

35 mmのガラスベースディッシュに1-$2×10^4$ cells/wellで細胞を播種する。YOYO-1標識pDNA複合体をトランスフェクションと同じ条件で細胞と相互作用させる。所定時間後にPBS(-)で3回洗浄し，培地で希釈したLysotrackerを75 nMの濃度で加えて37℃1時間インキュベーションする。その後，氷冷したPBS(-)で3回洗浄して培地に交換し共焦点レーザー顕微鏡で観察する。

2.2.5 物理化学的キャラクタリゼーション

アガロース電気泳動では，200 ngのpDNA量で電気泳動を行なう。原子間力顕微鏡（AFM）観察のためのサンプル調製では，[pDNA]=10 μg/mLの複合体溶液100 μLをマイカ基板に滴下し，室温で3分間吸着して物理吸着させる。その後，純水で洗浄し，窒素ガスで表面を乾燥させてデシケーター内で一晩放置して，タッピングモードで観察を行なう。動的光散乱法による粒子径の測定およびドップラー散乱法によるゼーター電子の測定では，装置の感度によって用いるpDNA複合体の濃度は異なってくるが，筆者らは複合体溶液（[pDNA]=30 μg/mL）を10 mM MOPS(pH 6.5)で[pDNA]=6 μg/mLの濃度に希釈して測定している。

2.2.6 in vivo での遺伝子発現実験

腫瘍を移植した動物での遺伝子導入実験では，複合体の投与方法として静脈からの全身投与，腫瘍内への局所投与あるいは経口投与が行なわれている。筆者らは，自殺遺伝子として知られるチミジンキナーゼ（HSV-1-TK）をコードするpDNA（pGEG.TK）を用いて複合体を作製して，

担癌マウスに局所投与して遺伝子発現活性を評価している。実験の手順は以下の様に行なう。BALB/c マウスの後背部皮下に HuH-7 細胞を $8×10^6$ cells/100 μL/head で投与する。約 1 週間後から，腫瘍内に pGEG.TK 複合体を 10 μg/100 μL/head で 27G のシリンジを用いて 3 日連続で投与する。3 回目の投与の翌日から，ガンシクロビル（GCV）4 mg/mL を 100 mg/kg となるように腹腔内に 27G のシリンジを用いて 5 日連続で投与する。投与液量は毎日の体重測定により決定する。腫瘍のサイズはノギスで測定し，腫瘍サイズを length×width×height×π/6 として計算する。GCV 投与初日を 100% として腫瘍の増殖率を算出する。

2.3 結果

2.3.1 pDNA／キトサン複合体の構造と遺伝子発現活性の評価

キトサンを用いた細胞内への遺伝子の導入において高い遺伝子発現活性を得るには，用いる遺伝子と細胞との組み合わせによりいくつかの条件検討が必要となる。特に，キトサンの分子量および遺伝子とキトサンの混合比は，遺伝子の発現活性に大きく影響する。

これまでの報告された論文では 10 kDa から 400 kDa まで様々な分子量のキトサンが用いられている[2]。キトサンの脱アセチル化度は文献により異なっているが，明記されていない場合もある。遺伝子デリバリーとしてキトサンを用いる場合には，分子量だけでなく脱アセチル化度も大事な要素のひとつである。筆者らの実験では，7 量体，15 kDa，75 kDa，100 kDa 以上の分子量のキトサンで，ルシフェラーゼ遺伝子（pGL3）の複合体を作製して，複数の細胞を用いて発現活性を比較した。その結果，細胞株に依存して最適なキトサンの分子量は異なっていたが，7 量体あるいは 100 kDa 以上では発現活性は非常に低かった。これまでの実験では，分子量が 40-50 kDa 程度のキトサンが遺伝子デリバリーに適していた。また，脱アセチル化度は 60〜90% 程度であることが望ましく，100% になると遺伝子発現効率は顕著に低下した。筆者らは通常 80% 程度のものを用いている。

次に検討すべき条件は，遺伝子とキトサンの混合比（P:N 比）である。用いるキトサンにより最適な P:N 比は異なってくる。文献では，P:N 比は 1:2 から 1:10 で行なわれている[2]。筆者らの実験では 1:5 が最適であった。また，最適な P:N 比は用いる pDNA にも依存してくる。例えば，pTK の様な大きなサイズの pDNA を用いる場合には pGL3 と比較して大きな P:N 比（1:8）において発現活性が優れていた。

高い遺伝子発現活性を得るには，キトサンの分子量と脱アセチル化度が重要であったが，その理由のひとつは形成される複合体の形態にある。複合体の形態を簡便に見る方法は AFM である。pDNA／キトサン複合体の形態としては，グロビュール構造，トロイド状の構造，およびロッド状の構造が観察される。遺伝子発現活性が高い複合体ではグロビュール構造が支配的であった（図 3 左）。逆に発現活性が低い場合には，トロイドやロッド状の構造が多く見られていた（図 3 右）。そこで，高い遺伝子発現活性を得るにはグロビュール構造が有利であると考えられた。そ

第4章　カプセル

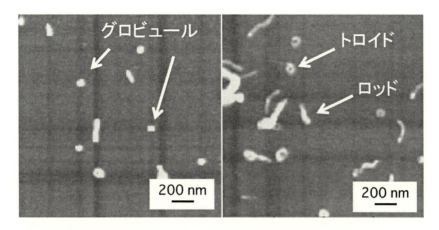

図3　発現活性の高いpDNA複合体（左）と発現活性の低い複合体（右）の
AFM像。（文献2から改訂）

の理由を探るために，DNA分解酵素（DNaseI）に対する安定性の評価を行なった。その結果，グロビュール構造が支配的な複合体ではDNaseIに対する安定性が高かった。そこで，グロビュール構造では，アニオン性のpDNAがカチオン性のキトサンと静電的に相互作用してコンパクトに折り畳まれており，pDNAがキトサンで保護されることでDNaseIによる分解が抑制されることが示された。複合体の形態は細胞への取り込み効率に影響し，分解酵素耐性は細胞に取り込まれた後のエンドソームでの安定性に影響すると考えられる。

　複合体の物理化学的キャラクタリゼーションとして，AFM観察の他には粒子サイズや表面電荷としてゼーター電位の測定を行なう。得られる複合体の平均粒子サイズとしては100〜300 nm程度の報告が多い[2]。筆者らの実験でも180 nm程度のサイズの複合体が得られている[3,4]。キトサンの分子量が大きくなると粒子サイズも大きくなる傾向があり，300 nmを超えるサイズも報告されている。細胞との相互作用においては300 nm以下のサイズが望ましいことから，pDNAとキトサンとの複合体は，遺伝子の細胞内導入において適切なサイズである。ゼーター電位はP:N比に依存しているが，pDNAに対するキトサンの比率を増やすことで負の電荷から正の電荷に変化する。筆者らの実験では遺伝子発現活性に優れた複合体（P:N=1:5）では+20 mV程度のゼーター電位であった。pDNAに対してキトサンの量が過剰となるP:N比の場合に正の電荷を示すことから，pDNAがキトサンで覆われた構造になっていることが示唆された。細胞の表面は通常は負の電荷を有しているので，正の電荷を有するpDNA／キトサン複合体は細胞と静電的な相互作用により取り込まれる事になる。

　細胞へのトランスフェクションには培地の組成も影響する。血清を加えると遺伝子導入効率が低下するキャリアーの例も報告されているが，キトサンを用いた遺伝子導入の場合には血清含有培地の方が無血清培地よりも高い発現効率を示した。注意しなくてはならないのが培地のpHである。キトサンを用いる場合にはpH 7以下の弱酸性条件が望ましく，筆者らは通常pH 6.5に調

整した培地を用いてトランスフェクションを行なっている。

2.3.2 pDNA／キトサン／CS 三元複合体の構造と遺伝子発現活性の評価[7,8]

　入手可能なコンドロイチン硫酸には分子量や硫酸化度の異なったものが存在しており，全てのCS が pDNA／キトサン複合体の被覆に有効な訳ではない。筆者らは入手できた6種類の中から遺伝子発現活性に優れている CS を特定して実験に用いた[7]。pDNA／キトサン／CS 複合体の粒子サイズは 200〜300 nm でありゼーター電位は −40 mV 程度であった。遺伝子発現活性の低い三元複合体では粒子サイズが 1000 nm 程度まで大きくなっていた。AFM 観察でもグロビュール構造を示した複合体では高い遺伝子発現活性が示された。この様に，粒子サイズと粒子形態は遺伝子の細胞内導入において重要である。CS を含んだ三元複合体は負の電荷を有しているにも関わらず，細胞と相互作用できるのは受容体が介在していると推察される。しかしながら，その受容体は特定できていない。

2.3.3 細胞内輸送経路の評価

　遺伝子複合体の細胞内での遺伝子発現機構を知るには細胞内輸送経路の解析が必要となってくる。輸送経路としては，主に 1) エンドサイトーシス（マクロピノサイトーシス，カベオラ介在型エンドサイトーシス，クラスリン介在型エンドサイトーシス）2) エンドソームから細胞質へのリリース，および 3) 核内への移行の3段階を考える。そのための実験としては，阻害剤で処理した細胞を用いた遺伝子発現効率の評価と共焦点レーザー顕微鏡を用いた細胞内局在の観察を行なう。

　細胞内への取り込みや輸送経路の評価するための主な方法や阻害剤は表1に示した。表1の処理条件は COS7 細胞の場合である。細胞により阻害剤の毒性が生じる場合もあるので，その際には処理条件の見直しが必要となる。このような実験により，pDNA／キトサンおよび pDNA／キトサン／CS 複合体はエンドサイトーシスで取り込まれている事が示された。特に Cytochalasin D や Wortmannin での阻害が顕著に見られることから，マクロピノサートーシスでの取り込みが有意であることが示唆された。また，Bafilomycin による阻害が見られたことから，細胞内に取り込まれた後は，エンドソーム内へのプロトン流入により pH が低下する事が遺伝子発現に必要であることが示された。エンドソーム内にプロトンが流入すると，キトサンのアミノ基がプロトンを吸収することでエンドソーム内の pH の低下が抑制される（バッファリング効果）。そうなると，エンドソーム内に過剰なプロトンが供給され，それに伴い対アニオンも供給されるので，浸透圧の変化によりエンドソーム内に水が流入することで，エンドソームが破裂して，複合体がエンドソームからリリースすると考えられている。エンドソームからリリースした複合体は，Nocodazole による阻害が見られないことから，微小管を経由することなく核に移行していることが示唆された。

　細胞内での局在は共焦点レーザー顕微鏡観察により確認する。YOYO-1 標識 pDNA とライソゾームに局在する Lysotracker の蛍光を別々に観察して，二つの蛍光像の重ね合わせを行なうことで共局在を観察する。筆者らの実験では，pDNA／キトサン複合体はライソゾームへの移行が

第4章 カプセル

表1 阻害方法・阻害剤の種類，それらの効果および処理条件

阻害方法・阻害剤	効果	処理条件
4 ℃	低温条件によりエンドサイトーシスを阻害	トランスフェクション30分前からトランスフェクション終了まで4℃でインキュベーション
Genistein	チロシンキナーゼ阻害によりエンドサイトーシスを阻害	トランスフェクション前1時間，濃度は200 µM（溶媒 DMSO）
Chlorpromazine	クラスリンの集合−脱集合を阻害し，レセプターのリサイクルを妨げることによりクラスリン介在型エンドサイトーシスを阻害	トランスフェクション前30分間，濃度は10 µg/mL（溶媒 滅菌水）
MβCD	コレステロールを除去することによりカベオラ介在型エンドサイトーシスを阻害	トランスフェクション前1時間，濃度は1 mM（溶媒 滅菌水）
Filipin	コレステロールと結合することによりカベオラ介在型エンドサイトーシスを阻害	トランスフェクション前1時間，濃度は5 µg/mL（溶媒 DMSO）
Cytochalasin D	アクチンのマクロフィラメントの低分子化を促すことによりマクロピノサイトーシスを阻害	トランスフェクション前30分間，濃度は10 µg/mL（溶媒 DMSO）
Wortmannin	ホスファチジルイノシトール三リン酸の働きを抑制することによりマクロピノサイトーシスを阻害	トランスフェクション前1時間，濃度は10 µM（溶媒 DMSO）
NEM (N-ethylmaleimide)	エンドサイトーシス経路の初期において，NSFタンパク質を含むエンドソーム融合機構を阻害	トランスフェクション前15分間，濃度は40 µM（溶媒 pH5のPBS(-)）
Bafilomycin	エンドソーム内の酸性化を阻害	トランスフェクション前30分間，濃度は200 nM（溶媒 DMSO）
Monensin	エンドソームからライソゾームへの移行を阻害	トランスフェクション前30分間，濃度は10 µM（溶媒 エタノール）
Nocodazole	微小管重合を阻害することにより微小管による細胞内輸送を阻害	トランスフェクション前30分間，濃度は20 µM（溶媒 DMSO）

観察されたが，pDNA／キトサン／CS複合体では共局在はほとんど観察されなかった。

2.3.4 *in vivo* での腫瘍増殖抑制効果

pTKによる遺伝子治療では，pTKの細胞内導入により腹腔内投与されたGCVがリン酸化されることでがん細胞にアポトーシスを誘起する遺伝子であり，細胞死は腫瘍切片の病理組織学的解析により確認できる。pTK複合体とGCVの投与を終了した後の腫瘍の増殖率を図4に示した。無治療の場合には急速に腫瘍のサイズは増大していた。pTKやpTK／キトサン複合体（P:N=1:8）を投与したグループでは有意な腫瘍増殖抑制は観察されなかった。これに対して，pTK／キトサン／CS三元複合体（P:N:(-)=1:8:16）では腫瘍サイズの減少が見られた。pDNA

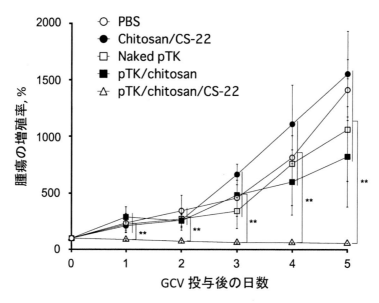

図4 HuH-7 皮下移植マウスでの pTK 複合体による抗腫瘍効果（**P<0.01）

を含まないキトサン／CS の混合物を投与しても腫瘍の増殖が見られていることから，CS の毒性による腫瘍増殖の抑制ではないと判断される。

 in vitro では，pLuc／キトサン複合体は高い遺伝子発現活性を示していたが，*in vivo* での腫瘍増殖抑制は殆ど見られなかった。腫瘍内での遺伝子発現の分布を観察するには $β$-ガラクトシダーゼの遺伝子（pGal）が用いられる。pGal が導入された細胞では X-Gal を用いて細胞を青く染色できる。そこで，pGal 複合体を[pGal]＝10 μg/100 μL/head で3日間投与して，その翌日に組織切片を作製して X-Gal により組織の染色を行なった。その結果，pGal／キトサン複合体では限られた場所のみで発現が見られたのに対して，pGal／キトサン／CS 複合体では腫瘍全体での発現が見られた。よって，pTK／キトサン／CS 三元複合体での高い抗腫瘍効果には，遺伝子複合体が腫瘍内で拡散しやすいことと腫瘍細胞との親和性が寄与していることが示唆された。

文　　献

1) M. Hashimoto *et al.*, "Non-viral Gene Therapy: Gene Design and Delivery", p63, Springer（2005）
2) K. Hagiwara *et al.*, *Current Drug Discovery Technologies*, **8**, 329（2011）
3) T. Sato *et al.*, *Biomaterials*, **22**, 2075（2001）

4) T. Ishii *et al.*, *Biochim. Biophys. Acta*, **1514**, 51 (2001)
5) M. Hashimoto *et al.*, *Bioconjugate Chem.*, **17**, 309 (2006)
6) M. Hashimoto *et al.*, *Biotech. Lett.*, **28**, 815 (2006)
7) K. Hagiwara *et al.*, *Biomaterials*, **33**, 7251 (2012)
8) K. Hagiwara *et al.*, *J. Gene Med.*, **15**, 83 (2013)

第4章　カプセル

3　バイオナノカプセル

飯嶋益巳[*1]，黒田俊一[*2]

3.1　はじめに

バイオナノカプセル（bio-nanocapsule(BNC)）は，B型肝炎ウイルス（hepatitis B virus (HBV)）の表面抗原Lタンパク質を出芽酵母 *Saccharomyces cerevisiae* 内で過剰発現させて得られる直径約100 nmの中空ナノ粒子である（図1）[1]。Lタンパク質（389 アミノ酸(aa)）は，N末端側よりPre-S1領域（108 aa），Pre-S2領域（55 aa）およびS領域（226 aa）から構成され，Pre-S1領域はヒト肝臓特異的に発現するSodium taurocholate cotransporting polypeptide

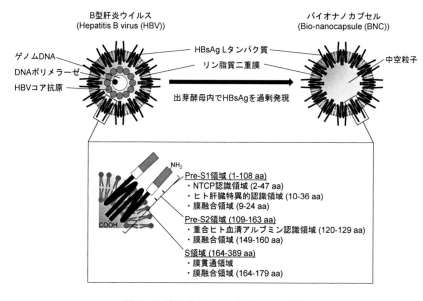

図1　B型肝炎ウイルスとBNCの構造

[*1] Masumi Iijima　大阪大学　産業科学研究所　生体分子反応科学研究分野　特任助教
[*2] Shun'ichi Kuroda　大阪大学　産業科学研究所　生体分子反応科学研究分野　教授

第4章 カプセル

(NTCP) の認識領域 (2-47 aa)[2]によるヒト肝細胞特異的認識能[3]と膜融合領域 (9-24 aa)[4]による細胞内侵入能を有し，Pre-S2領域は重合ヒト血清アルブミン認識領域 (120-129 aa)[5]によるステルス化能（高木ら，未発表）と膜融合領域 (149-160 aa)[6]による細胞内侵入能を有し，またS領域は3ヶ所の膜貫通領域[7]による自己組織化能（約55分子のLタンパク質2量体がリポソームに配位してBNC 1粒子となる）と膜融合領域 (164-179 aa)[8]による細胞内侵入能を有する。BNCはHBVと外見が酷似していることから，HBVと同様にヒト肝臓特異的感染能を有する[9]と考えられたので，電気穿孔法[10]，リポソーム融合法（半融合法；図2）[11]，virosome法（融合法）[12]，および化学結合法[13]により様々な物質（遺伝子，タンパク質，化合物，蛍光ビーズ等）をBNCまたはBNC複合体内部に搭載し，*in vitro*および*in vivo*においてヒト肝臓由来細胞または組織特異的な物質送達に成功している（表1）。また，Pre-S1領域およびPre-S2領域の一部

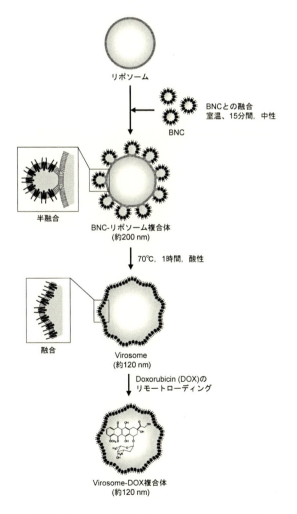

図2 Virosome–ドキソルビシン複合体の調製法

表 1 BNC および ZZ-BNC を用いた DDS および GDS キャリアへの応用

		再標的化分子	搭載物	搭載方法	標的細胞	vitro/vivo[a]	参考文献
野生型 BNC	BNC	—	pEGFP, カルセイン, phFIX	電気穿孔法	ヒト肝癌細胞	vitro, vivo	Yamada et al. (2003)[10]
	BNC	—	pHSV-tk	電気穿孔法	ヒト肝癌細胞	vivo	Iwasaki et al. (2007)[23]
	BNC	—	カルセイン	電気穿孔法	ヒト正常肝細胞（マウス腎皮下移植モデル）	vivo	Matsuura et al. (2011)[24]
	BNC	—	pEGFP	cLP（半融合）[b]	ヒト肝癌細胞	vitro, vivo	Jung et al. (2008)[11]
	BNC	—	蛍光ビーズ	aLP（半融合）[b]	ヒト肝癌細胞	vitro, vivo	Jung et al. (2008)[11]
	BNC	—	DOX	aLP（半融合）[b]	ヒト肝癌細胞	vitro, vivo	Kasuya et al. (2009)[13]
	BNC	—	pLuc	cPolymer	ヒト肝癌細胞	vitro	Somiya et al. (2012)[25]
	BNC	—	DOX	aLP（全融合）[b]	ヒト肝癌細胞	vitro, vivo	Liu et al. (2015)[12]
融合型 BNC	EGF(N)-BNC	EGF	カルセイン	電気穿孔法	ヒト扁平上皮癌細胞	vitro	Yamada et al. (2003)[10]
	EGFP(C)-BNC	—	—	—	ヒト肝癌細胞	vitro	Yu et al. (2005)[26]
	EGFP(C)-ZZ-BNC	anti-EGFR	—	—	ヒト子宮頸癌細胞	vitro	Kurata et al. (2008)[19]
	ZZ-BNC	anti-EGFR	ローダミン	化学結合法	ヒト神経膠腫細胞	vivo（脳室内投与）	Tsutsui et al. (2007)[15]
	ZZ-BNC	anti-CD11c	D3抗原	cLP（半融合）[b]	マウス脾臓樹状細胞	vitro, vivo	Matsuo et al. (2012)[18]
	ZZ-BNC	anti-EGFR	水溶性タキソール	電気穿孔法	ヒト神経膠腫細胞	vitro	Hamada et al. (2013)[27]
	ZZ-BNC	anti-CD11c	D3抗原, OVA	化学結合法	マウス脾臓樹状細胞	vitro, vivo (s.c., i.m.)	Matsuo et al. (unpublished)
	ZZ-BNC	anti-E-selectin	pEGFP	cLP（半融合）[b]	マウス網膜	vivo	Ohguro et al. (unpublished)
	ZZ-BNC	anti-E-selectin	蛍光ビーズ	aLP（半融合）[b]	マウス網膜	vivo	Ohguro et al. (unpublished)
	Affibody-BNC	HER2	カルセイン	aLP（半融合）[b]	ヒト乳癌細胞	vitro	Shishido et al. (2010)[28]
	Affibody-BNC	HER2	siRNA	cLP（半融合）[b]	ヒト乳癌細胞	vitro	Nishimura et al. (2013)[29]
	GALA-affibody-BNC	HER2	カルセイン	aLP（半融合）[b]	ヒト乳癌細胞	vitro	Nishimura et al. (2014)[30]
化学修飾型 BNC	ZZ-BNC	Avidin/biotin-L4-PHA lectin	pLuc	cLP（半融合）[b]	ヒト悪性癌細胞	vitro, vivo	Kasuya et al. (2008)[31]
	ZZ-BNC	—	D3抗原	化学結合法	マウス免疫系細胞（特定細胞の標的化は行っていない）	vivo (i.p., s.c.)	Miyata et al. (2013)[22]

注釈：EGF, 上皮成長因子；(N), N末端側融合；(C), C末端側融合；EGFP, 高感度緑色蛍光タンパク質；pEGFP, EGFP発現プラスミド；GALA, pH応答性膜ペプチド；EGFR, EGFレセプター；HER2, ヒト上皮成長因子受容体2；L4-PHA, インゲンマメレクチンL₄；hFIX, ヒト由来活性型血液凝固因子；HSV-tk, 単純ヘルペスウイルス1型チミジンキナーゼ遺伝子；pLuc, ルシフェラーゼ発現プラスミド；DOX, ドキソルビシン；D3, 日本脳炎ウイルス外皮タンパク質ドメインIII；OVA, オボアルブミン；cLP, カチオン性リポソーム；aLP, アニオン性リポソーム；cPolymer, カチオン性ポリマー；s.c., 皮下投与；i.m., 筋肉内投与；i.p., 腹腔内投与
[a]：断りがなければ i.v., 静脈内投与
[b]：半融合は図2におけるBNC-リポソーム複合体に相当．全融合は図2におけるVirosomeに相当

第4章 カプセル

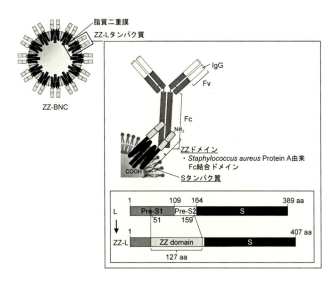

図3 ZZ-BNC の構造

（51-159 aa）を Protein A の IgG-Fc 領域に結合する Z ドメインの 2 量体（127 aa）[14]に置換した ZZ-L タンパク質による ZZ タグ提示型 BNC（ZZ-BNC）[15]（図3）は，1 粒子あたり最大約 60 分子の標的分子特異的 IgG の Fc 領域を固定しつつ Fv 領域を外側に放射状提示させ（図4）[16,17]，in vitro や in vivo で各種物質をヒト肝臓以外の細胞や組織へ送達させた（表1）[15,18]。本稿では DDS および GDS 分野において有望なナノキャリアである BNC および ZZ-BNC の調製法（図5）と応用について述べる。なお，電気穿孔法[10]は物質封入効率が低くかつ製剤化に不向きなため本稿では述べない。

3.2 材料および試薬

- L タンパク質発現酵母菌体（BNC 発現プラスミド（pGLD-LIIP39-RcT）を有する *Saccharomyces cerevisiae* AH22R⁻）[1]
- ZZ-L タンパク質発現菌体（ZZ-BNC 発現プラスミド（pGLD-ZZ50）を有する *Saccharomyces cerevisiae* AH22R⁻）[19]
- 菌体破砕用バッファー（7.5 M Urea, 0.1 M Tris-HCl（pH 7.4），50 mM NaH_2PO_4-$2H_2O$, 15 mM EDTA-2Na, 4 mM phenylmethylsulfonyl fluoride, 0.1%（v/v）Tween 80）
- PBS（-）（137 mM NaCl, 10 mM Na_2PO_4, 2 mM KH_2PO_4（pH7.4））
- Coatsome EL-01-A（DPPC（dipalmitoylphosphatidylcholine）：cholesterol：DPPG（dipalmitoylphosphatidylglycerol）＝30：40：30（μmol：μmol：μmol）（NOF）
- Coatsome EL-01-D（DOPE（dioleoylphosphatidylethanolamine）：cholesterol：DC-6-14（o,o'-

DDS キャリア作製プロトコル集

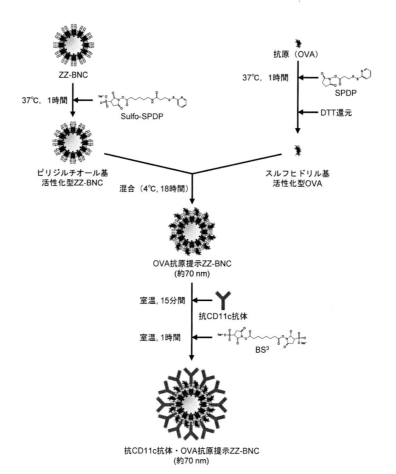

図4 抗 CD11c 抗体・OVA 抗原提示 ZZ-BNC の調製法

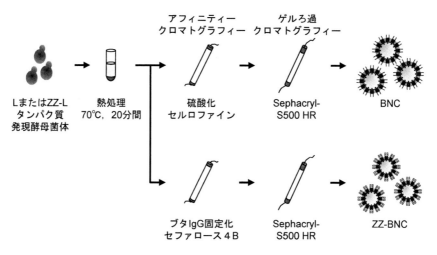

図5 BNC および ZZ-BNC の精製工程

ditetradecanoyl-*N*-(α-trimethylammonioacetyl)diethanolaminechloride)=0.75:0.75:1 (μmol:μmol:μmol)(NOF)
- DPPC(NOF)
- DPPE(dipalmitoylphosphatidylethanolamine)(NOF)
- DPPG-sodium salt(DPPG-Na)(NOF)
- Cholesterol(Nacalai Tesque)
- 内水相バッファー (10 mM HEPES (pH 4.0), 120 mM $(NH_4)_2SO_4$)
- 外水相バッファー (10 mM HEPES (pH 7.4), 100 mM NaCl, 100 mM Sucrose)
- Britton-Robinson バッファー (0.1 M H_3BO_3, 0.1 M CH_3COOH, 0.1 M H_3PO_4, 0.5 M NaOH (pH 3.0))
- Doxorubicin(DOX)(Sigma-Aldrich)
- Bis-sulfosuccinimidryl suberate[3](BS^3)(Pierce)
- Sulfosuccinimidyl 6-[3'(2-pyridyldithio)-propionamido]hexanoate(Sulfo-SPDP)(Pierce)
- *N*-succinimidyl 3-(2-pyridyldithio)propionate(SPDP)(Pierce)

3.3 実験操作

3.3.1 BNC の調製[20]（図 5 上段）

① L タンパク質発現酵母菌体（湿重量 35 g）を菌体破砕用バッファー（240 mL）に懸濁し，グラスビーズ（直径 0.5 mm, 175 mL（BioSpec Products））を加え，細胞破砕器（BEAD-BEATER, BioSpec Products）を用いて，氷中で 2 分間破砕，1 分間中断を 5 回繰り返す。菌体破砕液を遠心分離（34,780×g, 4℃, 30 分間）して上清を回収した後，1 mM EDTA を含む PBS(-) に対して透析を 4℃で一昼夜行う。透析済サンプルを 50 mL 容コーニングチューブ 6 本に分注し，70℃で 20 分間熱処理し，遠心分離（34,780×g, 4℃, 30 分間）により上清を回収した後，凝集物を除去するために 0.45 μm PVDF 膜（Millex-HV, Millipore）でろ過する。

② 硫酸化セルロファインクロマトグラフィー（Cellufine sulfate, Chisso；カラム径 1.6×20 cm）を 0.15 M NaCl を含む PBS(-) で平衡化し，サンプル（約 250 mL）を流速 10 mL/min で負荷し，洗浄した後，2.0 M NaCl を含む PBS(-) を用いて流速 4 mL/min で 4 mL ずつステップワイズに溶出させる。BNC を含む画分は，12.5% SDS-PAGE で分離して銀染色（EzStain Silver, Atto Corp.）すると約 52 kDa の BNC が優先的に染色されるので容易に同定できる。BNC 画分を集めて限外ろ過膜（Amicon Ultra-NMWL 100K, Millipore）を用いて約 5 mL に濃縮し，凝集物を除去するために 0.45 μm PVDF 膜でろ過する。

③ ゲルろ過クロマトグラフィー（Sephacryl-S500 HR, GE Healthcare；カラム径 1.6×60 cm）

を 1 mM EDTA, 0.005% Tween 80 を含む PBS(-) で平衡化し，サンプル（約 5 mL）を流速 0.5 mL/min で負荷し，5 mL ずつ溶出させる。②記載の方法で BNC のみを含む画分を同定し，濃縮し，ろ過する。

④ 精製 BNC の粒子径は Zetasizer Nano-ZS（Malvern）を用いて 25℃で測定し，標準値（約 90 nm, PDI 約 0.2）に合致することを確認する。BCA protein assay kit（Thermo Fisher Scientific）と BSA（ウシ血清アルブミン）標準液（Thermo Fisher Scientific）を用いてタンパク質濃度を定量し，2 mL 容ポリプロピレンチューブに 100 μg ずつ分注し，50%（w/v）Sucrose 10 μL を添加して，凍結乾燥機（FDU-1100, EYELA）を用いて約 5 Pa, −40℃で 48 時間凍結乾燥を行った後，精製 BNC 標品とする。各チューブはシリカゲルを同梱したシール袋に密封し，使用するまで −25℃で保存する（少なくとも 1 年は安定）。上記の方法に従えば，培養液 1 L から L タンパク質発現酵母菌体が湿重量約 25 g 回収され，最終的にタンパク質量約 5 mg の BNC が生産可能である。

3.3.2 BNC-リポソーム-遺伝子複合体の調製[11]

① Coatsome EL-01-D（遺伝子導入用カチオン性リポソームの凍結乾燥品；脂質量として 1.5 mg）と動物細胞用発現プラスミド（EGFP 発現プラスミド；250 μg/mL）1 mL を混合し，室温で 15 分間反応してリポソーム-DNA 複合体を作製する。同複合体（脂質量 100 μg, プラスミド量 16.7 μg）と凍結乾燥 BNC（タンパク質量として 100 μg）を混合し，室温で 15 分間反応して BNC-リポソーム-遺伝子複合体を作製した後，3.3.1 ④記載の方法で粒子径が標準値（約 200 nm, PDI 約 0.3）に合致することを確認する。

② BALB/c ヌードマウス（オス, 6 週齢；日本 SLC）の背部皮下に，50 μL PBS(-) に懸濁した約 10^6 細胞のヒト肝臓癌由来細胞（例，NuE, HepG2）と 50 μL Matrigel（BD Biosciences）の混合液に懸濁したものを接種する。約 10 日後に腫瘍サイズが 100 mm^3 に達した時，BNC-リポソーム-遺伝子複合体（タンパク質量として 100 μg）を，29 ゲージ注射針を装備したツベルクリン用注射筒を用いて尾静脈から接種する。腫瘍サイズは，各腫瘍の長辺（a, mm）および短辺（b, mm）をノギスで測定し，$ab^2/2$(mm^3) の式により算出する。

③ BNC-リポソーム-遺伝子複合体投与から約 1 週間後，麻酔下でマウスから腫瘍を単離し，4%（w/v）パラフォルムアルデヒドで固定化した後，合成樹脂（Technovit 8100, Kluzer）に包埋し，ミクロトーム（Leica）で 5 μm 厚の切片を作製して蛍光顕微鏡で観察する。

3.3.3 BNC-リポソーム-蛍光ビーズ複合体の調製[11]

① Coatsome EL-01-A（アニオン性リポソームの凍結乾燥品；脂質量として 61 mg）を 0.2%（w/v）蛍光ビーズ（直径 100 nm；Fluo-Spheres beads, Molecular Probe）を含む蒸留水 2 mL で溶解し，P40ST ローター（日立）を用いる Sucrose 密度勾配超遠心法（10-30%（w/v））によりリポソーム-蛍光ビーズ複合体を単離する（24,000 回転，室温，2 時間）。同複合体（脂質量として 200 μg）と凍結乾燥 BNC（タンパク質量として 100 μg）を混合し，

室温で 15 分間反応した後，P40ST ローターを用いる塩化セシウム平衡密度超遠心法（10-50%(w/v)）により BNC-リポソーム-蛍光ビーズ複合体を単離する（24,000 回転，室温，16 時間）。3.3.1④記載の方法で粒子径が標準値（約 200 nm，PDI 約 0.1）に合致することを確認する。

② 3.3.2②記載の方法と同様に，ヒト肝癌由来細胞を移植された BALB/c ヌードマウスに BNC-リポソーム-蛍光ビーズ複合体（タンパク質量として 100 μg）を尾静脈から接種する。16 時間後，3.3.2③記載の観察法で腫瘍内の蛍光ビーズを蛍光顕微鏡で観察する。

3.3.4　BNC-リポソーム-DOX 複合体（virosome-DOX 複合体）の調製[12]（図 2）

① DPPC，DPPE，DPPG-Na および cholesterol を，それぞれモル比 15:15:30:40 で混合し，総脂質量 148 mg とメタノール／クロロホルム（2:1）混合液 0.6 mL をナスフラスコ（50 mL 容）に加えて混合し，ロータリーエバポレーターにより 37℃で有機溶媒を減圧留去して薄膜を形成させる。

② 薄膜に内水相バッファー（5 mL）を添加して水和した後，液体窒素を用いた凍結融解を 5 回繰り返す。次に，エクストリューダー（Northern Lipids）を用いて 60℃でポアサイズ 200 nm による処理を 4 回，続いてポアサイズ 50 nm による処理を 2 回した後，プローブ型超音波発振機により氷中で 10 分間処理する。

③ 上記リポソーム（脂質量として 2 mg）に Britton-Robinson バッファー（pH 3.0）0.2 mL を加え，蒸留水で 1 mL にメスアップし，70℃で 5 分間静置した後，凍結乾燥 BNC（タンパク質量として 100 μg）を混合し，70℃で 55 分間反応して BNC-リポソーム複合体（virosome）を作製する。ゲルろ過カラム（PD MidiTrap G-25，GE）を外水相バッファーでセミドライ状態にした後，virosome（約 1 mL）を負荷し，外水相バッファー 1.5 mL を重層し，最初に溶出する 1.5 mL を回収する。総脂質量はコレステロール E テスト（Wako）によりコレステロール量を測定し，コレステロールの存在比（モル比 40%）から換算して求める。3.3.1④記載の方法で粒子径が標準値（約 110 nm，PDI 約 0.2）に合致することを確認する。

④ Virosome（脂質量として 15 mg；約 1.4 mL）を 60℃で 3 分間静置し，5 mg/mL DOX 溶液 0.36 mL と混合し，撹拌しながら 60℃で 20 分間反応させる（リモートローディング法）[21]。3.3.4③記載のゲルろ過により未封入 DOX を除去し，精製 virosome-DOX 複合体を得る。一部を取り，塩酸および SDS をそれぞれ終濃度 0.1N および 0.1%（w/v）になるように加え，DOX 由来の蛍光変化（励起 488 nm，蛍光 515 nm）に基づき精製 virosome-DOX 複合体の封入 DOX 量を算出する。3.3.1④記載の方法で粒子径およびゼータ電位が標準値（約 120 nm，PDI 約 0.2，約 −50 mV）に合致することを確認する。

⑤ 3.3.2②記載の方法でヒト肝癌由来細胞を移植された BALB/c ヌードマウスに virosome-DOX 複合体（DOX 量として 2.3 mg/kg 体重）を 0 日と 5 日に 2 回尾静脈から接種する。接種後 2〜4 週間の 2〜3 日おきに腫瘍サイズおよび体重を測定し，DOX 単剤投与群と較

べて腫瘍サイズの減少が大きくかつ体重減少が少ないことを確認する。

3.3.5 ZZタグ提示型BNC（ZZ-BNC）の調製[16]（図5下段）

① アミノ基カップリング用レジン（N-hydroxysuccinimide(NHS)-activated Sepharose 4 Fast Flow, GE Healthcare; 50%（v/v）スラリー）50 mLをガラスフィルター（SIBATA）で吸引ろ過し，氷冷した1 mM HCl 300 mLで洗浄後，ブタ血清由来IgG（Sigma-Aldrich）約350 mgを溶解したカップリングバッファー（0.2 M NaHCO$_3$(pH 7.2), 0.5 M NaCl）35 mLに加えて，4℃で一晩ゆっくり撹拌して反応する。ガラスフィルターに吸引ろ過し，ブロッキングバッファー（0.5 Mエタノールアミン，0.5 M NaCl(pH 8.3)）300 mLで洗浄後，同バッファー300 mLに加え，室温で3時間静置する。ガラスフィルターに吸引ろ過し，10 mM Tris-HCl(pH 8.5) 300 mLで1回，洗浄バッファー（0.1 M酢酸，0.5 M NaCl(pH 4.0)）300 mLで5回，さらにPBS(-) 500 mLで1回洗浄した後，PBS(-) 50 mLに懸濁して空カラムXK16/20（GE Healthcare; カラム径1.6×20 cm）に充填し，ブタIgG固定化セファロース4Bクロマトグラフィーとする。

② ZZ-Lタンパク質発現酵母菌体（湿重量35 g）を3.3.1①記載の方法でグラスビーズ破砕し，透析後，熱処理する。

③ ブタIgG固定化セファロース4BクロマトグラフィーをPBS(-)で平衡化し，サンプル（約250 mL）を流速1 mL/minで負荷し，洗浄バッファー（75 mM Tris-HCl(pH 7.2), 10 mM NaCl）で洗浄した後，溶出バッファー（4 M NaSCN, 10 mM Tris-HCl(pH 7.2), 0.5 M NaCl, 10 mM EDTA）を用いて流速2 mL/minで4 mLずつステップワイズに溶出させる。ZZ-BNCを含む画分は，3.3.1②記載の方法で同定し，濃縮，ろ過する。

④ ゲルろ過クロマトグラフィー（Sephacryl-S500 HR; カラム径1.6×60 cm）をPBS(-)で平衡化し，サンプル（約5 mL）を流速0.5 mL/minで負荷し，5 mLずつ溶出させる。ZZ-BNCのみを含む画分は，3.3.1②記載の方法で同定し，濃縮，ろ過する。

⑤ 3.3.1④記載の方法で，精製ZZ-BNCの粒子径が標準値（約50 nm，PDI約0.2）に合致することを確認する。タンパク質濃度を測定し，凍結乾燥した後，精製ZZ-BNC標品として-25℃で保存する（少なくとも1年は安定）。上記の方法に従えば，培養液1LあたりZZ-Lタンパク質発現酵母菌体が湿重量約25 g回収され，最終的にタンパク質量約2.5 mgのZZ-BNCが生産可能である。

3.3.6 抗体提示蛍光標識ZZ-BNCの調製[18]

① 凍結乾燥ZZ-BNC（タンパク質量として1 mg）に，NHS標識Cy5蛍光分子（Cy5 NHS Ester Mono-reactive Dye Pack, GE Healthcare）バイアル1本を蒸留水1 mLで溶解したものを混合し，室温で1時間反応する。ゲルろ過カラム（PD MidiTrap G-25）をPBS(-)でセミドライ状態にした後，3.3.4③記載の方法で未標識Cy5を除去し，Cy5標識ZZ-BNCを得る。Cy5標識ZZ-BNC（タンパク質量として5 μg）をPBS(-) 50 μLに希釈し，標的分子特異的抗体（本稿ではマウス樹状細胞の細胞表層マーカー分子CD11cを標

第4章 カプセル

的化する；Armenian hamster monoclonal anti-CD11c IgG(clone N418)(Miltenyi Biotech)；1 μg)を加え，クロスリンカーBS^3 を終濃度 50 μM になるように添加し，室温で 1 時間反応した後，glycine(pH 7.5)を終濃度 100 μM になるように添加して反応を停止させ，抗 CD11c 抗体提示 Cy5 標識 ZZ-BNC を得る．この時，3.3.1④記載の方法で粒子径が標準値（約 60 nm，PDI 約 0.2）に合致することを確認する．

② BALB/c マウス（メス，6 週齢；日本 SLC）の尾静脈に，3.3.2②記載の方法に従って，抗 CD11c 抗体提示 Cy5 標識 ZZ-BNC（タンパク質量として 10 μg）を接種する．40 分後，麻酔下でマウスから心臓，肺，腎臓，肝臓，脾臓を摘出し，凍結切片を作製して蛍光顕微鏡で観察し，抗 CD11c 抗体提示 Cy5 標識 ZZ-BNC が脾臓に有意に蓄積していることを確認する．

③ 2 mg/mL collagenase D を含む PBS(-)に摘出した脾臓を浸し，GentleMACS dissociator (Miltenyi Biotech) を用いて脾細胞を単離する．FcR Blocking Reagent および anti-CD11c IgG(clone N418)標識磁性ビーズを用いた MACS (Miltenyi Biotech) により，純度 80% 以上の CD11c$^+$ 細胞を精製し，マウス脾臓由来樹状細胞（DC）とする．約 5.0×10^6 細胞の DC を含む MACS buffer (Miltenyi Biotech) 190 μL と anti-CD11c-FITC (clone N418) (Miltenyi Biotech) 10 μL を混合し，4℃で 30 分間反応させ，MACS buffer で 3 回洗浄した後，フローサイトメーター（FACSCanto II (BD)）を用いて前方/測方散乱光（線形）および FITC（励起 488 nm，蛍光 520 nm）/Cy5（励起 633 nm，蛍光 670 nm）（対数）を測定し，全 DC の約 60% 以上に抗 CD11c 抗体提示 Cy5 標識 ZZ-BNC が送達されていることを確認する．

3.3.7　抗体-抗原提示 ZZ-BNC の調製[22]（松尾ら，未発表）（図 4）

① 凍結乾燥 ZZ-BNC（タンパク質量として 1 mg）を PBS(-) 2.5 mL で溶解し，Sulfo-SPDP を終濃度 500 μM になるように添加した後，室温で 1 時間反応してピリジルチオール基活性化型 ZZ-BNC を作製する．抗原（本稿では Ovalbumin (OVA；Sigma-Aldrich) をモデル抗原として使用する；2 mg）を PBS(-) 200 μL に添加し，SPDP を終濃度 500 μM になるように添加した後，室温で 30 分間反応する．次に DTT を終濃度 50 mM になるように添加し，室温で 30 分間反応し，スルフヒドリル基活性化型 OVA を作製する．ピリジルチオール基活性化型 ZZ-BNC（タンパク質量として 1 mg）とスルフヒドリル基活性化型 OVA（タンパク質量として 1 mg）を PBS(-) 1 mL に添加し，4℃で 18 時間反応後，脱塩カラム（Zeba Spin Desalting Column, Thermo Fisher Scientific）で精製し，OVA 抗原提示 ZZ-BNC を得る．

② OVA 抗原提示 ZZ-BNC（ZZ-L タンパク質量として 5 μg）を PBS(-) 50 μL に添加し，3.3.6①記載の方法に従って，抗 CD11c 抗体（1 μg）を提示させ，抗 CD11c 抗体・OVA 抗原提示 ZZ-BNC を得る．この時，3.3.1④記載の方法により粒子径およびゼータ電位が標準値（約 70 nm，PDI 約 0.2，約 −30 mV）に合致することを確認する．

③ C57BL/6マウス(メス, 6週齢)へ, 抗CD11c抗体・OVA抗原提示ZZ-BNC(OVAとして10μg)を0, 2, 4週目において尾根部皮下に3回接種する。6週目にマウス尾静脈から採血し, 血清を単離後, 抗OVA抗体価がELISAにより解析し, OVA単剤投与と較べて有意に抗体価が上昇していることを確認する。また, 3.3.6②記載の方法で抗CD11c抗体・OVA抗原提示ZZ-BNCがOVA単剤投与と較べて, 所属リンパ節内DCに有意に集積していることを確認する。さらに, 3.3.6③記載と同様の方法で, 同DCにおいてDC成熟マーカーであるCD80, CD86, CD40の発現(アジュバント活性)や, 血液中のCD8陽性細胞のうちOVA反応性細胞比率(細胞傷害性T細胞誘導能)がOVA単剤投与群と較べて有意に増加していることを確認する。

④ ZZ-BNCは, BNCと同様に3.3.2から3.3.4記載の方法により, ZZ-BNC-リポソーム-遺伝子複合体, ZZ-BNC-リポソーム-蛍光ビーズ複合体, ZZ-BNC-リポソーム(virosome)-薬剤複合体が形成可能で, 任意の標的分子特異的抗体を提示することで, 肝臓以外の様々な臓器や組織へ物質を送達することが可能である。

3.4 応用

BNCまたはZZ-BNCは, (1)RES(細網内皮系)等の生体内異物排除系からの回避機構, (2)免疫系からの回避機構, (3)宿主・組織・細胞に対する厳密な特異的感染能, (4)生体膜との融合活性に基づく細胞内侵入機構(エンドソーム等の細胞小器官からの脱出機構も含む)を併せもつ優れたDDS用ナノキャリアと考えられており, 表1に示すように現在までに様々な応用例が報告されている。また, 図2に示すBNC-リポソーム複合体およびvirosomeは, 従来の他のウイルス(センダイウイルス, インフルエンザウイルス)由来のvirosomeとは大きく異なり, HBV由来の上記4機能を全て備えている。このvirosome作製法は, 代表的な非ウイルス性ナノキャリアであるリポソームにウイルス由来の高度な感染能を付与する方法として大変有望である。さらに, 再標的化用BNC(ZZ-BNC)についても, 抗体のみならず, リガンド, 受容体, 糖鎖, ホーミングペプチドなどの様々な標的化分子を提示することで, 任意の標的化能を付与でき, 様々な薬剤送達に対応できると考えられる。特に, 近年のバイオ医薬品の主流である抗体医薬シーズとの融合は大きく期待される。

BNCは, 30年以上臨床で使用されてきた遺伝子組換え酵母由来HBワクチンとほぼ同じ構造で同様な生産法に基づいており, 毒性や安全性に対する懸念もほぼ解決され, GMPに準拠して医薬品として大量生産することが可能である。現在, BNCに関する出願特許(原特許ベース)は30件以上にのぼり, そのうち約20件は, 日本, 韓国, 米国, 欧州において成立している。今後, BNC技術を活用した新たな創薬研究の発展と共に, HBV以外の様々なウイルスの特性を活かしたBNCが開発されることも期待されている。

第4章　カプセル

文　　献

1) S. Kuroda et *al.*, *J. Biol. Chem.*, **267**, 1953 (1992)
2) H. Yan *et al.*, Elife, **1**, e00049 (2012)
3) A. R. Neurath *et al.*, *Cell*, **46**, 429 (1986)
4) M. Somiya *et al.*, *J. Control. Release.*, **212**, 10 (2015)
5) Y. Itoh *et al.*, *J. Biotechnol.*, **23**, 71 (1992)
6) S. Oess *et al.*, *Gene Ther.*, **7**, 750 (2000)
7) B.E. Eble *et al.*, *Mol. Cell. Biol.*, **7**, 3591 (1987)
8) I. Rodríguez-Crespo *et al.*, *J. Gen. Virol.*, **76**, 301 (1995)
9) M. Yamada *et al.*, *J. Control. Release.*, **160**, 322 (2012)
10) T. Yamada *et al.*, *Nat. Biotechnol.*, **21**, 885 (2003)
11) J. Jung *et al.*, *J. Control. Release.*, **126**, 255 (2008)
12) Q. Liu *et al.*, *Int. J. Nanomedicine*, **10**, 4159 (2015)
13) T. Kasuya *et al.*, *Methods Enzymol.*, **464**, 147 (2009)
14) B. Nilsson *et al.*, *Protein Eng.*, **1**, 107 (1987)
15) Y. Tsutsui *et al.*, *J. Control. Release.*, **122**, 159 (2007)
16) M. Iijima *et al.*, *Biomaterials*, **32**, 1455 (2011)
17) M. Iijima *et al.*, *Sci. Rep.*, **2**, 790 (2012)
18) H. Matsuo *et al.*, *Int. J. Nanomedicine*, **7**, 3341 (2012)
19) N. Kurata *et al.*, *J. Biochem.*, **144**, 701 (2008)
20) J. Jung *et al.*, *Protein Expr. Purif.*, **78**, 149 (2011)
21) Y. Barenholz *et al.*, *J. Control. Release.*, **160**, 117 (2012)
22) T. Miyata *et al.*, *Microbiol. Immuno.*, **57**, 470 (2013)
23) Y. Iwasaki *et al.*, *Cancer Gene Ther.*, **14**, 74 (2007)
24) Y. Matsuura *et al.*, *Eur. Surg. Res.*, **46**, 65 (2011)
25) M. Somiya *et al.*, *Bioorg. Med. Chem.*, **20**, 3873 (2012)
26) D. Yu *et al.*, *FEBS J.*, **272**, 3651 (2005)
27) H. Hamada *et al.*, *Clin. Med. Insights Womens Health*, **6**, 71 (2013)
28) T. Shishido *et al.*, *Bioorg. Med. Chem. Lett.*, **20**, 5726 (2010)
29) Y. Nishimura *et al.*, *J. Nanobiotechnology*, **11**, 19 (2013)
30) Y. Nishimura *et al.*, *J. Nanobiotechnology.*, **12**, 11 (2014)
31) T. Kasuya *et al.*, *Hum. Gene Ther.*, **19**, 887 (2008)

第4章 カプセル

4 高分子中空ナノカプセル PICsome の作製法とその活用

岸村顕広*

4.1 はじめに

　分子の自己組織化を用いて作製する中空粒子『ベシクル』は，内部に水相などの液相を保持することができるため，ソリッド状の担体とは性質を異にする薬物担体としてその応用に注目が集まっている。代表的な例として，両親媒性の脂質の二分子膜形成により作製するリポソームがある（本書においては，第一章参照）。一方で，1995年，A. Eisenberg らが両親媒性のブロック共重合体を用いて高分子型ベシクルを最初に報告して以降[1]，ポリマーを用いてベシクルを作製する技術も発展してきた（ポリマーソームと呼ばれる；図1)[2~5]。これらのリポソーム，および，ポリマーソームは，いずれも疎水性膜が袋状に閉じてできるカプセルであり，よく似た性質を持つ。例えば，膜の物質透過性という観点では基本的に水溶性分子は透過しづらく，またそのチューニングは必ずしも容易ではないため，現在でも種々の開発が進められている[6~8]。従って，

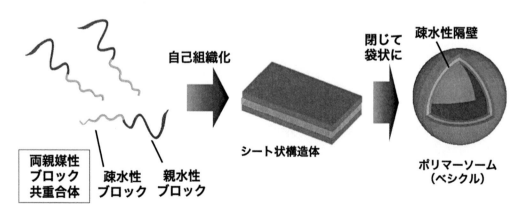

図1　両親媒性ブロック共重合体を用いたベシクル形成の概念図

---

* Akihiro Kishimura　九州大学大学院工学研究院　応用化学部門（分子）；
　　　　　　　　　　分子システム科学センター　准教授

第4章　カプセル

いわゆる親水性－疎水性に頼らずに膜を作製し、ベシクルへと導くことができれば、新しい性質を持つ中空カプセルを作り出すことができる。ここでは、静電相互作用に基づくブロック共重合体の自己組織化により作製する中空カプセルの中で、特に筆者らが開発を進めるポリイオンコンプレックス型ベシクル PICsome の基本的な作製原理とその方法、およびその活用法について紹介させていただく。

　静電相互作用に基づくポリマーの自己組織化は、通常、いわゆる高分子電解質、つまり、多数の負電荷を有するポリアニオンと多数の正電荷を有するポリカチオンを用いて行われる。これらのポリマーが、多価の静電相互作用で集合化し、分子集合体を形成する。この方法論の最大の特徴は、水溶液どうしを混合するだけ、というその作製プロセスの簡便さにある。この時に得られる分子集合体をポリイオンコンプレックス（PIC）という。筆者らは PIC 構造体のナノスケールレベルでの制御に関する研究を進めており、ベシクルに限らず、多孔体など種々のナノスケールにおける構造制御を達成している[9]。それでは実際の構造制御はどのように行うのか？そのカギは、ブロック共重合体の利用にある。筆者らは、ポリアニオン、ポリカチオンという荷電連鎖に加えて、非荷電の水溶性ポリマーであるポリエチレングリコール（PEG）を有するブロック共重合体をよく用いているが、得られたポリマー集合体における PEG の含有量が、構造制御の決め手となることを見出している[9~12]。図2に示すように、PIC 形成が進むにつれて荷電連鎖に連結された PEG が PIC 周囲に集められる。一般的に、異なる種類のポリマーは交じり合わない性質が強いため、PIC 周囲に集められた PEG 鎖は PIC と相分離して集積することになる。従って、

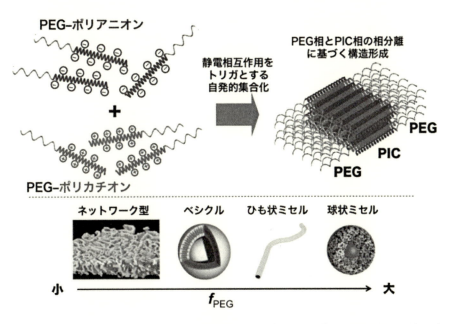

図2　ブロック共重合体を用いた PIC の形成概念図（上段）、f_{PEG} に基づく構造制御の例（下段）

PICの周囲をどの程度PEGが覆えるか，で得られる構造が決まる。言い換えれば，PEGがなければ無秩序かつ無限に凝集が進むであろうPICに対し，PEGを間に差し込むことによって会合数を規制するのである。すなわち，PIC上のPEG量が十分大きい場合，PICの会合は抑制され，小さい場合は，会合が促進される方向に進む。この時，PEG鎖の排除体積とPIC部の体積のバランスを制御しておき，シート状（ラメラ）構造が形成されるようにしておくと，やがて膜が閉じてベシクルとなる（図1のプロセスと同様）。こうして，水溶液の混合のみによりベシクルが自発的に形成されるが，筆者らはこれをPICsomeと名付けた。例えば，図3に示すPEG-b-ポリアニオン（bPA）・ホモポリカチオン（PC5）の組み合わせではPEGの重量分率（f_{PEG}）がおよそ8%程度であり，PICsomeを形成できる。ベシクル形成のためのf_{PEG}の閾値はポリマーの構造にも依存するが，ポリアミノ酸型の荷電連鎖では概ね$f_{PEG} \leq 10\%$が標準的のようである。次に，得られるPICsomeの構造であるが，図3のTEM画像に示すように，ユニラメラ型のベシクルをサイズの揃った形で得ることができる。この例では，100-400 nmの直径で連続的に変化させることができ，基本的に用いるポリマーの濃度に応じて粒径を制御することができる[11,13]。なお，図3の例ではアニオン性ポリマーの方だけがブロック共重合体となっているが，f_{PEG}の制御をもとに双方の荷電性ポリマーがブロック共重合体であっても，ベシクルが形成されることを確認している（論文未発表内容）。また，ポリカチオンの構造を変えることで（図3のPC8），より小さな粒径のPICsome（直径約60 nm）を作製することが可能である[14]。この時，結果的に生じたベシクルは生体適合性のPEG鎖で覆われることになり，あらかじめPEG化されたキャリアとなる（図3）。また，詳しくは後述するが，内水相に水溶液の状態で被送達物質を搭載できる。さらに，PICからなるベシクルの隔壁は物質透過性を有しており，この点が疎水性の隔壁からなるリポソームなどと大きく異なる点である。特に，分子量が大きい物質は透過させず，比較的分

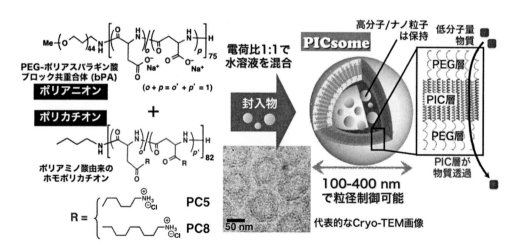

図3 PICsome用荷電性ポリマーの例(左)とPICsomeの概念図(右)，典型的なPICsomeのクライオ位相差電顕画像(中央)

第4章　カプセル

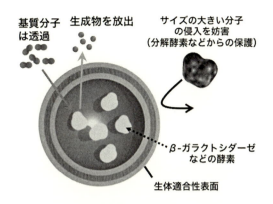

図4　PICsome型ナノリアクターの概念図

子量の小さい物質を透過させる半透過性を有しており，従って，内部に酵素などを封じ込めておき，外側から基質をフィードして内部で反応をさせ，生成物を外部に放出するナノリアクターシステムを構築することも可能である（図4）[14]。その一方で，封入物を消化酵素などから保護することもできる[14,15]。次頁では，PICsomeの具体的な作製手法を紹介することとし，性質の詳細については，応用の項目で述べる。

4.2　材料および試薬

- PEG-b-ポリアニオン*（PEG-b-poly($α,β$-aspartic acid)；bPA；図3）：PEGの分子量約2,000，荷電連鎖の重合度75
- ホモポリカチオン*（poly([5-aminopentyl]-$α,β$-aspartamide；PC5；図3）：荷電連鎖の重合度82
- 1-Ethyl-3-(3-dimethylaminopropyl) carbodiimide, hydrochloride（EDC）：架橋剤
- 10 mM リン酸バッファー（pH 7.4，以下，PB）
- 被封入物質のバッファー溶液（デキストラン，タンパク質，リゾビスト®など）

器具・機器：マイクロピペット，マイクロチューブ（あるいは，遠沈管），スピン型限外ろ過ユニット（分画分子量300,000），ボルテックスミキサー，遠心分離器

---

* bPAおよびPC5は，ともに事前に合成したものを用いた。詳しい合成法は，参考文献11，12，14などを参照されたい。なお，ホモポリカチオンについては，市販のpoly(L-lysine)を用いても作製可能であることを確認している。

4.3 実験操作（図5）

4.3.1 直径100 nmのPICsome作製

①：bPAおよびPC5をそれぞれPBに1 mg/mLとなるように溶解させた。次に，室温にてポリカチオン，ポリアニオンの溶液中の荷電がつりあうように混合量を決め，混合した。この時，全体が均一に撹拌されるように注意を払い，ボルテックスミキサーを用いて2分間撹拌した。

ここで作製したPICsomeは，bPAとPC5が1分子ずつ会合した1対の単位PIC（ユニットPIC；uPIC；後述の図6参照）が組み上がってできる構造物であると考えられており，均一な粒径のベシクルを得るためには，均一な撹拌混合が必要となる[**, 16]。そのため，粒径はuPICの重量濃度と相関があり，1 mg/mLの場合には平均粒径100 nmのPICsomeを得ることができる。なお，このbPAとPC5の組み合わせにおいては，全ポリマー濃度と粒径の二乗の値との間に線形の関係が成り立つ[11]。

②：得られたPICsome溶液にbPAに含まれるカルボキシル基量に対して10当量のEDC（10 mg/mLのPB溶液）を加え，一晩静置した。後述の通り，このタイプのPICsomeは機械的な力によりuPICへ解体させることができるが（図6），EDCのような水溶性縮合剤を用いることでPICを形成しているカルボキシル基と一級アミン間に化学架橋を施すことが容易にでき，

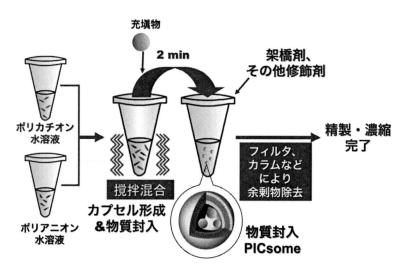

図5 PICsome作製手順の概要
PICsome架橋後にPIC膜自身，あるいは封入物への化学修飾も可能。

** 筆者らの経験によると，どのような撹拌が必要かは用いるポリマーの組み合わせにより異なるようである。上述のようにミキサーによる十分な撹拌が必要な場合もあれば，ピペッティングのみで均一粒径のものが得られる場合もある。

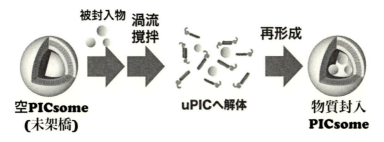

図6　uPIC への解体を利用した物質封入手法の概念図

力学的な強度の向上や生理条件での安定性向上が可能である。十分な架橋後は，濃縮も可能であり，また，凍結乾燥にも耐性があった。
③：架橋反応後の溶液をスピン型限外ろ過ユニット（分画分子量 300,000）にて精製し，余剰ポリマーや EDC の反応後残留物を除去し，架橋 PICsome を単離した。

4.3.2　物質封入 PICsome の作製

①：被封入物の荷電が PIC 形成に影響を与えるほど強くない場合，例えば，デキストランなどの中性高分子の場合，4.3.1（①）のステップで同時に混合することで確率的に PICsome 内部への封入が可能であった。以降も 4.3.1 と同様に進めることで物質封入架橋 PICsome を単離・精製することができた。

②：一方，被封入物の荷電が強く PIC 形成に影響を与える場合は，まず空の未架橋 PICsome を作製した。次に，荷電のある被封入物，例えば β-galactosidase の場合，β-galactosidase の PB 溶液（1 mg/mL）を作製した後，4.3.1（①）の方法により事前に作製した空の PICsome 溶液に所定量を混合し，2 分間ボルテックスミキサーにより撹拌混合した***。4.3.1（②）の操作後，4.3.1（③）にならって精製し，β-galactosidase 封入架橋 PICsome を単離した。

　PICsome は物理的な力を用いた撹拌混合により uPIC へと解体させられると考えられており，生じた uPIC については，被封入物との相互作用が抑えられるらしい。その結果，荷電性物質共存下であっても PICsome の再形成が非存在下と同様に起き，再形成反応時に内部空間への物質封入が可能になると考えられている（図6）[14]。

4.3.3　担がんマウスへの投与

①：マウス体内への投与を行う場合，定量や可視化を容易にするために，bPA の N 末端に Cy5 を標識したものを PICsome 作製に利用した。この時，PICsome 形成後に Cy5 が濃度消光しない程度の割合で，Cy5 標識 bPA と無標識 bPA を混合して用いた。
②：BALB/c nude マウスにあらかじめ培養した murine colon 26 adenocarcinoma cell を皮下移植し担がんマウスを作製した。移植 14 日後，作製した PICsome 溶液 200 μL を尾静脈投与した。

***　酵素溶液の添加をボルテックス混合終了直前に行うと，失活や凝集を防ぎやすいようである。

血漿中の濃度推移を測定したところ，96時間後でも投与量の10%程度が残存していた．この時，皮下移植腫瘍への選択的集積が確認できた[11,13]．

③：4.3.2（②）の方法を用いてMRI造影剤（超常磁性酸化鉄ナノ粒子；リゾビスト®）封入PICsomeを作製し，4.3.3（②）と同様に担がんマウスに投与したところ，PICsome型造影剤投与後24時間で$4\,\mathrm{mm}^3$程度の微小がんを検出することができた[17]．

4.4 応用

4.4.1 物質透過性の調節と物質封入法のさらなる展開

前述の通り，PICsomeは外力に応答して基本コンポーネントに解体させることができる一方で，容易に化学架橋することもできる．前者の特徴を生かして，封入対象物が拡大されることについては4.3.2（②）で述べたとおりである．この手法により，多糖類[10,11]やタンパク質[14,15]，磁性ナノ粒子[17]，光増感剤[20]などの封入に成功している．また，後者を生かすと，PIC膜の物質透過性をこの化学架橋により調整することが可能である[11,18]．例えば，前出の粒径100 nmのPICsomeは，分子量約1万のデキストランを保持した後に徐放する機能を持つが，化学架橋により放出を止めることができる．この時，放出抑制の程度は，架橋度に依存するものと考えられる．その一方で，膜の架橋のみならず，PIC内に残存するアミノ基やカルボキシル基を足場とした事後的な機能修飾も可能であることを見出しており，現在その活用法を検討中である．また，用いるポリマー側鎖の疎水性を高めることで，PICsomeの温度や塩濃度上昇に対する耐性の向上や[14]，予備的検討ではあるが物質透過性の抑制にも寄与することを見出している．

さらなる応用として，あらかじめ部分的に架橋したPICsomeを作製し，これを対象薬物の濃厚溶液などに浸漬することで高濃度の薬物溶液を内部に浸透させ，さらに追加架橋することで内部保持することもできる[18]．被封入物溶液のイオン強度や粘度が高い場合にも，この手法は有効と考えられる（高いイオン強度や粘度はPICの会合に影響を与える可能性があり，所定の粒径のベシクルを得るのが困難な場合がある）．また，メソポーラスシリカナノ粒子などの薬物担体をPICsome内部に封入しておき，内部のシリカ粒子表面を修飾することで薬物吸着能を事後的に制御することが可能であることも見出している[19]．このように，既に架橋を施したものを事前に大量に作っておき，濃縮しておくことで，物質封入プロセスの効率化をはかることができると考えられる．一方で，スケールアップに向けては，ポリマー混合プロセス，精製プロセスの開発が鍵となると考えられる．

4.4.2 がん治療などへの応用に向けて：ナノ病態生理学

前述の通り，PICsomeは化学架橋を容易に施すことができ，その結果，生体内条件での安定性を高めることができる．また，PICsome表面に配置されたPEG鎖の効果もあいまって，4.3.1の手法で架橋したPICsomeは，4.3.3（②）に示した通り非常に良好な血中滞留性を示すが，無架橋のものは1時間以内に血中から消失してしまう[11]．実用に向けては，体内からのクリアラン

スが早すぎない一方で，体内に残りすぎない程度のチューニングを行うことが課題になると考えられる。さらに，架橋 PICsome はその粒径に依存して血中循環性や皮下移植腫瘍への集積能が変化した。特に，粒径 150 nm のものが優れた血中滞留性を示し，また，粒径 150 nm 以下のものが良好な腫瘍集積を示した。この腫瘍集積はいわゆる Enhanced Permeability and Retention（EPR）効果で説明されるものである。一方で，脾臓への集積は直径 200 nm 以上の PICsome で顕著であり，これは脾臓マクロファージの取り込みや脾洞のフィルタ効果などに由来していると考えられる。これは，直径 150 nm 以下の PICsome が最も優れた血中循環を示すことと矛盾しない。このように，生体内に潜む構造的・物理化学的な特徴を，連続的に粒径などの物性を制御できる材料を用いて分析することが可能と考えられる。筆者らは，このような解析を通じて難治性疾患の新たな治療法の指針を探る営みを，ナノ病態生理学（nano-pathophysiology）と位置づけて研究を続けている[21]。

現在，PICsome を用いた治療システムの開発が種々進められているが，カプセルの物質透過性を生かした酵素封入 PICsome の活用が興味深い。図 4 に示す作用を，患部に送達した後に起こすことで，患部にてプロドラッグを活性化させる治療法（酵素－プロドラッグ療法），あるいは，病態を誘導する分子を分解することによる生体解毒（biodetoxification）への応用などが考えられる。いずれも筆者を含む研究グループにて開発を進めているが，小動物を用いた実験において抗腫瘍効果を確認したものもある[19]。今後の展開が最も期待される手法である。

4.4.3 ジャイアントベシクル作製への応用

ここまでの PICsome は，主として 100 nm 前後の粒径のものであったが，最近，筆者らは，ミクロンスケールの PICsome の作製法についても検討を進めている。これは，主にポリカチオンとポリアニオンからなるコアセルベート（濃厚液滴）を基にしてベシクルを作製する手法であるが，1 つの液滴に近赤外線レーザーを照射して 1 つの巨大ユニラメラベシクルへ変換する方法[22]，あるいは，急激な塩濃度の低下にともなって複数のコアセルベートを同時に巨大ベシクルへ導く方法[18]などを開発している。現時点では粒径が制御できるレベルまで来ていないが，後者ではベシクル内部へ抗体などの生体高分子を導くことにも成功しており，この方法論をさらに発展させることで，タンパク質封入マイクロカプセルを大量かつ連続的に製造することが可能になるのではないかと期待している。

文　献

1) I. Zhang, A. Eisenberg, *Science*, **268**, 1728–1731 (1995)
2) A. Blanazs, S. P. Armes *et al.*, *Macromol. Rapid Commun*, **30**, 267–277 (2009)
3) F. Meng, Z. Zhong *et al.*, *Biomacromolecules*, **10**, 197–209 (2009)

4) J. S. Lee, J. Feijen, *J. Control. Rel.*, **161**, 473-483 (2012)
5) A. Najer, D. Wu, D. Vasquez, C. G. Palivan, *Nanomedicine*, **8**, 425-447 (2013)
6) F. Ahmed, R. I. Pakunlu, A. Brannan, F. Bates, T. Minko, D. E. Discher, *J. Control. Rel.*, **116**, 150-158 (2006)
7) M. Spulber, A. Najer, K. Winkelbach, O. Glaied, M. Waser, U. Pieles, W. Meier, N. Bruns, J. *Am. Chem. Soc.*, **135**, 9204-9212 (2013)
8) X. Wang, G. Liu, J. Hu, G. Zhang, S. Liu, *Angew. Chem. Int. Ed.*, **53**, 3138-3142 (2014)
9) A. Wibowo, K. Osada, H. Matsuda, Y. Anraku, H. Hirose, A. Kishimura, K. Kataoka, *Macromolecules*, **47**, 3086-3092 (2014)
10) A. Kishimura, *Polymer J.*, **45**, 892-897 (2013)
11) Y. Anraku, A. Kishimura, M. Oba, Y. Yamasaki, K. Kataoka, *J. Am. Chem. Soc.*, **132**, 1631-1636 (2010)
12) S. Chuanoi, W.-F. Dong, A. Kishimura, Y. Anraku, K. Kataoka, *Polymer J.*, **46**, 130-135 (2014)
13) Y. Anraku, A. Kishimura *et al.*, *Chem. Commun.*, **47**, 6054-6056 (2011)
14) S. Chuanoi, Y. Anraku, M. Hori, A. Kishimura, K. Kataoka, *Biomacromolecules*, **15**, 2389-2397 (2014)
15) A. Kishimura, A. Koide *et al.*, *Angew. Chem. Int. Ed.*, **46**, 6085-6088 (2007)
16) Y. Anraku, A. Kishimura, Y. Yamasaki, K. Kataoka, *J. Am. Chem. Soc.*, **135**, 1423-1429 (2013)
17) D. Kokuryo, Y. Anraku, A. Kishimura, A. Tanaka, M.R. Kano, J. Kershaw, N. Nishiyama, T. Saga, I. Aoki, K. Kataoka, *J. Control. Rel.*, **169**, 220-227 (2013)
18) H. Oana, M. Morinaga, A. Kishimura, K. Kataoka, M. Washizu, *Soft Matter*, **9**, 5448-5458 (2013)
19) 片岡一則, 岸村顕広, 安楽泰孝, 後藤晃範, 物質内包ベシクル及びその製造方法, WO 2014133172 A1 (2014)
20) H. Chen, L. Xiao, Y. Anraku, P. Mi, X. Liu, H. Cabral, A. Inoue, T. Nomoto, A. Kishimura, N. Nishiyama, K. Kataoka, *J. Am. Chem. Soc.*, **136**, 157-163 (2014)
21) C. Horacio, K. Miyata, A. Kishimura, *Adv. Drug Deliv. Rev.*, **74**, 35-52 (2014)
22) H. Oana, A. Kishimura, K. Yonehara, Y. Yamasaki, M. Washizu, K. Kataoka, *Angew. Chem. Int. Ed.*, **48**, 4613-4616 (2009)

第4章　カプセル

5　ウイルス由来ペプチドの自己集合による ナノカプセル

松浦和則*

5.1　はじめに

　ウイルスは，棒状もしくは球状の形態のナノメートルサイズの生体超分子であり，タンパク質の殻（キャプシド）の内部に核酸（DNA または RNA）を内包した構造をとっている。タバコモザイクウイルスなどの棒状ウイルスのキャプシドは，核酸の周囲にタンパク質が規則的にらせん状に自己集合することで構築されている。一方，球状ウイルスのキャプシドは，正20面体対称性を有するタンパク質集合体であり，複数の二回・三回・五回対称軸を持っており，タンパク質が規則的に 60 の倍数個自己集合して構築されている。タンパク質の四次構造形成（自己集合）により構築されるウイルスキャプシドは，一義的なサイズ・空間・会合数を有する大変魅力的な生体分子材料であることから，本来内包されているウイルスのゲノム核酸を取り除き，薬物を内包することでドラッグデリバリーシステムのキャリヤー材料としての利用が注目されている。また，ナノマテリアルの内包・輸送や反応場としての利用も盛んに行われている。例えば，ササゲクロロティックモットルウイルス（CCMV）などの天然の球状ウイルスから核酸を取り出したキャプシド内部への遺伝子治療用核酸，抗癌剤，緑色蛍光タンパク質，酵素，合成高分子，無機微粒子などの内包が報告されている[1,2]。このように，天然のウイルスキャプシドをそのまま，もしくは部分改変したものをナノカプセル材料として利用することは可能となってきているが，ドラッグデリバリーシステム用の材料として用いるには，毒性・免疫原性などの安全性の面での問題がある。また，天然ウイルスキャプシドの生産には，宿主への感染・増殖を行ったり，ウイルスゲノムを大腸菌内で大量発現したりする必要がある。完全化学合成によりウイルス類似構造を構築できれば，分子設計の自由度が拡がり，様々な機能性ナノカプセルをより簡便かつ大量に生産できるようになると思われる。

　近年，人工的に改変・化学修飾したタンパク質やペプチドの自己集合により，棒状・リング状・カプセル状などの様々な形態のナノ構造体の構築が可能になってきている[3]。例えば，Yeates らは，二量体形成タンパク質サブユニットと三量体形成タンパク質サブユニットを連結

---

*　Kazunori Matsuura　鳥取大学　大学院工学研究科　教授

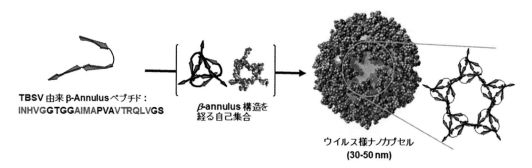

図1 トマトブッシースタントウイルス（TBSV）由来 β-Annulus ペプチドの自己集合によるウイルス様ナノカプセルの形成の模式図

した融合タンパク質を創製し，これらが自己集合することで，四面体構造や立方体構造をもつタンパク質集合体の構築に成功している[4~6]。本稿では，筆者らが開発したトマトブッシースタントウイルス（TBSV）の内部骨格形成に関与している β-Annulus ペプチドの自己集合により形成されるウイルス様ペプチドナノカプセルの構築とその応用について解説する[7~10]。球状の植物ウイルスの一種である TBSV のキャプシドは，化学的に等価な180個のタンパク質の自己集合により形成され，正20面体対称性を有する直径33 nm のナノカプセル構造である[11]。1個のキャプシドタンパク質は，388残基のアミノ酸から構成されており，N末端側の1-68残基がRNA結合ドメイン，69-92残基が内部骨格を形成ドメイン，93残基以降がキャプシド表面に露出する領域である。X線結晶構造解析によると，この内部骨格は正12面体構造を有しており，Ile^{69}-Ser^{92} の24残基のペプチド配列が形成する β-Annulus モチーフと呼ばれる三回対称性の二次構造の粘着端同士が互いに相互作用して形成されている（図1）。筆者らは，他のタンパク質ドメインが無くても，この24残基のペプチド（INHVGGTGGAIMAPVAVTRQLVGS）だけで自己集合し，ウイルス様の構造を自発的に形成できるのではないかという仮説を立て，24残基 β-Annulus ペプチドを完全化学合成し，その自己集合特性を解析した。その結果，β-Annulus ペプチドが水中で 30-50 nm の中空のナノカプセルを形成することを見出した[7]。以下にその詳細について述べる。

5.2　材料および試薬

- Fmoc アミノ酸導入樹脂：Fmoc-Ser(tBu)-Alko-PEG-resin（渡辺化学工業）
- Fmoc アミノ酸：Fmoc-Ile-OH, Fmoc-Asn(Trt)-OH, Fmoc-His(Trt)-OH, Fmoc-Val-OH, Fmoc-Gly-OH, Fmoc-Thr(tBu)-OH, Fmoc-Ala-OH, Fmoc-Met-OH, Fmoc-Pro-OH, Fmoc-Arg(Pbf)-OH, Fmoc-Gln(Trt)-OH, Fmoc-Leu-OH（いずれも渡辺化学工業）
- 縮合剤：2-(1H-Benzotriazole-1-yl)-1,1,3,3-tetramethyluromium hexafluorophosphate（HBTU）

または 1-[Bis(dimethylamino)methylene]-1*H*-1,2,3-triazolo[4,5-b]pyridinium 3-oxid hexafluorophosphate(HATU)または(1-Cyano-2-ethoxy-2-oxoethylidenaminooxy)dimethylaminomorpholinocarbenium hexafluorophosphate(COMU)を使用する（いずれも渡辺化学工業）。HTAU，COMU は縮合効率が高いが，比較的高価である。HBTU を用いる際には縮合促進剤・ラセミ化防止剤として HOBt(1-Hydroxybenzotriazole)を併用する。

- 合成溶媒：Dimethylformamide(DMF)，*N*-Methylpyrrolidone(NMP)（いずれも渡辺化学工業）
- 中和剤：*N,N'*-Diisopropylethylamine（DIPEA，渡辺化学工業）
- Fmoc 基脱保護試薬：Piperidine（渡辺化学工業）
- アミノ基の定性試験：TNBS テストキットまたはクロラニルテストキット（いずれも東京化成）
- 脱保護・脱樹脂試薬：Trifluoroacetic acid（TFA，東京化成），1,2-Ethane diol（EDT，渡辺化学工業），Triisopropylsilane（TIPS，渡辺化学工業），Thioanisole（東京化成），イオン交換水
- MALDI-TOF-MS のマトリックス：*α*-cyano-4-hydroxycinnamic acid（*α*-CHCA，和光純薬）
- 逆相 HPLC 移動相溶媒：HPLC 用 Acetonitrile（関東化学），Trifluoroacetic acid（TFA，東京化成），イオン交換水
- 色素：Sodium 8-anilino-1-naphthalenesulfonic acid（ANS，Sigma），Uranine（Fluorescein，和光純薬），Congo Red（和光純薬），Methyl Orange（和光純薬），Pyrogallol Red（大和化工），Rhodamine 6G（大和化工），Crystal Violet（和光純薬），Methylene Blue（和光純薬），Thioflavin T（Aldrich）
- M13 phage DNA：M13 mp18 RF DNA（7249 bp，TaKaRa Biotechnology）
- 透析キット：Mini Dialysis Kit 1 kDa cut-off（GE ヘルスケア）

5.3 実験操作

5.3.1 *β*-Annulus ペプチド固相合成

24 残基 *β*-Annulus ペプチドは，Fmoc（fluorenylmethyloxycarbonyl）固相法により，手動（マニュアル合成）またはペプチド自動合成機を用いて合成できる。以下にマニュアル合成の場合の手順を示す。

① プラスチック製カラムに，*β*-Annulus ペプチド配列の C 末端の Fmoc-Ser が導入された樹脂（130 mg，アミノ酸の量：0.0313 mmol）を入れ，NMP を 2 mL 加え，1 時間撹拌して膨潤する。

② ピペリジン：DMF＝20：80 をカラムに 2 mL 加えて 15 分撹拌し，溶液を（吸引ろ過の要領で）除去する。この操作を 2 回繰り返し，NMP で 5 回洗浄する。

③ 少量の樹脂をサンプル瓶中のDMFに懸濁させ，TNBSテストキットを用いて樹脂が赤色に呈色され，脱Fmocされている（アミノ基が存在する）ことを確認する。脱Fmocされていない場合は，操作②を繰り返す。なお，Pro残基は2級アミンであるので，クロラニルテストキットを用いた方が良い。

④ 樹脂状のアミノ酸に対して縮合剤（HBTU/HOBtまたはHATUまたはCOMU）を4等量，DIPEAを8等量となるようにサンプル瓶中のNMP 2 mLに加え溶解させる。それを樹脂の残ったカラムに加え，室温で2時間撹拌する。撹拌後，溶液を取り除き，残った樹脂をNMPで5回洗浄する。

⑤ 少量の樹脂をサンプル瓶中のDMFに懸濁させ，TNBSテストキットを用いて樹脂が赤色に呈色されない（次のFmocアミノ酸が縮合され，アミノ基が存在しない）ことを確認する。赤に呈色した場合，操作④を繰り返す。

⑥ ②～⑤の操作を目的のアミノ酸配列（INHVGGTGGAIMAPVAVTRQLVGS）となるまで繰り返し，最後にN末端アミノ酸の脱Fmoc操作②を行う。

5.3.2 β-Annulusペプチドの脱保護・脱樹脂

氷浴中の30 mLナスフラスコにTFA 2.04 mL，Thioanisole 0.125 mL，イオン交換水0.125 mL，EDT 0.0625 mL，TIPS 0.025 mLを混合し，クリベージカクテルを調製する。このクリベージカクテルに，5.3.1で調製したペプチドが結合した樹脂を加え，室温で6時間撹拌する。溶液を吸引ろ過し，クリベージカクテルを減圧留去する。残渣に*tert*-ブチルメチルエーテルを15 mL加え，遠心分離（2000 rpm, 10 min）により，ペプチドを沈殿させ，上澄み液を取り除く。この操作を3回行った後，凍結乾燥によりペプチドの白色粉末を得る。マトリックス支援レーザー脱離イオン化-飛行時間質量分析（MALDI-TOF-MS, matrix: α-CHCA）により，目的のβ-Annulusペプチドの分子量2304に相当するピークの存在を確認する。脱保護が不十分なβ-Annulusペプチドが多く残っている場合には，クリベージカクテルを用いて再度脱保護，再沈殿操作を行う。

5.3.3 β-Annulusペプチドの精製

5.3.2で調製した粗生成ペプチドを逆相高速液体クロマトグラフィー（HPLC）により精製する。注入試料は，粗生成ペプチドを0.1% TFA入りの水/DMFの混合溶媒で溶解させたものとする（溶解しにくい場合には超音波照射する）。逆相HPLCカラムは，GL Science Inertsil ODS-3やInertsil WP300 C18（4×250 mmもしくは20×250 mm）を用いる。移動相は，0.1% TFA入り水および0.1% TFA入りアセトニトリルとし，アセトニトリル：水＝25:75から35:65までの100分間のリニアグラジェントとする。検出はアミド結合の吸収である220 nmのUV検出器を用いる。逆相HPLCによりペプチドを分取し，MALDI-TOF-MS（matrix: α-CHCA）により，β-Annulusペプチドの分子量2304に相当するピークのみが存在することにより，精製の確認を行う。精製したペプチドは凍結乾燥して粉末状態で冷蔵保存する。

5.3.4 β-Annulus ペプチドの自己集合挙動の解析[7]

精製したβ-Annulusペプチドをイオン交換水，リン酸緩衝液，Tris-HCl緩衝液などに所定濃度となるように溶解させ，自己集合挙動を評価する。ペプチドが溶解しにくい場合は，超音波照射や加熱により溶解させる。ペプチド水溶液の動的光散乱装置（DLS, Malvern社ゼータサイザーNano ZS）により求められる自己相関関数から拡散係数を算出し，Stokes-Einstein の式からペプチド集合体の溶液中での粒径が求められる。β-Annulusペプチドは，25℃の水中で25 μM~6 mMの濃度範囲において，30-50 nm程度の粒径の集合体を形成する（図2）。また，DLS測定から求められる光散乱強度（Count rate）をペプチド濃度に対してプロットすると，ある濃度から急激に散乱強度が増大する折れ線グラフとなり，その屈曲点から，β-Annulusペプチドの25℃水中における臨界会合濃度が25 μMであると求められる（図3）。リン酸緩衝液中

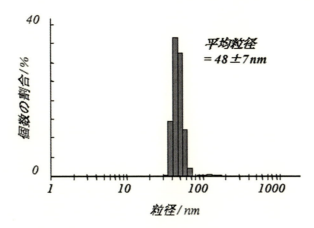

図2 β-Annulus ペプチド（0.1 mM）の自己集合によるペプチドナノカプセルの動的光散乱（DLS）測定による粒径分布

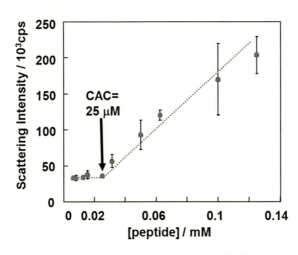

図3 光散乱強度のβ-Annulus ペプチド濃度依存性

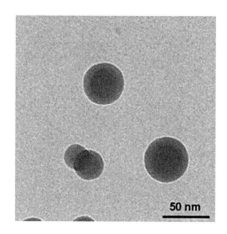

図4 β-Annulusペプチドの自己集合によるペプチドナノカプセルのTEM像（酢酸ウラニルに染色）

やTris-HCl緩衝液中においても同様の粒径のペプチド集合体が形成される。

β-Annulusペプチドから形成される集合体の形態観察は，透過型電子顕微鏡（TEM）もしくは走査型電子顕微鏡（SEM）観察にて可能である。TEMグリッドとしては，親水化処理を施したカーボン蒸着銅メッシュシート（例えば，ALLIANCE Biosystems社製 C-SMART Hydrophilic TEM glidsなど）を用いる。親水化処理をしたものでないと，試料がグリッド上に保持されにくく，集合体が観察されないことが多い。TEMグリッド上に所定濃度のβ-Annulusペプチド水溶液を10 μL程度滴下し，1分間保持した後に液滴をはじいて除去し，染色剤で染色した後，減圧乾燥する。染色剤は，2%酢酸ウラニル水溶液，2%リンタングステン酸水溶液や四酸化ルテニウム蒸気を用いる（ただし，酢酸ウラニルは放射性物質であるので，厳重に管理する必要がある）。また，SEM観察用の基板としては，上記の親水化処理を施したカーボン蒸着銅メッシュシートや劈開マイカ基板を用いる。所定濃度のβ-Annulusペプチド水溶液を滴下した基板を減圧乾燥し，白金を蒸着することでSEM観察することができる。β-Annulusペプチドから形成される集合体のTEMおよびSEM観察により，DLSから求められる粒径30-50 nmとほぼ一致する球状集合体が観察される（図4）。このβ-Annulusペプチドからなる球状集合体が中空であることは，SPring-8の放射光を用いた小角X線散乱（SAXS）測定により確認されている[7]。

5.3.5 ペプチドナノカプセルの表面電位[8]

β-Annulusペプチドが自己集合して形成されるペプチドナノカプセルの表面電位（ζ電位）のpH依存性を測定することにより，ナノカプセルにおけるペプチドの配向を知ることができる。ペプチドナノカプセルのζ電位は，Malvern社製のゼータサイザーNano ZS装置でディスポーザブルゼータセルを用いて電気泳動移動度を測定することにより求められる。pH 2.0, 4.3, 7.0, 11.1, 13.0におけるペプチドナノカプセルのζ電位は，図5のようになり，予想される

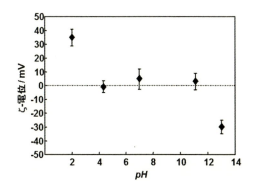

図5　β-Annulusペプチドペプチドからなるペプチドナノカプセルのζ-電位のpH依存性

β-Annulusペプチドの正味電荷とは異なり，pH 2.0 で正の電位，pH 4.3, 7.0, 11.1 で中性の電位，pH 13.0 で負の電位となることがわかる。このペプチドナノカプセルのζ電位のpH依存性は，C末端側の配列（RQLVGS-COOH）がカプセル表面に配向し，N末端側の配列（H_2N-INH）がカプセル内部に配向しているためであると説明できる。この配向性は，元のTBSVのキャプシドの配向性と一致する。N末端側がカプセル内部に配向しているとすると，pH 4.3~7.0 において，カプセル内部はカチオン性環境であると予想される。

5.3.6　ペプチドナノカプセルへのゲスト分子内包[8]

上記のように，β-Annulusペプチドの自己集合によるペプチドナノカプセルは，中性pHにおいてカチオン性の内部空間を有していると考えられるため，内部に様々なゲスト分子を内包することが可能である。pH 7, 25℃におけるペプチドナノカプセルへの低分子量の色素の内包挙動は，Mini Dialysis Kit 1 kDa cut-off（GEヘルスケア）を用いた平衡透析により調べることができる。β-Annulusペプチドの凍結乾燥粉末に色素の水溶液を添加した後，平衡透析し，透析液の吸収スペクトルにより色素濃度を測定することで内包率を定量する。結果として，カチオン性の色素はペプチドナノカプセルにあまり取り込まれず，アニオン性の色素が取り込まれやすい傾向がある（図6）。このことからも，ペプチドナノカプセル内部がカチオン性であることが示唆される。また，興味深いことに，β-シートからなるペプチド繊維構造に結合すると言われているThioflavin Tの場合は，カプセルを崩壊させることがわかっている。

ペプチドナノカプセル内部がカチオン性であると考えられるので，ポリアニオンであるDNAも内包できると考えられる。β-Annulusペプチドの凍結乾燥粉末にM13 phage DNA（7249 bp）の水溶液を添加すると，DLS測定で平均82 nmの複合体形成が確認できる。この複合体を，DNAのみに結合するシスプラチンで染色してTEMすると約30 nmの粒子が観察され，DNAおよびペプチド全体を染める酢酸ウラニルで染色してTEMすると約95 nmの二層構造を有する球状構造が観察される（図7）。このことは，ペプチドナノカプセル内部にDNAが凝縮され内包されたことを意味している。つまり，人工的にウイルス構造を再現したと言える。

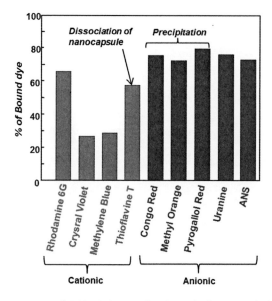

図6 β-Annulusペプチドからなるペプチドナノカプセルへの色素の内包率

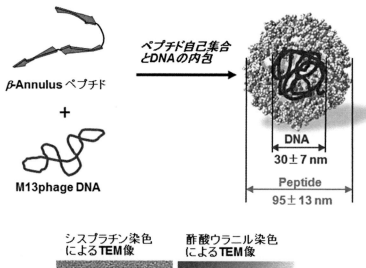

図7 DNAを内包した合成ウイルスキャプシドの構築の模式図とTEM像

5.4 応用

以上のように，TBSV の内部骨格形成に関与している 24 残基 β-Annulus ペプチドの自己集合により，ペプチドナノカプセルを構築でき，色素や DNA を内包することができる。内包する核酸を，遺伝子治療用の核酸（アンチセンス DNA や siRNA など）とすることで，遺伝子治療のためのキャリヤーとしての応用が考えられる。また，β-Annulus ペプチドの N 末端に Ni-NTA 修飾を施すことにより，His タグを有するタンパク質（His-tag GFP など）を内包することも可能である。さらに，蛍光性ナノ粒子として知られる酸化亜鉛ナノ粒子のペプチドナノカプセルへの内包も可能である[9]。カプセル内部に配向している β-Annulus ペプチドの N 末端に，Gly リンカーを介して ZnO 結合ペプチド HCVAHR を付加した 33 残基ペプチドを合成し，このペプチド粉末に ZnO ナノ粒子（10 nm）の水分散液を加えた。その結果，ZnO ナノ粒子が複数集合し，50 nm 程度の凝集体を形成していることが TEM により確認された。この複合体の蛍光スペクトルは，ZnO ナノ粒子のみのスペクトルよりも蛍光強度が増大したため，ZnO ナノ粒子とペプチドの相互作用が示唆された。これらの結果より，ペプチドナノカプセル内部に ZnO ナノ粒子を内包した複合材料が構築でき，バイオイメージングなどへの応用が期待できる。

TBSV キャプシドを構成するタンパク質は全長 388 残基であるが，そのうちの僅か 24 残基のペプチド断片の自己集合により，キャプシド構造を構築できるということから，残りの 364 残基の部分を他のタンパク質やナノ粒子で置き換えても，人工ウイルスキャプシドを構築できるのではないかと考えられる。つまり，ウイルスキャプシドが本来有するタンパク質を他のタンパク質やナノ粒子に「着せ替える」ことできれば，新しいウイルス融合材料を創成できると思われる。例えば，金ナノ粒子が表面修飾された人工ウイルスキャプシドの構築が可能である[10]。β-Annulus ペプチドの C 末端側に Cys を導入したペプチドと金ナノ粒子（5 nm）のコンジュゲートを調製し，自己集合させ，未集合の金ナノ粒子を透析で取り除くと，金ナノ粒子が 30-60 個程度集合した約 50 nm の構造が TEM で観察された（図 8）。また，ζ-電位測定から金ナノ粒

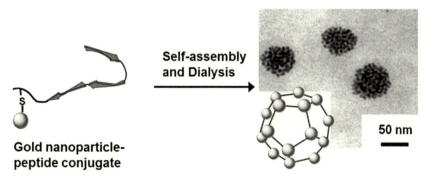

図 8　金ナノ粒子で被覆されたペプチドナノカプセルの創製

子が表面に提示されていることが確認されている。最近，同様の戦略により，ヒト血清アルブミン（HSA）やDNAなどでもペプチドナノカプセルの表面を修飾できることもわかっている。これにより，より毒性や免疫原性の低いドラッグキャリヤーとして応用できる可能性がある。また，ペプチドナノカプセル表面を抗原や免疫活性化核酸（CpGなど）で修飾することにより，人工ワクチンやアジュバントとしての応用も期待できる。

文　　献

1) T. Douglas, M. Young, *Science*, **312**, 873（2006）
2) N. F. Steinmetz, D. J. Evans, *Org. Biomol. Chem.*, **5**, 2891（2007）
3) K. Matsuura, *RSC Adv.*, **4**, 2942（2014）
4) J. E. Padilla, C. Colovos, T. O. Yeates, *Proc. Natl. Acad. Sci., USA*, **98**, 2217（2001）
5) Y. T. Lai, K. L. Tsai, M. R. Sawaya, F. J. Asturias, T. O. Yeates, *J. Am. Chem. Soc.*, **135**, 7738（2013）
6) Y.-T. Lai, E. Reading, G. L. Hura, K.-L. Tsai, Ar. Laganowsky, F. J. Asturias, J. A. Tainer, C. V. Robinson, T. O. Yeates, *Nat. Chem.*, **6**, 1065（2014）
7) K. Matsuura, K. Watanabe, K. Sakurai, T. Matsuzaki and N. Kimizuka, *Angew. Chem. Int. Ed.*, **49**, 9662（2010）
8) K. Matsuura, K. Watanabe, Y. Matsushita and N. Kimizuka, *Polymer J.*, **45**, 529（2013）
9) S. Fujita, K. Matsuura, *Nanomaterials*, **4**, 778（2014）
10) K. Matsuura, G. Ueno, S. Fujita, *Polymer J.*, **47**, 146（2015）
11) C. Branden, J. Tooze, タンパク質の構造入門 第二版, Newton Press（2000）

第4章　カプセル

6　エクソームを用いたDDSキャリア

大野慎一郎[*1]，黒田雅彦[*2]

6.1　はじめに

　細胞から分泌される膜小胞体は，分泌経路，大きさ，構成分子または分泌する細胞の種類によって，エクソソーム（Exosome），マイクロベジクル（Microvesicles），アポトーシス小体（Apoptotic vesicles）等に細かく分類されている[1]。エクソソームは後期エンドソームに由来する40〜100 nmの膜小胞体である。エクソソームの膜表面上に発現する分子は，その受容体を持つ細胞に刺激を与え，また内包されたタンパク質やRNAは，エクソソームを取り込んだ細胞内で機能するなど，多様な性質を有することが明らかになりつつある[2]。エクソソームに内包されたmRNAやmiRNAはesRNA（exosome shuttle RNA）と呼ばれ，各種の体液（血清，唾液，尿等）に含まれるesRNAは各種疾患の早期診断バイオマーカーとして期待されている。同時にこれらは，エクソソームが血液中に存在する酵素に対し安定して核酸を運搬し，離れた細胞に核酸を送達することを示したことから，エクソソームは核酸医薬のキャリアとしても注目されている[3]。本稿では，我々が作製したエクソソームによるDDSを元に，エクソソームの精製法・解析法を紹介する。

6.2　エクソソーム産生細胞の選定

　エクソソームの分泌は，あらゆる細胞で認められる共通の細胞生理現象と考えられるが，エクソソームの膜上の発現分子，内包されているタンパク質や核酸の種類，大きさ，分泌量等は細胞の種類によって大きく異なる。したがって，治療標的および実験の目的に応じて，適したエクソソーム産生細胞を選択する必要がある。エクソソームを構成する分子群は多様であることから，効果および副作用の全てを予測することは現実的ではない。この点でエクソソーム製剤は，精製

---

*1　Shin-ichiro Ohno　東京医科大学　医学部　助教
*2　Masahiko Kuroda　東京医科大学　医学部　主任教授

された単一もしくは数種類のタンパク質で構成される抗体医薬などの生物学的製剤より，免疫細胞療法のような細胞移植治療に近い性質を有しているとも考えられる。しかし，エクソソームは細胞医薬と異なりがん化の心配がないことから，iPS 細胞などを応用した再生治療の実現化と比較すると，はるかに安全性が高い。主な課題は免疫原性にあると考えられるが，エクソソーム産生細胞を自己由来にすることで解決可能である。*in vitro* で増やすことのできる免疫系の細胞もしくは iPS 細胞などが安全性の高いエクソソームの産生細胞として挙げられる。特に樹状細胞（Dendritic Cell）はある程度 *in vitro* で増やすことが可能で，エクソソーム産生能が高いことが知られている。

6.3 標的指向性の付加

エクソソームを尾静脈からマウスの体内へ全身投与すると，その大部分は肝臓へ集積してしまう（図4）。これは肝臓の細網内皮系による浄化作用であり，エクソソームに限らず多くの DDS で認められる現象である。したがって，標的が肝臓でないのであれば，効率良く標的細胞に送達するための工夫（アクティブ・ターゲティング）が必要であると考えられる。我々は，エクソソームを乳がんに効率良く取り込ませるために，乳がんに高発現している EGFR（Epidermal Growth Factor Receptor）を標的とする，エクソソームの開発を行った。EGFR のリガンドとして EGF と人工リガンドである GE11 ペプチドに着目し，これらを膜上に発現するエクソソームを作製した[4]。

6.4 材料および試薬

- HEK293 細胞株（ヒト胎児腎細胞株）（エクソソーム産生細胞として使用）
  HEK293 細胞のエクソソーム産生量は比較的少ない。細胞株樹立の際に導入されたアデノウイルス由来の遺伝子産物の混入も注意する必要がある。
- DMEM（10% 非働化済み FCS, Penicillin and Streptomycin）
  FCS（Fetal Calf serum）にはウシ由来のエクソソームが含まれているため，超遠心法でエクソソーム画分を除いた FCS を用いる。また，Knockout DMEM 等の無血清培地も使用可能であると思われる。
- 超遠心機 Optima L-70K（ベックマンコールター社）／スイングローター SW41Ti, SW28（ベックマンコールター社）
  エクソソームの精製法には，超遠心法，スクロースグラジェント法，限外濾過膜法，そして市販の共沈剤を用いる方法があるが，比較的大きい容量を安価に調整できる超遠心法が一般的である。

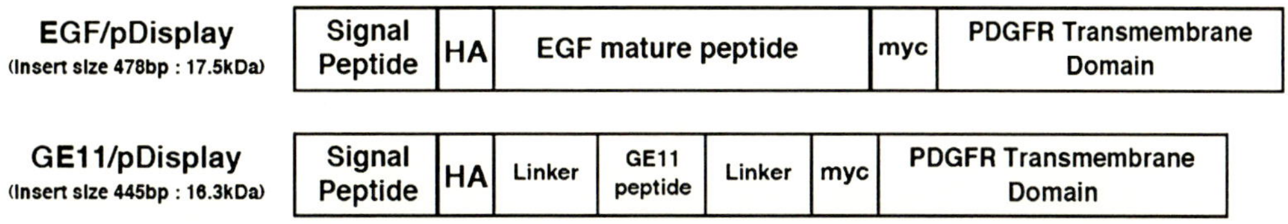

EGF/pDisplay (Insert size 478bp : 17.5kDa)	Signal Peptide	HA	EGF mature peptide		myc	PDGFR Transmembrane Domain
GE11/pDisplay (Insert size 445bp : 16.3kDa)	Signal Peptide	HA	Linker	GE11 peptide	Linker	myc	PDGFR Transmembrane Domain

図1 エクソソームに標的指向性を付加させるための膜局在型リガンドの構築

- リガンド発現ベクター

エクソソームに標的指向性を付加するために，エクソソームの膜上にリガンドを発現させる。標的細胞に結合するリガンドと細胞膜局在ドメインのキメラ分子を構築する。作製したキメラ分子がエクソソーム上に発現するかは，Western blot および Flow cytometer 解析で確認する。我々は，乳がんが強発現する EGFR（Epidermal growth factor receptor）に結合する EGF および GE11 ペプチドを標的細胞に結合するリガンドとし，細胞膜局在ドメインには PDGFR の細胞膜局在ドメインに HA および Myc タグを付加する，pDisplay vector（Life technologies）を用いてリガンド発現ベクターを作製した（図1）。

6.5 エクソソームの精製

[超遠心法によるエクソソームの精製]
- HEK293 細胞株（任意のエクソソーム産生細胞）にリガンド発現ベクター（図1）を導入し，培養上清を集めた。HEK293 では，培養上清 100 ml から，約 70 μg のエクソソームが得られる。
- 2,000×g，20 分，4℃で遠心し，死細胞および浮遊細胞を除いた。
- 10,000×g，30 分，4℃で遠心し，細胞残渣を除いた。
- 100,000〜120,000×g，70 分，4℃で遠心し，エクソソーム画分を沈殿させた。
- PBS でペレットを懸濁し，再度 100,000〜120,000×g，70 分，4℃で遠心し，エクソソーム画分を洗った。
- ペレットをエクソソーム画分とし，PBS 100 μl に懸濁して 4℃保存した。
- タンパク質濃度の測定は Protein Assay Rapid Kit（Wako）を使用した。

6.6 エクソソームの解析

エクソソームの構成成分を解析する手法として，タンパク質抽出からの Immunoblotting（図2左）および，RNA 抽出からの Real-time PCR 等は，通常の細胞と同じ条件で抽出および解析が可能であるため比較的簡便である。注意すべき点は，インターナルコントロールの選定であり，細胞の解析で用いられる GAPDH や β-ACTIN が適しているかどうかは考える必要がある。我々

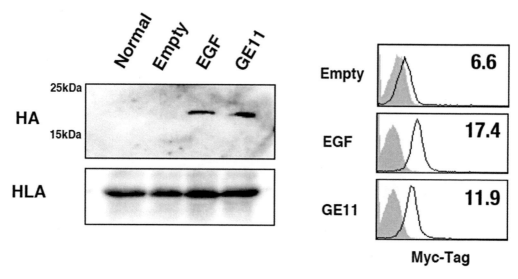

図2 Immunoblotting および Flow cytometer によるエクソソームの解析

は，エクソソームに多く含まれるインターナルコントロールとして，Immunoblotting では HLA を，miRNA 発現解析では let-7a を用いた。

　精製されたモノがエクソソームであるかどうかの解析は，いくつかの手法が考えられる。ひとつは電子顕微鏡を用いた形態の観察である。透過型電子顕微鏡（TEM）でも走査型電子顕微鏡（SEM）でも，直径 30～100 nm の球体であることが観察できる。また，TEM では免疫電顕法を用いることで，抗原の発現も同時に検出可能である（図3）。エクソソームに多く含まれる CD63，Alix，TSG101 などの検出を同時に行うことで，データの精度を上げることができる。さらに近年は，凍結状態の試料で SEM を行う Cryo-SEM による美しい球体のエクソソーム像が多く発表されている。その他，エクソソームの大きさおよび濃度の計測には，微粒子計測機器が使用される。メイワフォーシス社が取り扱う qNano や，Wako 社が取り扱う Nano Sight が一般的に用いられている。

　エクソソームを同定するためのもうひとつの手法は，エクソソームマーカーの発現解析である。細胞残渣に対して完全にエクソソーム特異的なマーカーは存在しないが，エクソソームに多く含まれている抗原はある。代表的なものは，CD81，CD63，CD9 などのテトラスパニンに分類される膜抗原および，Alix，TSG101 など小胞体形成に関わるタンパク質である[1]。膜抗原であれば Immunobloting 以外に Flow cytometer を用いた検出も可能である。エクソソームの大きさは，ほとんどの Flow cytometer の検出限界以下になるため，個々のエクソソームを解析することは困難である。そこでラテックスビーズにエクソソームを吸着させてある程度の大きさを確保した上で，抗原の染色を行い，Flow cytometer を用いて解析を行う。

第4章 カプセル

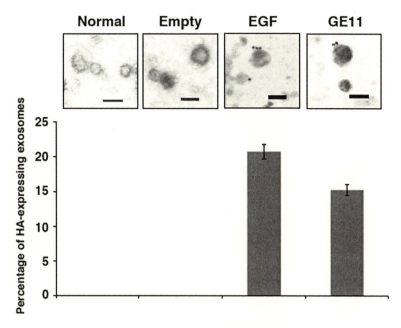

図3　エクソソームの透過型免疫電子顕微鏡像

[Flow cytometer を用いたエクソソームの解析法]

・200 ul（8 mg）の Ultra Clean Aldehyde/Sulfate Latex beads(Invitrigen #A37304)を 1 ml PBS で 2 回洗い，200 ul PBS に再懸濁する。
・8 μg 精製エクソソームと 12.5 μl の洗ったビーズを混合し（PBS で 100 μl に調整する），ローテーターでゆっくり撹拌させながら室温で 2 時間インキュベーションさせる。
・11 μl 1 M Glycine/PBS を添加し，更にローテーターでゆっくり撹拌させながら室温で 30 分間インキュベーションさせる。
・1 ml 2%FCS/PBS で 3 回洗う。
・ペレットを 50 μl 2%FCS/PBS に懸濁する。
・10 μl を任意の蛍光標識抗体と 20 分室温で反応させる。
　＊pDisplay によるコンストラクトは，抗 MycTag 抗体（Millipore #16-224）で検出できる。また，ポジティブコントロールとして抗 CD81 抗体（BD pharmingen #551112）などが使える。
・1 ml 2%FCS/PBS で洗い，300 μl の 2%FCS/PBS に再懸濁する。
・Flow cytometer にて解析を行う（図2 右）。

6.7　エクソソームの追跡

作製したエクソソームが期待しているように細胞に取り込まれたり，標的の臓器へ集積したり

することを確認するには，エクソソームを標識し追跡できるようにしなくてはならない。PKH67（SIGMA-ALDRICH #MINI67）は，細胞膜の脂質領域に安定的に組み込まれる蛍光色素であり，脂質二重膜で構成されるエクソソームを染色することができる。*in vitro* の実験では，細胞に取り込まれる様子を共焦点蛍光顕微鏡等で観察することが可能である[5,6]。

[PKH67を用いたエクソソームの蛍光染色]

・10 μg エクソソーム/200 μl PBS に，0.4 μl PKH 67/200 μl Diluent C を添加する。
・室温，2分で染色する。
・10 ml PBS で洗う。超遠心（120,000 xg，70分）。
・蛍光染色されたエクソソームのペレットを 100 μl の PBS に懸濁する。

一方で，生体に投与する場合は XenoLight DiR（Sigma-Aldrich）を用いた。XenoLight DiR は近赤外蛍光色素であるため組織の透過性が高い。投与後のエクソソームの挙動は，*in vivo* imaging system（IVIS）で観察する。強いシグナルは解剖せずに麻酔下で観察することも可能であるが，図4のように臓器を抽出することで感度を上げることもできる。

[XenoLight DiR を用いたエクソソームの蛍光染色]

・XenoLight DiR は Diluent C（Sigma-Aldrich）で 300 μM に希釈したものを作っておく
・10 μg エクソソーム/1 ml PBS に XenoLight DiR を最終濃度 2 μM になるように添加する。
・室温，30分で染色する。
・10 ml PBS で洗う。超遠心（120,000 xg，70分）。
・蛍光染色されたエクソソームのペレットを 100 μl の PBS に懸濁する。

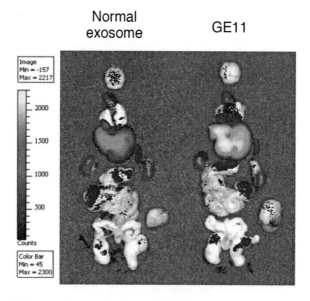

図4　蛍光標識エクソソームを用いた全身投与後のエクソソームの挙動解析

・図4の実験では，4 μg の染色済みエクソソームを尾静脈より全身投与し，24 時間後に解剖して IVIS 解析を行った。

6.8 エクソソームへの医薬の封入

　クルクミン（Curcumin）はウコンから採れるポリフェノールの一種であり，抗炎症作用，抗がん作用，抗酸化作用がある。一方で，クルクミンは水への溶解度が極めて低く，構造的に不安定なために生体利用効率が上がらないことが，その効果および医薬開発を限定的なものにしている。Sun は，クルクミンをエクソソームと混合すると，エクソソームの脂質二重膜にクルクミンが結合し，クルクミンの溶解度と安定性を亢進させることを示した[7]。このように，エクソソームは水への溶解度の低い医薬の DDS に適している。また，エクソソームは miRNA 等の核酸を分解酵素から保護しながら運搬することができるため，核酸医薬の DDS としても有用である。核酸をエクソソームに封入する手法は2つあり，1つはエレクトロポレーション法である。エクソソームの膜は細胞と同じ脂質二重膜であるため，細胞と同じようにエレクトロポレーション法による核酸導入が可能である。もう1つは，エクソソーム産生細胞に医薬となる核酸を強発現させて，エクソソーム生成過程で核酸を封入させる手法である[3,4]。我々は，乳がんに対して抑制効果のある let-7 miRNA をエクソソーム産生細胞にリポフェクション法で導入し，分泌されるエクソソームに高濃度の let-7a が封入されることを確認した。

6.9 おわりに

　エクソソームの臨床応用への期待は高まっており，次世代 DDS として，また新規の生物学的製剤としてエクソソームの更なる研究開発が求められる。一方で，エクソソームを DDS として応用する試みは，まだ始まったばかりであり，精製方法および解析手法は未熟である。本稿に掲載した実験手法が，今後のエクソソーム開発に携わる研究者に役立てば幸いである。

文　　献

1) Théry, C., Ostrowski, M. & Segura, E. Membrane vesicles as conveyors of immune responses, *Nat Rev Immunol,* **9**, 581-593（2009）
2) Valadi, H. *et al.*, Exosome-mediated transfer of mRNAs and microRNAs is a novel mechanism of genetic exchange between cells, *Nat Cell Biol,* **9**, 654-659（2007）
3) Alvarez-Erviti, L. *et al.*, Delivery of siRNA to the mouse brain by systemic injection of

targeted exosomes, *Nat Biotechnol,* **29**, 341-345 (2011)
4) Ohno, S. *et al.,* Systemically injected exosomes targeted to EGFR deliver antitumor microRNA to breast cancer cells, *Mol Ther,* **21**, 185-191 (2013)

第4章 カプセル

7　多孔性レシチン粒子

川上亘作[*]

7.1　はじめに

　医薬品に有効性が求められることは言うまでもないが，それと同程度に求められるのが安全性である。生体膜成分であるリン脂質は極めて安全性の高い素材であり，それより構成されるリポソームは，DDS研究において最も多大な貢献をしてきた薬物担体と言える。リポソームは他にも，親水性薬物・疎水性薬物の両方に対して機能することや，表面修飾が容易なことなど，様々な特長を有している。その反面，非平衡構造体であるリポソームの工業的な製造や品質管理は今でも決して容易とは言えず，またリポソーム製剤が顕著な効果を発揮してきたのは液剤，とくに注射剤に限定されてきた。

　一方で，多くの多孔性材料がDDSへの利用を指向して開発されているが，それらにはシリカやカーボンに代表される「固い」材料が用いられるため，安全性に懸念がある。我々はリン脂質を素材に用い，簡便に多孔性粒子（Mesoporous Phospholipid Particle, MPP）を調製する技術を開発した[1]。本手法では，まずリン脂質溶液の液液相分離挙動を巧みに利用することによって単分散の球形析出物を作成し，凍結乾燥によって多孔性構造を付与する。この調製プロセスは極めて簡便であり，工業化は容易と考えられる。MPPは通常10 μm程度の粒子径をもつ単分散粒子であるが，極めて低密度（0.02 g/cm^3）であるために空気力学径は数 μm程度であり，粉末吸入剤に適した物性を持つ。リポソーム同様，親水性薬物と疎水性薬物の両方を搭載可能である。全く新しいタイプのDDSプラットホームキャリアとして今後の発展が期待されるMPPについて，以下詳述する。

---

[*] Kohsaku Kawakami　物質・材料研究機構　国際ナノアーキテクトニクス研究拠点 MANA研究者；主幹研究員

7.2 MPPの作成原理

以下，シクロヘキサンとt-ブタノールの混合溶媒を用いたMPPの作成原理について記述する．図1はこの混合溶媒の相図，図2はMPP作成原理の模式図である．図1に示す通り，示差走査熱量測定（DSC）で求めたこれらの溶媒の融点は，それぞれ5.3℃，7.5℃である（熱力学的な融点とは値が異なる）．これらを混合すると融点が下がり，1:1の混合比で－39℃の共融温度が観察される．この混合溶媒にリン脂質を溶解すると，液液相分離温度が出現する．図1中には，6重量％の水添大豆レシチンを溶解させたときの相分離温度を示すが，この温度はあまりレシチン濃度や溶媒混合比には依存せず，20℃前後である．高温でレシチンを溶解させ，相分離温度以下まで冷却すると，図3(a)に示す通り数十μmの液滴が出現する．レシチン濃度を十分に高濃度で溶解させると溶解度の低下により析出物を生じるが，それは液滴に成形されるため自発的に球形沈殿物が得られる．すなわち，球形材料とするためには相分離温度以下で沈殿を発生させる必要がある．この沈殿物を凍結乾燥すると，溶媒結晶の留去によってメゾポア構造が形成される（図3(b)）．

粒子内のメゾポアは溶媒結晶の留去によって形成されるため，結晶成長を制御することによって孔径を変えることができる．レシチン溶液の濃度を変えることはレシチンあたりの溶媒量を変

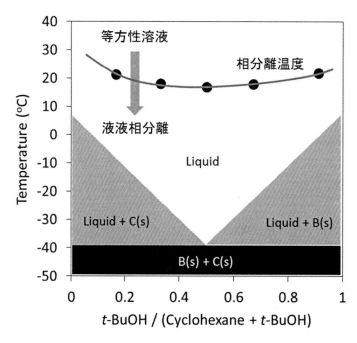

図1 t-ブタノール（B）とシクロヘキサン（C）の相図，および6重量％の水添大豆レシチンを含む場合の液液相分離温度（黒丸）
(s)は固体状態．相境界温度はDSCより求めた．

第4章 カプセル

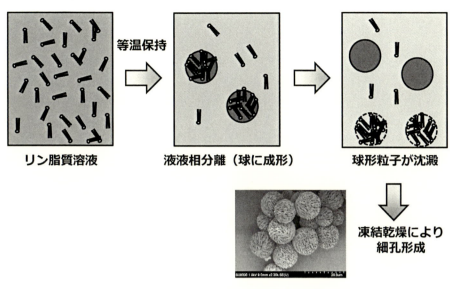

図2 多孔性リン脂質粒子調製過程の概略図
多孔性粒子は,リン脂質溶液の相分離現象を利用した凍結乾燥によって調製した。詳細は本文参照。

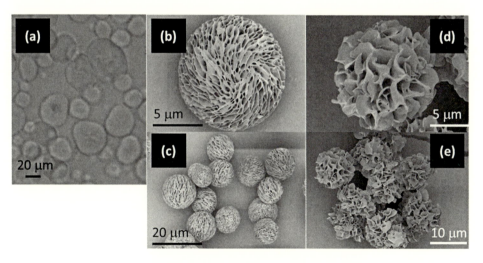

図3 液液相分離過程と多孔性リン脂質粒子の外観
(a)実体顕微鏡で観察した液液相分離過程。6重量％の水添大豆レシチンを t-ブタノール／シクロヘキサン＝2/1 の混合溶媒に溶解させ,氷冷によって生じる液滴を観察した。(b, c)非水系（有機溶媒のみ）で作製した水添大豆レシチン粒子の電子顕微鏡写真,(d, e)水存在下で作製した水添大豆レシチン粒子の電子顕微鏡写真。実体顕微鏡にはキーエンス VH-Z100R,電子顕微鏡には日立 S8000 を用いた。

159

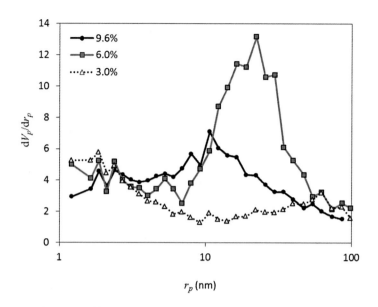

図4 窒素ガス吸着法により求めたデータをもとに，BJH（Barrett-Joyner-Halenda）法で計算した細孔分布
図中の数字は初期水添大豆レシチン濃度（t-ブタノール/シクロヘキサン＝2/1の混合溶媒中）を示す。V_p，r_p はそれぞれ空隙体積と孔径。

表1 レシチン濃度の粒子物性への影響

レシチン濃度（wt%）	3.0	6.0	9.6
粒子径（μm）	11.5 ± 1.6	12.4 ± 1.8	15.8 ± 2.7
比表面積（m^2/g）	19.8	43.1	23.9
空隙体積（cm^3/g）	0.22	0.46	0.26

えることに相当するため，濃度が高いほど孔径は小さくなる（図4，表1）。図4は孔径分布に対するレシチン濃度の影響であるが，3%溶液を用いた場合には100 nm以上のポアが主体であるが，6%では20 nm，9.6%では10 nm程度のポアが主体となる。ただしMPPは比較的機械的強度が弱い粒子であるため，孔径が小さい場合にはその構造を維持できないものと推測される。従ってポアが小さくなっても，必ずしも比表面積が大きくなるわけではない（表1）。

MPPはリポソーム同様，親水性分子と疎水性分子の両方の薬物担体として機能する。MPPは脂質二分子膜が積層したラメラ構造を有しているが，図5に，親水性モデル化合物としてグルコースを取り込んだときの，ラメラ間隔への影響を示す。添加するグルコース溶液の量，濃度のいずれかを変えることによって搭載量を変化させたところ，ラメラ間隔とグルコース搭載量の間には線形性が成立することが分かった。従って，ほとんど全てのグルコース分子は，ラメラ層の親水領域に存在することが示唆された。疎水性ゲスト分子は脂質二分子膜の疎水性領域に分配す

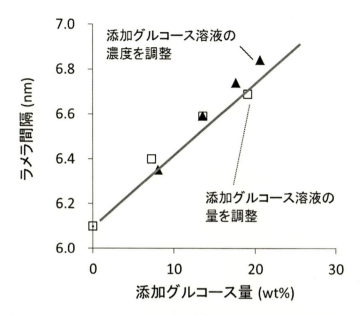

図5 *t*-ブタノール/シクロヘキサン=2/1 の混合溶媒を用いて作製した水添大豆レシチン粒子における，添加グルコース量とラメラ間隔（小角X線散乱より決定）の関係
初期レシチン濃度を9.6重量%とし，20〜80重量%のグルコース水溶液を4.15 gのレシチン溶液に対して0.2 mL 添加，もしくは40重量%のグルコース水溶液を4.15 gのレシチン溶液に対して0.1〜0.3 mL 添加することによって粒子を調製した。横軸は最終生成物におけるグルコース含量を示す。

ると考えられる。

7.3　材料および試薬

- 脂質：水添レシチン（疎水鎖に不飽和結合を含まないものが良い），荷電脂質等
  ※コレステロールや不飽和脂質は凍結乾燥物のコラプス温度を低下させるため，添加の場合にはごく少量（数%程度）が良い。
- 薬物
- 溶媒：シクロヘキサン，*t*-ブタノール，水（緩衝液）
- 装置：凍結乾燥機（低温制御が可能な棚型試料室付属，もしくは低温槽と液体窒素を用意），加温用水槽（〜50℃）

7.4 実験操作

7.4.1 水添大豆レシチンのみから成るMPPの調製例（溶媒混合比，レシチン濃度，沈澱温度，凍結乾燥条件（液体窒素による凍結を含む）は変更可能）

① シクロヘキサン：t-ブタノール＝2:1（体積比）の混合溶媒に，水添大豆レシチン6重量％を分散させ，50℃に加温しながら溶解させる。
② 沈澱を生じる前に冷蔵庫（4℃）に入れ，1日放置する。
③ 上清を取り除き，沈殿物を液体窒素で凍結させる。
④ 1時間かけて凍結させてから，凍結乾燥機に移して凍結乾燥を行う。サンプル温度ははじめ−20℃とし，半日後に室温に上げ，さらに1日乾燥する。

7.4.2 脂溶性ゲスト分子を含有するMPPの調製例

水添大豆レシチンとともに任意量（通常はモル比として2割以下）の薬物を溶解させ，同様の操作にて調製する。

7.4.3 水溶性ゲスト分子を含有するMPPの調製例

① 上記7.4.1の手順に従い，レシチン溶液を調製する。
② 所定濃度の薬物水溶液を添加する。シクロヘキサン：t-ブタノール＝2:1の場合は4重量％，シクロヘキサン：t-ブタノール＝2:1の場合は20重量％程度まで添加可能。ただし粒子ができるかどうかはゲスト分子の物性に依存する。
③ 冷蔵庫（4℃）に入れ，1日放置する。
④ 通常，上清は生じない。生じた場合は沈殿を取り除き，生じない場合はそのまま，液体窒素で凍結させる。
⑤ 上記7.4.1の手順に従い，凍結乾燥を行う。

7.4.4 粒子物性の評価

経肺，経鼻投与を想定する場合には粒子径が重要因子である。レーザー回折，電子顕微鏡像の画像解析等による幾何学径の評価に加え，カスケードインパクタによる空気力学径評価が重要である。比表面積はガス吸着法によって評価する。

薬物の物性や量によっては，溶液からレシチンと一緒に沈澱しない場合があるため，薬物含量を確認しなければならない。一部を有機溶媒に溶解し，高速液体クロマトグラフィーで薬物含量を定量する。凍結乾燥物の異なる場所からサンプリングし（その中には「底」からのサンプリングを含む），含量均一性の評価も行うことが望ましい。

薬物の結晶性は，粉末X線回折とDSCより評価する。

一般的な溶出試験法で薬物の溶出挙動を評価できるが，濡れ性が悪いことが多く，マンニトール等と混合してから試験を行うことが望ましい。ただしMPPの構造はメカニカルストレスに弱く，高強度の混合を行うと多孔質構造は失われる。

7.5 応用と今後の展開

　執筆時において本材料は開発されたばかりであり，動物実験の実績は少ない。しかしながら，経口投与においては難水溶性薬物の高暴露が達成されており，その他様々な投与経路における利用が期待されている。とくに本材料は空気力学径が $1〜3\,\mu m$ 程度であり，経肺投与のキャリアとしての利用が有望である。本材料はレシチンのみで作成することができ，高い安全性が見込まれるのに加え，ほぼ凍結乾燥のみで調製することができ，スケールアップも比較的容易と考えられる。

　同じくリン脂質から構成され，代表的DDSキャリアと言えるリポソームは，学術研究において様々な投与経路に適用されてきた。しかしながら，外用剤として製品化された過去もあるが，リポソームが顕著な効果を発揮してきたのは注射剤に限定されている。固形製剤として利用可能な本材料は，リン脂質担体として相補的な役割を発揮すると期待される。

文　　献

1) S. Zhang, K. Kawakami, L.K. Shrestha, G.C. Jayakumar, J.P. Hill, K. Ariga, *J. Phys. Chem. C*, **119**, 7255-7263 (2015)

第 5 章　ゲル

1　PEG化ポリアミンナノゲルの開発とその特徴を生かした応用展開

池田　豊[*1]，長崎幸夫[*2]

1.1　はじめに

　化学架橋ナノゲルは架橋剤を加える事で共有結合を介して形成された粒径が数十～数百ナノメールに制御された粒子である。筆者らはこれまでにコア部にポリアミン構造を有し，シェルにポリエチレングリコール（PEG）鎖を有するPEG化ナノゲルを構築し評価を行ってきた[1]。構築したPEG化ナノゲルはポリアミン骨格を有する為に弱酸性になっている癌組織周辺部位およびエンドソームpHに応答して体積相転移を示すことがわかっており，この特性を生かしたドラッグデリバリー技術開発を報告してきた。

　開発したPEG化ナノゲルがミセルやリポソームといった自己組織化によって形成されたナノ粒子と異なる点は，共有結合によりゲルが形成されている為に，生体内に投与された後も，共有結合が切断されない限り粒子の状態を維持していることが挙げられる。ナノ粒子の体内動態を解析する際には，一般的に蛍光ラベルや放射線ラベルにより解析するが，自己組織化により形成したナノ粒子は生体内において徐々に崩壊するために粒子本来の動態を解析することが非常に困難である。化学架橋したナノゲルは生体内中においても粒子を形成しているために，粒子のより詳細な動態解析が可能となる。この利点を生かして，例えば粒子表面のPEG密度が体内動態に及ぼす効果について解析されている。

　さらに生体内においても安定である特徴を生かしたドラッグデリバリー技術の開発も報告されている。例えば，核酸医薬としての期待が高いsiRNAであるが，鎖長が短いために，高イオン強度で希釈された状態にある血中環境においては核酸とカチオン性ポリマーの静電相互作用が弱く，ポリイオンコンプレックスが速やかに崩壊してしまうという問題がある。田村らはポリアミン骨格を有するPEG化ナノゲルのコア部のアミンを4級化する事により，従来のポリイオンコンプレックスでは壊れてしまうような高イオン・希釈条件においても安定なsiRNA担持ナノゲルを報告している。さらに最近ではナノゲルの構造が剛直である事を生かし，経皮ワクチン技術

[*1]　Yutaka Ikeda　筑波大学　大学院数理物質科学研究科　産学官連携研究員
[*2]　Yukio Nagasaki　筑波大学　大学院数理物質科学研究科　教授

の開発も試みられている。本節ではPEG化ナノゲルの構築法と，ナノゲルを用いた近年の新たな展開例について述べる。

1.2　材料および試薬

・メタクリル酸2（N,N-ジエチルアミノ）エチル（DEAMA）

水素化カルシウムにより水を除去した後減圧蒸留により精製した。

・エチレングリコールジメタクリロイル（EGDMA）

水素化カルシウムにより水を除去した後減圧蒸留により精製した。

・過硫酸カリウム（KPS）

蒸留水で再結晶を行った後乾燥した。

・p-(1-エトキシエトキシ）スチレン（PEES）

水素化カルシウムにより水を除去した後減圧蒸留により精製した。

・テトラヒドロフラン（THF）

有機溶媒精製装置システムにより精製した。

・3,3-ジエトキシ-1-プロパノール

水素化カルシウム存在下にて減圧蒸留により精製した。

・カリウムナフタレン

氷冷下，THF中の金属カリウムとナフタレンとの反応により合成し[2]，滴定によって濃度を求め，利用した。

・エチレンオキシド

水素化カルシウム存在下にて減圧蒸留により精製した。

・水素化ナトリウム

市販品をそのまま使用した。

・ヨウ化ナトリウム

市販品をそのまま使用した。

・4-クロロメチルスチレン

市販品をアルカリ洗浄により重合禁止剤を除去した後，水素化カルシウム存在下にて減圧蒸留により精製した。

・2-プロパノール

市販品をそのまま使用した。

第5章 ゲル

1.3 実験操作

1.3.1 ナノゲルの合成方法[1,3]

アミンナノゲルは標的指向性をもつリガンドを導入する為のアセタール基をα末端に持ちゲル形成に必要な4-ビニルベンジル基をω末端に有するヘテロ二官能基性 PEG マクロモノマー（acetal-PEG-VB）を用いて合成する（図1）。

1.3.2 Acetal-PEG-VB の合成

3,3-ジエトキシ-1-プロパノール（0.25 mL, 1.3 mmol）を THF（47 mL）に窒素下において加え，同じく窒素下においてカリウムナフタレン（0.42 mol/L THF 溶液, 3.1 mL）を加え，室温において30分間撹拌した。撹拌後，窒素下において，エチレンオキシド（11.7 mL, 234 mmol）を冷やしたシリンジを用いて加え，2日間室温において反応させた。2日後，水素化ナトリウム（170.2 mg, 3.9 mmol）を加え，室温において10分間撹拌した後，ヨウ化ナトリウム（38.9 mg, 0.26 mmol）および，4-クロロメチルスチレン（0.93 mL, 6.5 mmol）を加え18時間室温において反応させた。反応後，反応溶液を冷やした2-プロパノールに注ぎ，合成したポリマーを再沈殿により析出させた。析出したポリマーは遠心分離（5,000 rpm, 15分, 4℃）により精製した。回収したポリマーはベンゼンにより凍結乾燥を行い acetal-PEG-VB を得た。

1.3.3 アミンナノゲルの作製

合成した acetal-PEG-VB（750 mg, 94.9 μmol）と KPS（22.4 mg, 82.7 μmol）をフラスコに加え，3回窒素置換を行った。EGDMA（17.8 μL, 81.9 μmol, 1.0 mol%）を加え，脱気，脱イオン処理した蒸留水（30.5 mL）を加えた後，DEAMA（1.63 mL, 8.09 mmol）を加えて窒素下において室温で24時間反応させた。反応後，メタノールに対して限外濾過（分画分子量 200,000）により未反応物を除いた後に，蒸留水に対して限外濾過を行い溶媒置換を行った。得られたアミンナノゲルの濃度は凍結乾燥を行った後，解析した。

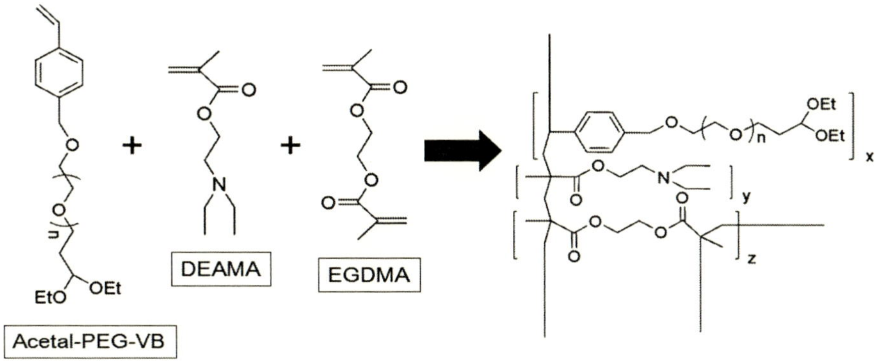

図1 PEG 化アミンナノゲルの調製

1.3.4 ナノゲルの PEG 修飾法（post PEGylation 法）[4]

アミンナノゲル中のアミノ基にブロモベンジル基を末端に有する PEG を反応させる事により，アミンナノゲルの PEG 密度を高くする事が可能である（図2）。

[α-メトキシ-ω-ブロモベンジル-PEG（MeO-PEG-Bz-Br）の合成]

MeO-PEG-OH（Mn＝480，Mw/Mn＝1.07，480 mg，1.0 mmol）を THF（60 mL）に溶解させ，水素化ナトリウム（36 mg，1.5 mmol），ヨウ化ナトリウム（150 mg，1.0 mmol）および α,α'-dibromo-p-xylene（2.6 g，10 mmol）を加え遮光し，室温で 96 時間反応させた。反応後，セライトにより不溶物を除き，シリカゲルクロマトグラフィーにより精製した。

アミンナノゲル中のアミノ基と MeO-PEG-Bz-Br の比を変化させることで，PEG 密度の制御が可能である。

1.3.5 高密度 PEG 化アミンナノゲルの調製法

アミンナノゲル（2 mL，50 mg/mL）をアセトニトリルを用いて4倍に希釈し，アミンナノゲルのアミンに対して5倍当量の MeO-PEG-Bz-Br を加え室温において 72 時間反応させた。反応後限外濾過（分子量分画 200,000）を用いて精製した。

1.3.6 放射線ラベルアミンナノゲルの合成

MeO-PEG-VB（1.0 g，106 μmol），KPS（30.9 mg，114 μmol），EGDMA（119 μL，545 μmol），EAMA（2.17 mL，10.8 mmol）および PEES（105 μL，541 μmol）を脱気，脱イオン処理した蒸留水に加えて窒素雰囲気下において室温で 24 時間反応させた。反応後，メタノールに対して限

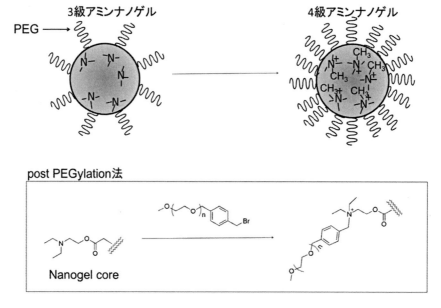

図2　アミンナノゲルの修飾

第 5 章　ゲル

外濾過（分画分子量 200,000）により未反応物を除いた後に，蒸留水に対して限外濾過を行い溶媒を置換した。得られたアミンナノゲル水溶液を 0.1 mol/L 塩酸を用いて pH 2 とし 2 時間反応させ，PEES 部位のアセタール基を脱保護した。反応後 0.1 mol/L 水酸化ナトリウム溶液で中和し，透析（MWCO 3,500）を行いフェノール導入ナノゲルを得た。得られたナノゲル（10 mg/mL，2 mg）にクロラミン T（0.9 µmol）および Na[^{125}I]（148 kBq）を加え 10 分間室温において反応させた。過硫酸ナトリウム（9.5 mg/mL，200 µmol）を加えて反応を停止させた。ゲル濾過カラム（PD-10 GE Healthcare）を用いて精製し，^{125}I ラベルしたナノゲルを得た。

1.4　応用

1.4.1　ヨウ化メチルによる 4 級化ポリアミンナノゲル[5, 6]

上記の方法で構築した化学架橋ナノゲルはポリアミンを有するため，アミンの求核性を利用した修飾が可能である。例えばヨウ化メチルと反応させることで，3 級アミンを 4 級アンモニウムへと変化させ，正電荷をコア部に固定化させることが可能である（図 2）。この事を利用して，siRNA のデリバリー技術開発が試みられている。

ポリアミンナノゲルはカチオン性であるために，siRNA のキャリア粒子として用いることが期待できるものの，その 3 級アミンが比較的低い pKa（~7.0）を有するため正電荷密度が低く，生体環境下では siRNA を充分安定化することが困難である。そこで，ポリアミンナノゲルコア内の 3 級アミンの一部をヨウ化メチルにより 4 級化し，固定電荷を導入することで siRNA とより強固なポリイオンコンプレックスを形成させ，生体内の強イオン強度環境下においても安定な siRNA 担持ナノ粒子が構築できた。このようにして作製した部分四級化ポリアミンナノゲル/siRNA 複合体は，エンドサイトーシスによって細胞内へ取り込まれるものの，完全に 4 級化すると細胞内に運んだ siRNA の発現が殆ど起こらず，エンドソームからの脱出を妨げているものと考察された。一方，3 級アミンを 10% 程度 4 級アンモニウム化した部分 4 級化ナノゲルでは効率的な siRNA による遺伝子発現抑制効果が確認され，残された 3 級アミノ基によるプロトンスポンジ効果により siRNA の効果的なエンドソーム脱出が起こったものと考察された。

1.4.2　アミンナノゲルの架橋度および PEG 密度が体内動態に与える影響

アミンナノゲルの生体適合性および体内動態は架橋密度および PEG 密度により影響を受ける。架橋密度は架橋剤として加えている EGDMA の仕込み量により調節が可能である。田村らは架橋密度を変化させた際の毒性について詳細に解析している。アミンナノゲルの構築の際に加える EGDMA の量を 1 mol% から 5 mol% まで変化させて解析した結果，架橋密度が高いほど細胞毒性および溶血活性が低いことが確認されている。正電荷を帯びたポリマー材料は，細胞表面の負電荷との相互作用により，細胞膜の構造を乱し，細胞障害性を有することが報告されている。架橋密度を高くすることにより毒性が減少したのは，コア部に正電荷を帯びたアミノ基があるにもかかわらず，ゲルが固い構造をしている為，表面に露出しにくいことが考えられる。しかしなが

ら我々はさらに強い正電荷を導入した4級アンモニウム型ナノゲルの毒性が優位に低下することを実証し，単にポリアミンのチャージが毒性に影響するように単純ではないことを示した。いずれにしろアミノ基の露出はその材料の毒性に影響することは興味深い。さらにマウスを用いて急性毒性を解析した結果，架橋密度が高いほどマウスの生存率は改善し，5 mol%のアミンナノゲルでは投与量を 200 mg/kg まで高くしても全てのマウスが生存しており，高い安全性が確認された。

　PEG密度はアミンナノゲルを構築した後に加える MeO-PEG-Bz-Br の量を変化させることで調節が可能である。例えばナノゲル中のアミンに対して5倍当量の MeO-PEG-Bz-Br を加えることで92 %のナノゲル中のアミノ基にPEGを導入することが可能である。高PEG密度においては，アミンナノゲルの正電荷が遮蔽される。例えばPEG化する前のアミンナノゲルのζ電位は pH 5.5 および pH 7.4 においてそれぞれ 2.7 mV および 0.1 mV であるのに対し，MeO-PEG-Bz-Br を用いてアミノ基の92%をPEG化したアミンナノゲルのζ電位は 0.1 mV (pH 7.4)，0 mV (pH 5.5) であった。このことから，PEG化によりナノゲル中のアミノ基が3級アミンから4級アンモニウムに変換され，固定正電荷が導入されているものの，シェルPEG相の高密度化によりコア部の正電荷が遮蔽され，表面電荷は広い pH 範囲においてほぼ 0 mV となった。

　これらの物理化学的な変化はナノゲルの体内動態に大きな影響を及ぼす。ナノゲルを ^{125}I 放射線ラベルし，体内動態を解析したところ，PEG化を行う前のナノゲルは3時間後の血中残存量が 1% (I.D.) であったのに対し，ナノゲルコアのアミノ基に対して92%PEG化したナノゲルでは 7% (I.D.) にまで上昇し，血中滞留性が向上した。

　このようにポリアミンナノゲルは，そのアミノ基の求核性を利用した機能化が可能である。

1.4.3　ナノゲルの経皮癌ワクチンへの応用[7]

　近年癌ワクチンが癌治療の新たな治療方法として期待されている。免疫反応を誘発するタンパク質やペプチドを皮膚や筋肉に投与することで効率的なワクチネーションが期待できる。しかしながら注射器を使用した皮膚へのワクチネーションは侵襲的であるために，より非侵襲的な手法の開発が求められている。経皮的なワクチネーションにより免疫反応を効率よく誘発する為には，免疫反応をつかさどるランゲルハンス細胞に抗原が効果的に認識される技術開発が必要となる。ランゲルハンス細胞はデンドライトを角質層まで伸ばし，抗原を補足することが明らかとなっている。小暮らは非侵襲的なワクチネーション技術開発を目的として，微弱電流によって荷電した物質を経皮吸収させることが可能なイオントフォレシス技術に着目した。抗原を内包したナノ粒子をイオントフォレシスにより表皮内に送達し，ランゲルハンス細胞に捕捉させることを試みた。抗原を送達する粒子として，一般的なリポソームよりもサイズが小さく (<100 nm) 硬い構造をもったナノゲルを用いた。

　ナノゲルは架橋度 5 mol%，サイズがおよそ 67 nm，ζ電位が +18 mV のものを使用した。ヒトメラノーマ由来の抗原であるペプチド抗原 (Hgp-100$_{25-33}$, 配列 KVPRNQDWL) の C 末端にナノゲルと静電相互作用させるためにグルタミン酸を4つ付加したペプチド (KVPRNQDWL-

EEEE）を抗原ペプチドとして用いた。抗原ペプチドをナノゲルと作用させるとζ電位は＋15 mVと若干減少したものの，粒径の変化は殆ど無かった。

　抗原ペプチドを担持させたナノゲルを背部皮膚にイオントフォレシスを用いて導入した。蛍光ラベルしたペプチド抗原および蛍光ラベルナノゲルを解析したところ，ペプチド抗原のみでは皮膚表層および内部には抗原が存在していなかったが，ナノゲルに担持した場合には表皮の角質層にナノゲルと共に送達されていることが確認された。さらに，免疫染色により，ペプチド抗原を担持させたナノゲルを投与した場合はランゲルハンス細胞の数も増加し，活性化されていることが確認され，癌ワクチンとしての効果が期待される。そこでマウスの背部にメラノーマを移植し，癌組織の成長抑制効果を解析したところ，抗原ペプチドを担持させたナノゲルをイオントフォレシスで導入した群において優位に癌の成長速度を抑えていた。これらの結果は，非侵襲的な新たな癌ワクチンへの展開として期待される。

1.5　まとめ

　このようにして開発してきたPEG化ナノゲルはコア部にポリアミン構造を有し，架橋度を調節することで剛直性を制御できる。またコア部の3級アミンの緩衝能により体積相転移を示し，弱酸性環境下において体積が膨潤し，薬剤を放出する特徴を有する。4級アンモニウム化により生体毒性の低減，血中滞留性の向上，オリゴ核酸安定化など様々に改変することが可能なユニークな材料である。さらに生体内においても安定な粒子であることに加え，PEG密度や架橋度を適正化することで体内動態も改善し，薬物キャリアーとして個性的な性質を有する。ここで紹介したほかにもPEG化ポリアミンナノゲルの特徴を生かした展開を報告している。今後もこれらのユニークな性質を生かした，新たな展開が期待される。

文　　献

1) H. Hayashi, M. Iijima, K. Kataoka, Y. Nagasaki, *Macromolecules*, **37**, 5389-5396 (2004)
2) L.C. Ting, S.C. Yu, *J. Am. Chem. Soc.*, **76**, 3367-3369 (1954)
3) M. Oishi, Y. Nagasaki, React. Func. Polym., **67**, 1311-1329 (2007)
4) M. Tamura, S. Ichinohe, A. Tamura, Y. Ikeda, Y. Nagasaki, *Acta Biomater.*, 3354-3361 (2011)
5) A. Tamura, M. Oishi, Y. Nagasaki, *Biomacromolecules*, **10**, 1818-1827 (2009)
6) A. Tamura, M. Oishi, Y. Nagasaki, *J. Control. Release.*, **146**, 378-387 (2010)
7) M. Toyoda, S. Hama, Y. Ikeda, Y. Nagasaki, K. Kogure, *Int. J. Pharm.*, **483**, 110-114 (2015)

第5章 ゲル

2 物理架橋ナノゲルの調製と DDS 応用

田原義朗[*1], 秋吉一成[*2]

2.1 はじめに

　ナノテクノロジーや，マテリアルサイエンスをベースとしたドラッグデリバリーシステム（DDS）は，抗がん剤治療や，ワクチン，再生医療をはじめとする様々な医療分野に応用され注目を集めている[1]。本稿では，物理架橋ナノゲルに焦点をあて，キャリアの調製方法とその応用について紹介する。

　ナノゲルとはナノメートルサイズのゲルであり，International Union for Pure and Applied Chemistry（IUPAC）においても，"nanogel"は一般的に使用できる化学の言葉として登録されている。包括的なゲルの定義については，既報の学術論文[2〜5]やIUPACの提言[6]を参考として頂きたいが，通常のナノゲルとは，100 nm 以下のサイズ領域で，高分子鎖が互いに架橋され，自重よりも多くの溶媒を包摂しているものをいう。現在では様々な高分子によってナノゲルの調製が行われているが，このようなナノメートルサイズの領域で高分子鎖間の架橋を行う試みが始まったのは，1990年代のことである[7]。物理架橋ナノゲルはこの最初の報告で用いられた調製方法であり，親水性多糖に疎水性官能基を導入した両親媒性高分子が，水中で自己組織化によってナノメートルサイズの粒子として集合するという性質を利用したものである[8]。一方で化学架橋ナノゲルは，ナノサイズの高分子ミセルのコア部分を架橋するという方法や，逆相エマルション中で重合するという方法が用いられている[9,10]。本稿では最初に，最も古くから報告されている物理架橋ナノゲルであるコレステロール修飾プルラン（CHolesterol-bearing Pullulan, CHP）について，その調製・評価方法と，DDSへの応用研究を紹介する。

---

*1　Yoshiro Tahara　京都大学大学院　工学研究科　JST ERATO　研究員
*2　Kazunari Akiyoshi　京都大学大学院　工学研究科　JST ERATO　教授

2.2 実験操作

2.2.1 ナノゲルの調製

プルランは，$\alpha(1 \to 4)$ Glu-$\alpha(1 \to 4)$ Glu-$\alpha(1 \to 6)$ Glu という，グルコースから成る特徴的な繰返し単位を持った天然由来多糖である．類似の分子構造をもつアミロース（繰返し単位：$\alpha(1 \to 4)$ Glu）やデキストラン（繰返し単位：$\alpha(1 \to 6)$ Glu）の中間的な物理化学特性を示し，生体適合性も非常に高い多糖である[11]．1973年に日本の企業である林原が世界で始めて酵母を用いた方法によって工業的製造方法を確立した．CHPはプルランの水酸基（OH）にヘキサメチレンジイソシアネートの一方の末端にコレステロールを置換したコレステロール化ヘキサメチレンイソシアネートを付加することで合成される[7]．CHPはジメチルスルホキシド（DMSO）などの良溶媒中では，会合することなく1分子ごとに存在するが，水中では，コレステロール基同士の疎水性相互作用によって，CHPの分子間架橋が形成され，物理架橋ナノゲルが得られる（図1）．

2.2.2 ナノゲルの評価

得られたマテリアルが，物理架橋ナノゲルを形成している事の確認は，通常，以下の方法で行う．

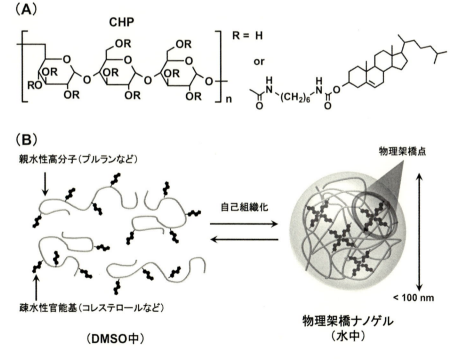

図1　(A) CHPの構造，(B) 物理架橋ナノゲルの形成

(1) 動的光散乱法（Dynamic Light Scattering, DLS）による粒子径の測定
(2) 透過型電子顕微鏡（Transmission Electron Microscopy, TEM）による粒子状物質の確認
(3) 静的光散乱法（Static Light Scattering, SLS），サイズ排除クロマトグラフィー法（Size Exclusion Chromatography, SEC）および，多角度光散乱法（Multi-Angle Light Scattering, MALS）による絶対分子量の測定
(4) 蛍光消光法などによる架橋点の確認

例として，CHPにおけるプルランの分子量やコレステロール基の導入率とナノゲル形成との関係について，表1に示す[12]。分子量35K，55K，108Kのプルランに，100単糖あたり0.9〜3.4個のコレステロールを導入したCHPを合成し，SLSやSEC-MALS，DLSによって求めたそれぞれの分子量と粒子径，また粒子中に含まれる重量含水率についてまとめた。これらの結果から，CHPは水中で数分子が自己組織的に会合してナノメートルサイズの粒子を形成していることが分かり，粒子に含まれる水はCHPの自重よりも大きく，80％以上の含水率を示すものもあった。さらにピレンを用いた蛍光消光法によって，CHPは疎水性会合ドメインをもつことが確認され，これはCHPのコレステロール基が水中で会合することによって形成されると考えられる。またそれぞれのドメイン1個あたりに含まれるコレステロールの数は約4個であり，その疎水性ドメインが粒子1個あたりに10個以上のドメインとして分かれて存在しているということが示唆された。これはコレステロールの会合によってCHP分子同士の物理架橋点が形成されていることを示している。以上の結果から，水中におけるCHPからなる会合体は，ナノゲルであることが確認された。

このような物理架橋ナノゲルの調製方法は，ベースの高分子鎖としてプルラン，キトサン，デ

表1 CHPのナノゲル形成の評価[12]

Sample[a]	M_w^b ($\times 10^5$)	N_{CHP}^c	Radius[d] (nm)	Water content(%)[e]	N_{chol}^f	N_{domain}^g
CHP-35-2.1	5.8	16	9.2	71	5.7 ± 0.5	13
CHP-55-1.1	6.2	11	11.6	84	4.4 ± 0.5	9
CHP-55-1.7	5.6	10	10.2	79	4.2 ± 0.5	14
CHP-55-2.1	5.8	10	9.5	73	5.0 ± 0.5	14
CHP-55-3.4	7.4	12	8.4	60	3.5 ± 0.5	40
CHP-108-0.9	8.2	7.4	13.7	87	3.7 ± 0.5	12

[a]CHP-(molecular weight of pullulan)-(substitution degree of cholesterol), [b]SLSによって測定された分子量，[c]分子量から計算された粒子1個あたりのCHPの数，[d]DLSによって測定された粒子半径，[e]$\left(1-\frac{M_W}{N_A}\left(\frac{4}{3}\pi r^3\right)^{-1}\right)\times 100$により求められた重量含水率（$r$は粒子の半径），[f]蛍光消光法によって求められた疎水性ドメイン1個あたりのコレステロールの数，[g]粒子1個あたりの疎水性ドメインの数

第5章　ゲル

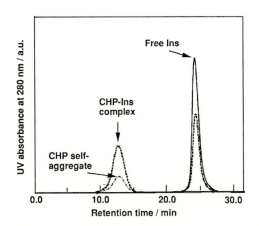

図2　インスリンとCHPナノゲルの複合化，(―――)インスリン，
(――・――)CHPナノゲルのみ，(--------)インスリンと
CHPナノゲルの複合体[15]

キストラン，マンナン，ヒアルロン酸など，架橋点としてアルキル鎖，光応答性のスピロピラン，熱応答性のN-イソプロピルアクリルアミドなどが用いられており，様々な種類の物理架橋ナノゲルを生み出すことに成功している[13]。

2.2.3　タンパク質との複合化とその確認

物理架橋ナノゲルは，疎水性相互作用によってタンパク質と複合化することが知られている[14]。疎水性の高いタンパク質については，水中で混合することで容易に複合化することが可能である。タンパク質との複合化はSECによって確認することができ，排除限界分子量が目的のタンパク質の分子量以上であり，物理架橋ナノゲルの分子量以下であるカラムを用いることで確認できる。

例としてインスリンとCHPナノゲルの複合化を行った[15]。複合化はリン酸緩衝生理食塩水中でインスリンとCHPナノゲルを25℃で混合することで行った。混合して1時間後の溶液をSECによって分析すると，インスリンのみのピークが減少し，CHPナノゲルのピークが増加したことから，インスリンとCHPナノゲルが複合化したことが確認された（図2）。そのピークを定量化することで，複合化量を評価することができる。

2.3　DDSへの応用

2.3.1　タンパク質の複合化と分子シャペロン機能

物理架橋ナノゲルは，タンパク質と複合化し分子シャペロンとして機能するという特徴をもち，タンパク質封入DDSキャリアとして応用されてきた。ポリペプチド鎖は遺伝子の翻訳によって生成されるが，何らかの原因で正しいフォールディングを受けない場合，ポリペプチド鎖は凝集してしまう。この正しいフォールディングができる環境を与える物質を一般的に分子シャ

ペロンといい，疎水性相互作用によってタンパク質を凝集から守る機能をもつ熱ショックタンパク質は天然由来の分子シャペロンの代表例である。物理架橋ナノゲルは，疎水性相互作用によってタンパク質と複合化するという機能をもつことが明らかとなっていた[14]。さらにコレステロールを包接するシクロデキストリンを添加することによって，ナノゲルの物理架橋点を除くと，タンパク質は自身の活性を回復するということも見出された[16, 17]。物理架橋ナノゲルのもつこれらの機能は，まさに熱ショックタンパク質などが細胞内で行っている分子シャペロンの機能と同等であり，物理架橋ナノゲルは新しいタンパク質封入キャリアであることが確認された。

2.3.2 サイトカイン療法への応用

物理架橋ナノゲルのDDSへの応用として，本稿ではサイトカイン療法について紹介する。サイトカインとは主に免疫細胞が細胞外へ分泌するタンパク質であり，他の細胞へのシグナル伝達の役割を果たしている。インターロイキン12（IL-12）は，細胞性免疫を活性化するサイトカインであり，細胞障害性T細胞の成熟化や，NK細胞の活性化などに寄与し，IL-12によるがん免疫療法の開発が期待されている。しかしながらその体内における半減期は非常に短く，血中濃度は直ちに低下するということが知られている。前述のようにCHPナノゲルはタンパク質と容易に複合化するという特徴から，IL-12封入DDSキャリアとして利用された[18]。マウスへの皮下投与の結果，マウス由来組み替えIL-12（rmIL-12）を単独で投与した場合，血中濃度は12時間以内に半減したが，CHPナノゲルに封入されたIL-12では，24時間後でも血中濃度が維持されており（図3(A)），CHPナノゲルはIL-12の徐放DDSキャリアとして利用できるということが明らかとなった。その結果，血中における細胞性免疫の増加を示すインターフェロンγ（IFN-γ）の顕著な上昇が見られた（図3(B)）。さらに担がんマウスを作成し，陰性対照のウシ血清アルブミン（BSA）との複合体などを含むサンプルを皮下投与した結果，IL-12封入CHPナノゲルにおいて，顕著な腫瘍サイズの縮小に成功した（図3(C)）。以上の結果によって，タンパク質封入キャリアであるナノゲルが，サイトカイン療法において大変有効であるということが明らかとなった。

2.3.3 その他のDDS応用

現在，様々な分野において物理架橋ナノゲルを用いたDDSの研究が盛んに行われている。最も実用化に近い研究として，がんワクチンへの応用が挙げられ，第Ⅰ相臨床試験において物理架橋ナノゲルの安全性が確認され[19]，現在，第Ⅱ相臨床試験が進行中である。さらに物理架橋ナノゲルは，高分子鎖に機能性の官能基を修飾することも可能で，細胞膜への相互作用や経粘膜透過性が向上するアミノ基修飾ナノゲルは，遺伝子デリバリー[20]や，経鼻ワクチン[21]のためのDDSキャリアとして大きな成果を上げている。また重合性のアクリロイル基を修飾したナノゲルは，ナノゲル同士を架橋したマクロなゲルを調製することが可能となり，骨形成タンパク質を封入した新しいゲルとして，再生医療のための足場材料への利用が始まっている[22]。

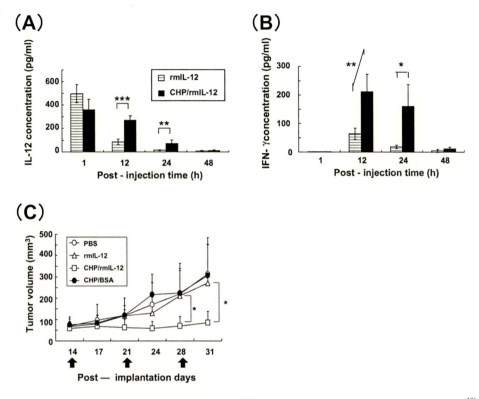

図3 サイトカイン療法への応用 (A) 血中のIL-12濃度，(B)血中のIFN-γ濃度，(C)腫瘍サイズの変化[18]

2.4 おわりに

　本稿では一般的な物理架橋ナノゲルの調製・評価方法までを紹介した。また物理架橋ナノゲルの重要な特性である，タンパク質との複合化および分子シャペロン機能と，サイトカイン療法への応用についても紹介した。物理架橋ナノゲルは，誕生から20年以上が経過した現在でも多くの研究が行われている魅力的なバイオマテリアルであり，今後も次世代の先端医療を担うDDSキャリアとして期待される。

文　　献

1) J. A. Hubbell and R. Langer, *Nat. Mater.*, **12**, 963 (2013)
2) T. Graham, *Phil. Trans. Roy. Soc.*, **151**, 183 (1861)
3) P. H. Hermans, *Colloid Science*, **2**, 483 (1949)

4) P. J. Flory, *Faraday Discuss. Chem. Soc.*, **57**, 7 (1974)
5) P. Terech and R.G. Weiss, *Chem. Rev.*, **97**, 3133 (1997)
6) J. Alemán *et al.*, *Pure Appl. Chem.*, **79**, 1801 (2007)
7) K. Akiyoshi *et al.*, *Macromolecules*, **26**, 3062 (1993)
8) Y. Sasaki and K. Akiyoshi, *Chem. Rec.*, **10**, 366 (2010)
9) A. V. Kabanov and S.V. Vinogradov, *Angew. Chem. Int. Ed. Engl.*, **48**, 5418 (2009)
10) J. K. Oh *et al.*, *Prog. Polym. Sci.*, **34**, 1261 (2009)
11) Y. Tahara and K. Akiyoshi, *Encyclopedia of Polymeric Nanomaterials*, 1 (2014)
12) K. Akiyoshi *et al.*, *Macromolecules*, **30**, 857 (1997).
13) Y. Sasaki, K. Akiyoshi, *Chem. Lett.* Highlight review, **41**, 202 (2012)
14) T. Nishikawa *et al.*, *Macromolecules*, **27**, 7654 (1994)
15) K. Akiyoshi *et al.*, *J. Control. Release*, **54**, 313 (1998)
16) K. Akiyoshi *et al.*, *Chem. Lett.*, **27**, 93 (1998)
17) K. Akiyoshi *et al.*, *Bioconjug. Chem.*, **10**, 321 (1999)
18) T. Shimizu *et al.*, *Biochem. Biophys. Res. Commun.*, **367**, 330 (2008)
19) S. Kageyama *et al.*, *J. Transl. Med.*, **11**, 246 (2013)
20) H. Fujii *et al.*, *Cancer Sci.*, **105**, 1616 (2014)
21) T. Nochi *et al.*, *Nat. Mater.*, **9**, 572 (2010)
22) Y. Hashimoto *et al.*, *Biomaterials*, **37**, 107 (2015)

第5章　ゲル

3　熱可逆性ハイドロゲル

嶋田直彦[*1]，丸山　厚[*2]

3.1　はじめに

　高分子が三次元的に物理的あるいは化学的に架橋され，溶媒によって膨潤されたものが高分子ゲルである。特に水溶媒によって膨潤されたハイドロゲルは，コンタクトレンズや細胞培養基材などのバイオマテリアルとして使用されている。また，ハイドロゲルはその三次元網目内に薬物が内包でき，経時的な放出が設計可能であることから，DDSの分野にも広く応用されている。温度変化に応答して可逆的に物理化学的性質が変化する熱可逆性ハイドロゲルは，温度応答性高分子が化学的あるいは物理的に架橋されたものである。多くの熱可逆性ハイドロゲルは低温溶解温度（LCST）を有する温度応答性高分子から作成されている。このLCST型高分子は水溶液中において，低温では溶解しているが，高温で不溶性になる。これらが架橋されたハイドロゲルは低温では膨潤しているが，高温になると収縮する。さらには親水性高分子とLCST型高分子とのブロック共重合体は，体温以上で溶液状態からゲル化する性質を有していることから，体内に注入できるインジェクタブルゲルと呼ばれている。本節ではこれら低温膨潤高温収縮ゲル（LCST型ハイドロゲル）およびインジェクタブルゲルのDDSへの応用について述べる。また，最近我々が開発した高温溶解温度（UCST）を有する温度応答性高分子から成る高温膨潤低温収縮ゲル（UCST型ハイドロゲル）の作成方法についても述べる。

3.2　薬物放出のための低温膨潤高温収縮ゲル（LCST型ハイドロゲル）[1]

3.2.1　概要

　LCST型ハイドロゲルにはLCST型温度応答性高分子であるポリイソプロピルアクリルアミド（PNIPAAm）が主要構成高分子として使われている。PNIPAAmはLCSTを体温付近である32℃に有しているため，DDSへの応用に適している。温度上昇によって収縮する挙動を利用

＊1　Naohiko Shimada　東京工業大学　大学院生命理工学研究科　助教
＊2　Atsushi Maruyama　東京工業大学　大学院生命理工学研究科　教授

して，薬物の放出を行うことができる．

3.2.2 材料
- N-isopropylacrylamide（NIPAAm）
- Methylenebisacrylamide（MBA）
- Bisvinyl-terminated polydimethylsiloxane（VTPDMS）
- 薬剤（caffeine，theophylline，progesterone 等）

3.2.3 実験操作
① 合成

30%（w/v）NIPAAm and VTPDMS（1% MBA 含む）になるように，それぞれのモノマーをクロロホルムに溶解させた．4℃で溶液の脱気を行った後に，素早く型に流し込んだ．^{60}Co の溶液に曝すことで1日，重合（0.5 Mrad/day）を行った．直径 1.5 cm のディスク状にゲルを打ち抜いた後，Soxhlet 抽出器で塩化メチレンを使って未反応の VTPDMS を取り除いた．乾燥後，水で洗浄を行った．

② 膨潤度評価

乾燥させたゲルは溶媒で少なくとも 24 時間曝し，平衡膨潤状態にした．各温度において，以下の式でゲルに含まれる水の重量を求めた．

$$(W_g - W_p)/W_g \times 100$$

ここで W_g は膨潤状態のゲルの重量，W_p は乾燥状態のゲル重量である．

また，急激な温度変化（例えば 18℃から 37℃）に伴う，ゲルの収縮速度は以下のパラメーターを使って評価した．

$$(W_g - W_p)/(W_g - W_p)$$

ここで W_g は初期状態（t = 0）膨潤状態のゲル重量，W_t はある時間 t のときのゲル重量，W_p は乾燥状態のゲル重量である．

③ ゲル内への薬物のローディングおよび放出

親水性のモデル薬物（例えば caffeine，theophylline）の飽和水溶液に対して，25℃でゲルを浸漬した．平衡状態に達した後，濾紙で表面の溶液を吸い取った．その後，室温にて真空乾燥を行った．疎水性のモデル薬物（例えば progesterone）の場合，水溶液の代わりにエタノール中の飽和溶液中に浸漬することでローディングを行った．

薬物放出は 37℃で評価した．120 mL 容量のガラスボトルに 100 mL の溶媒を加え，薬物ローディングゲルを浸漬させた．ゲルが入ったボトルはオービタルシェイカーにて振盪（150 rpm）を行った．

3.2.4 応用
温度変化に応答して，ゲルの体積変化が生じ，結果としてローディングされた薬物が放出され

第5章 ゲル

る。しかし，薬物ローディングゲルに対して体外から温度変化を与え，薬物放出を行うことは困難である。なぜならば，体内深くのゲルに対して，温度変化を体外から厳密にコントロールすることが難しいためである。よって外部刺激を温度変化ではなくpH変化や光変化等に変換する方が応用に適していると考えられる。これには温度応答性高分子にpH感受性や光感受性の官能基を導入することで達成することができる。さらに，マクロゲルからマイクロゲル，さらにはナノゲルまでスケールダウンすることでサイズに応じて留まる組織の選択性も付与できる可能性がある。

3.3 インジェクタブルゲル[2,3]

3.3.1 概要

ある種のブロック共重合体高分子は温度上昇に伴って，液体状態（ゾル状態）からゲル状態へのゾル-ゲル転移を引き起こすことが知られている。特に体温付近でゾル-ゲル転移を引き起こす高分子は，体内に注入することでゲルになることからインジェクタブルゲルとして応用されている。インジェクタブルゲルは体内組織の複雑な欠損部位への注入が容易であり，注入後はゲルになるため進入部位からの脱落・拡散が防止できる。よって，室温でゾル状態の高分子液に薬物を混合しておくことができ，ゲル化後，薬物はゆっくりと放出される。また，この高分子に生分解性がある場合，治癒後の外科的な摘出が不要である。このようなインジェクタブルゲルはポリエチレングリコール（PEG）と生分解性のポリエステル（例えば，ポリ乳酸，ポリグリコール酸）のブロック共重合体が使われることが多い。

3.3.2 材料

・PEG-PLGA-PEG ブロック共重合体
・モデル薬物（ketoprofen, spironolactone, paclitaxel, proteins）

3.3.3 実験操作

① 合成

poly(ethylene glycol)-b-(DL-lactic acid-co-glycolic acid)(PEG-PLGA)は monomethoxy poly(ethylene glycol)を開始剤として使用し，DL-lactide と glycolide の開環重合によって得た。このジブロック共重合体に hexamethylene diisocyanate を加えることで PEG-PLGA-PEG を合成した。^{1}H-NMR により鎖長を求め，GPC によって分子量と分子量分布を求めた。ブロック共重合体は緩衝液（例えば 10 mM リン酸緩衝液）に溶解させた（4℃，12時間）。

あるいは，poly(ethylene glycol)(60 g)を真空下，150℃で3時間乾燥させた後，DL-lactide と glycolide をモル比で 3:1 になるように添加し，真空下 30 分温めて溶解させた。Stannous 2-ethylhexanoate（0.04 g）を加え 155℃で 8 時間反応させた。クルードな高分子を水に溶解させ，80℃に加熱し，沈殿を回収した。沈殿は冷水に溶解させ，加熱し回収するというプロセスを複数回行うことで PEG-PLGA-PEG を得ることもできる。

② *in vitro* 薬物徐放評価

モデル薬物はブロック共重合体溶液に 2.5-10 mg/mL になるように溶解させた。モデル薬物を含む共重合体容器をバイアル瓶に 0.4 mL 加え，振盪しながらウォーターバス中（37℃）で 2 分間インキュベーションし，ゲル化を行った。一般的に，水溶媒に対する溶解性が低い難水溶性の薬物（例えば paclitaxel 等）は，ブロック共重合体水溶液に対して溶解性が上昇すると知られている。paclitaxel の場合，低温で 23%（w/w）の共重合体水溶液に対して 2 mg/mL の高濃度でも溶解できる。上記と同様にウォーターバス中で振盪することでゲル化を行った。溶媒（例えば 10 mM リン酸緩衝液，0.02 wt.% NaN3，0.2 wt% Tween 20）を 3.5 mL 加え，経時時間ごとに溶媒をサンプリングし薬物の徐放を HPLC 分析によって評価した。

③ *in vivo* 薬物徐放評価

抗がん剤を含んだインジェクタブルの場合，担癌ヌードマウス（がん組織が 300 mg）に対して 0.1 mL の共重合体溶液を，直接がん組織内に注入した（6-60 mg/kg, paclitaxel 濃度の場合）。経時時間ごとのマウスの生存率から効果の評価を行った。組織への滞留量については，放射性同位体元素でラベルした薬物を用いて評価した。

免疫賦活剤を含んだインジェクタブルゲルの場合，BALB/C マウスに対して 5 μg の抗原タンパク質と共重合体（23 wt%）の混合物を腹腔内に投与した。マウスの尾静脈からの抹消血を経時時間ごとに採取し，遠心操作によって得られた血清に対して ELISA を行った。

3.4 UCST 型ハイドロゲル[4,5]

3.4.1 概要

上述のように，加温することで収縮する LCST 型ハイドロゲルは多く存在する。しかし，加温することで膨潤する UCST 型ハイドロゲルは非常に少ない。これは，水中で UCST 型挙動を示す高分子が LCST 型高分子に比べ非常に少ないためである。ウレイド高分子（図1）は，生理的 pH および塩濃度で UCST 型挙動を示す非常に珍しい UCST 型高分子であり，この高分子を架橋することで UCST 型ハイドロゲルの構築が可能である。本項では，ウレイド高分子を使った UCST 型ハイドロゲルの作成方法について紹介する。

3.4.2 材料

・ポリアリルアミン塩酸塩
・シアン酸カリウム
・架橋剤（glutaraldehyde）

3.4.3 実験操作

① ウレイド高分子合成

ポリアリルアミン塩酸塩（PAA・HCl）はメタノールに対して再沈殿を行った。PAA・HCl 水溶液に対してシアン酸カリウム（アミノ基に対して 0.8-3 等量）を加え 60℃で 1 晩インキュ

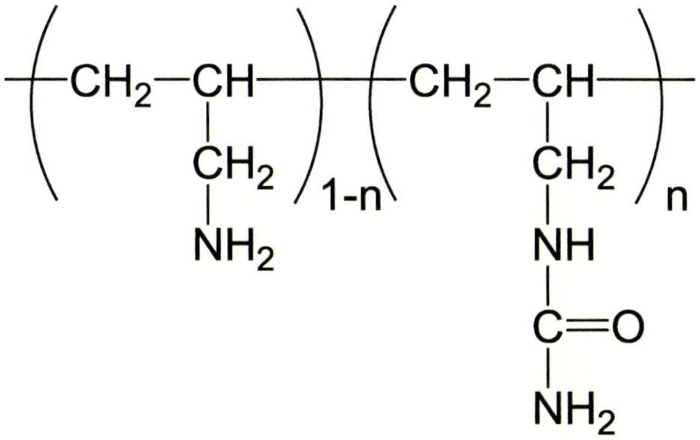

第5章　ゲル

図1　poly（allylamine-co-allylurea）（PAU）の構造式

ベートした。反応溶液は 0.1% TFA 溶液に対して透析を行った。凍結乾燥後，ウレイド高分子：poly（allylamine-*co*-allylurea）（PAU）を得た。^{1}H NMR（0.1% NaOD 中，60℃）測定によってウレイド化率を決定した。また，光架橋性の化合物を PAU に導入した Az-PAU は以下の通りに合成した。PAU（200 mg）および azidobenzoic acid（2 mol%）を sodium bicarbonate（3.5 mg/20 mL）溶液に溶解させた。その後 azidobenzoic acid と等モル量の 1-Ethyl-3-(3-dimethylaminopropyl)carbodiimide hydrochloride および *N*-hydroxysuccinimide が溶解した DMF 溶液をポリマー溶液に添加し，4℃で 24 時間反応させた。透析後，凍結乾燥を行った。

② ハイドロゲル合成

PAU（20 wt%）水溶液に対して，glutaraldehyde（1-3 wt%）を加え 45℃で 3 時間インキュベーションした。その後，sodium cyanoborohydride 溶液（10 mg/mL）に 30 分浸漬した。最後に，塩を含む緩衝液（例えば，10 mM HEPES（pH 7.5）150 mM NaCl）に，少なくとも 6℃で一晩浸漬させた。温度を変化させながら体積変化を調べた。

また，Az-PAU 水溶液（20 wt%）10 μL をポリスチレン基板に滴下後，顕微鏡下，対物レンズ（×40）を通して水銀ランプ（100 W）の UV 光（330-385 nm）で 10〜30 秒照射した。純水で 2 回洗浄後，測定用の緩衝液に浸漬し，少なくとも室温で 24 時間静置した。温度を変化させながら，顕微鏡下で体積変化を調べた（図2）。

3.4.4　応用

UCST 型ハイドロゲルを用いた DDS への応用は未だ成されていない。しかし，近年，生理的条件下において UCST 型挙動を示す高分子がいくつか報告され始めてきた[6]。よって，今後これらの高分子が架橋されたハイドロゲルが構築されるだろう。また UCST 型高分子と親・疎水性の高分子とのブロック高分子は温度応答性のミセルを形成し，温度に応答したモデル薬物の放出が報告された[7]。このように，UCST 型挙動を示す高分子を使った DDS への応用がなされていくと期待される。

DDSキャリア作製プロトコル集

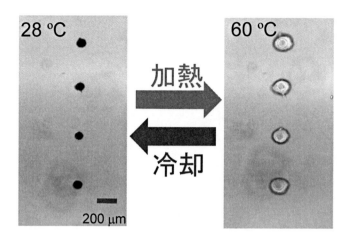

図2 UCST型ハイドロゲル

文　　献

1) LC Dong *et al., J. Control. Release,* **13**, 21 (1990)
2) GM Zentner *et al., J. Control. Release,* **72**, 203 (2001)
3) B Jeong *et al., J. Control. Release,* **63**, 155 (2000)
4) N Shimada *et al., Biomacromolecules,* **12** (2011)
5) N Shimada *et al., RSC. Adv.,* **4**, 52346 (2014)
6) Seuring *et al., Macromol. Rapid Commun.* **33**, 1898 (2012)
7) H Zhang *et al., Langmuir,* **30**, 11433 (2014)

第 5 章　ゲル
4　温度応答性高分子ハイドロゲル

中山正道*

　周囲の温度に応答して，可逆的な親水性/疎水性または可溶/不溶を生起する高分子を温度応答性高分子という。なかでも下限臨界溶液温度（Lower Critical Solution Temperature, LCST）という特定の温度を境に不溶化して凝集・沈殿するものは，バイオマテリアルやDDSの分野でインテリジェント材料の構成成分として広く適用されている。

　温度応答性を付加した高分子ハイドロゲルは，1980年代からDDSへの応用が検討されてきた。とくに体温近傍での微少温度変化による内包薬物のon-off放出制御のために，鋭敏で可逆的なゲル膨潤/収縮挙動を示す分子設計が追究されてきた。一方，低温で液状（ゾル状態）であり，体温付近ではゲル化するポリマー水溶液は，体内へ注射可能な（インジェクタブル）材料として近年注目が集まっている。インジェクタブルポリマー溶液に薬物や生理活性ペプチドなどを共存させておくと，注入した部位で長期間にわたり封入薬物を局所的に徐放させることができる。ここでは，LCST型高分子の温度応答性制御と機能性官能基の導入法について解説するとともに，鋭敏な温度応答性を示す温度応答性3次元架橋ゲルと生分解性の温度応答性インジェクタブルポリマーゲルについて紹介する。

4.1　片末端反応性を有するN-イソプロピルアクリルアミド共重合体の合成

4.1.1　はじめに

　LCST型高分子の代表例として，ポリ（N-アルキル置換アクリルアミド）が挙げられる。中でも，ポリ（N-イソプロピルアクリルアミド）（PIPAAm）は，水中で体温近傍の32℃にLCST（生理条件下では約30℃）をもつことから，バイオマテリアルやDDSの分野で最も広く利用されている。PIPAAmはLCST以下では，高分子鎖は水和して引き延ばされ，ランダムコイル状の構造をとる。逆にLCST以上まで昇温すると脱水和を起こし，疎水性相互作用により高分子鎖が凝集したグロビュール状態となる（図1）。

＊　Masamichi Nakayama　東京女子医科大学　先端生命医科学研究所　講師

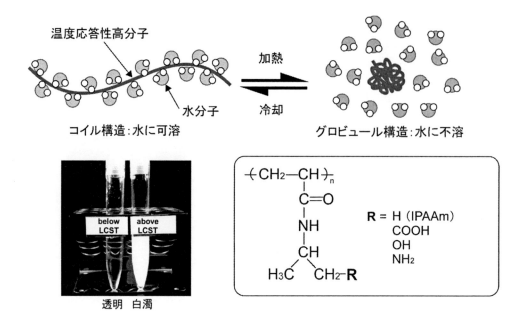

図1 ポリ（*N*-イソプロピルアクリルアミド）（PIPAAm）誘導体の化学構造と温度変化による相転移現象

　温度応答性高分子のLCST制御は，至適温度で物性・構造が変化するDDS材料を設計する上できわめて重要な要素の一つである。LCSTの代表的な制御法として共重合するモノマー（コモノマー）の性質とその共重合率を調整するものがある。温度応答性高分子主鎖に親水性モノマーを共重合したものは，コモノマー組成の増加とともに高温側にLCSTがシフトする。逆に疎水性モノマーとの共重合体では，コモノマー組成の増加にともに低温側にシフトする。一方，このような機能性高分子を天然の酵素やリポソームなどのDDSキャリアに修飾し，特定の機能を分子レベルで組み込むには，高分子がもつ本来の機能を損なうことなく，反応性基を効率よく導入する手法がきわめて重要である。ここでは，反応性官能基を方末端に導入したIPAAm共重合体と温度応答性挙動の制御法について解説する[1]。

4.1.2 必要な試薬

- *N*-isopropylacrylamide（IPAAm）（再結晶済）
- n-butyl methacrylate（BMA）（減圧蒸留済）
- *N,N*-dimethylacrylamide（DMAAm）（減圧蒸留済）
- tetrahydrofuran（THF）（減圧蒸留済）
- 2,2'-azobisisobutyronitrile（AIBN）（再結晶済）
- *N,N*-dimethylformamide（DMF）（減圧蒸留済）
- 3-mercaptopropionic acid（MPA）（減圧蒸留済）
- diethyl ether

第5章 ゲル

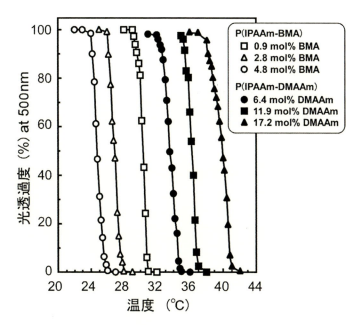

図2 IPAAm共重合体水溶液（10 mg/mL）の光透過度の温度依存性

4.1.3 実験操作と結果

モノマー（IPAAmとBMAまたはDMAAmを任意の比率で混合したもの）（43 mmol），連鎖移動剤としてMPA（0.95 mmol），重合開始剤としてAIBN（0.1 mmol）をナスフラスコ内に入れ，DMF（50 mL）に溶解した。この溶液を減圧下で凍結-融解法により脱気操作をおこなった（30分程度の窒素ガスバブリングによる脱酸素処理でも可能）後，70℃で5時間反応させた。反応溶液をエバポレーターで減圧濃縮後，残渣をTHFに再溶解した。このポリマー溶液を20倍容量以上のdiethyl etherに滴下することでポリマーを沈殿回収し，減圧乾燥した。

分子量決定は，ゲル浸透クロマトグラフィー（GPC）によりおこなった（溶離液：THF，温度：40℃，検量線：ポリエチレングリコール標準サンプルで作成）。また，高分子水溶液（10 mg/mL）の各温度における光透過度を紫外可視分光光度計測定で評価した（昇温速度：0.1℃/min，波長：500 nm）。光透過度が50％となる温度をLCSTと近似した。

回収したポリマーは分子量分布が狭く（重量平均分子量/数平均分子量，M_w/M_n：〜1.2），数平均分子量が約6,000であった。BMAあるいはDMAAmを共重合したポリマー溶液は，各コモノマーの組成に応じてLCSTを任意に制御できることが示された（図2）。

4.1.4 応用

カルボキシル基，ヒドロキシル基やアミノ基などの反応性官能基を持つチオール化合物を連鎖移動剤としたラジカル重合（テロメリ化反応）により，ポリマーの開始末端側に反応性官能基を有するポリマーを合成することが可能である（図3）。このとき，ポリマー末端に定量的に官能

DDSキャリア作製プロトコル集

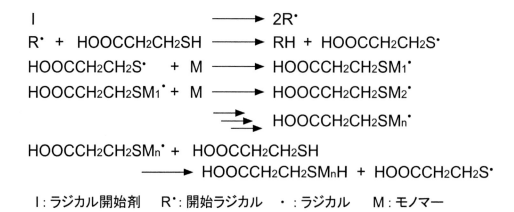

I：ラジカル開始剤　R•：開始ラジカル　•：ラジカル　M：モノマー

図3　テロメリ化反応による方末端カルボキシル型ポリマーの合成スキーム

性基を導入し，かつ得られるポリマーの分子量分布を比較的狭いものを得るには重合系のモノマー転化率を20%以下にすることが好ましい。また，連鎖移動剤濃度[S]と初期モノマー濃度[M]の比率（[S]/[M]）により，得られるポリマーの分子量を任意に制御することもできる。このような末端反応性のPIPAAm誘導体は縮合反応などにより，リポソームや酵素などに温度応答性を付加することも容易である。

最近，リビングラジカル重合法の一つである可逆的付加-開裂連鎖移動型ラジカル（RAFT）重合法により，分子量制御された両末端官能型IPAAm共重合体の合成法が報告されている[2]。反応性基を有するジチオエステル化合物類を連鎖移動剤（RAFT剤）として用いることで，開始末端側に反応性基，成長末端側にRAFT剤由来のジチオエステル基を有するポリマーを得ることができる。ポリマー末端のジチオエステル基は連鎖移動剤としての機能を有しているために，多段階重合によりブロック共重合体を合成することができる。また，還元反応により容易にチオール基に置換でき，さまざまな反応に利用することも可能である。

4.2　鋭敏な温度応答性を示す3次元架橋ハイドロゲル

4.2.1　はじめに

体温近傍での微少温度変化による薬物放出のon-off制御として，PIPAAm 3次元架橋ゲルを中心に，温度依存的な膨潤-収縮変化に伴う薬物放出デバイスが追求されてきた。PIPAAmゲルをLCST以上に急激に昇温させると，脱水和にともないゲルは収縮し始める。しかし，すぐに自由度の高いゲル表面に水の透過を阻害する緻密な疎水性の収縮層（スキン層）が形成され，きわめてゆっくりとした収縮過程に移行する（完全な収縮に約1ヶ月かかる）。このため，ゲルを素早く，可逆的に動作させる観点からIPAAmとアクリル酸（AAc）などの親水性モノマーとの共重合ゲルも検討された。ところが，このようなゲルはスキン層の凝集力の低下によりゲル内

部からの水の透過性が向上し，収縮速度は加速する一方，親水性成分の組成が2〜3%程度まで高まるとゲルの収縮力は極端に弱くなり，速度はかえって低下してしまうという問題点があった。そこでゲルの架橋網目の分子構造設計により，素早い収縮挙動を追求した温度応答性ゲルが報告されている。その一つとして，親水性のポリエチレングリコール（PEG）をPIPAAmの三次元網目中にグラフトした櫛形構造のゲルがある[3]。このようなゲルでは，収縮変化を抑制するゲル表面のスキン層の中に，PEG鎖を導入することで水が透過するチャンネルを確保し，ゲル内部の水を収縮によって押し出し素早く収縮させることが可能となる。

4.2.2　必要な試薬

- N-isopropylacrylamide（IPAAm）（再結晶済）
- polyethylene glycol monoacrylate（PEG-A）（数平均分子量5000）
- N,N'-methylenebisacrylamide（Bis）
- peroxydisulfuric acid（APS）
- N,N,N',N'-tetramethylethylenediamine（TEMED）
- sodium salicylate（SalNa）

4.2.3　実験操作と結果

IPAAmおよびPEG-Aを任意の仕込み比で水に溶解し（IPAAm＋PEG-A濃度：1.56 g/10 mL），架橋剤であるBis（IPAAm＋PEG-A重量に対して1.7 wt%）とAPSを添加した。次に窒素ガスバブリングにより脱酸素操作をおこない，直ちにTEMEDを添加した。この溶液を2 mmのテフロン製スペーサを挟んだ2枚のガラス板中に注入し，5℃で24時間静置しゲル化反応をおこなった。得られたゲルは大量のメタノールおよび低温下で水中に浸漬することで洗浄した。

調製した板状のハイドロゲルを直径1.5 cmに打ち抜き，真空下で乾燥させた。ゲルを10℃の純水（または緩衝液）で3日間膨潤させ平衡状態とした。このゲルを高温の水中に浸漬させた後，各温度における平衡膨潤度を測定した。このとき膨潤度は乾燥重量に対する吸水量の比として定義した。重量測定の際，ゲルを水中から取り出し，表面に付着した過剰な水分をろ紙で拭き取り測定した。また，体積相転移温度以下の10℃から相転移温度以上の40℃に変化させたときのゲルの収縮挙動を経時的にゲルの重量変化により評価した。

モデル薬物としてサリチル酸ナトリウム（SalNa，分子量160.11）を純水中に5 mg/Lの濃度で溶解した。この溶液中に真空乾燥したゲルを10℃で3日間膨潤させ，薬物をゲル中に含浸させた。薬物を内包した重量0.38〜0.49 gの膨潤ゲルを170 rpmで撹拌した40℃，1Lの純水中に浸漬して収縮させた。溶液を経時的にサンプリングし，SalNa濃度を紫外吸収スペクトル測定（測定波長296 nm）により決定し，ゲル収縮変化にともなう薬物放出挙動を評価した。

PEGをグラフトしたゲルでは，PEG鎖含量が13 wt%まで増加してもPIPAAmゲルのLCSTは変化せず，低温時の平衡膨潤度も大きく変化しなかった。一方，10℃から40℃に昇温したときのゲルの収縮挙動を評価した結果，PEG鎖を含まないPIPAAmゲル（NG）は，直ちに白濁し，

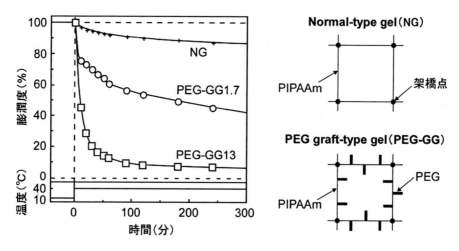

図4 PIPAAm ゲルへの PEG グラフト鎖導入によるゲル収縮挙動の効果

ゆっくり収縮した。一方，1.7wt% 含んだゲル（PEG-GG1.7）は白濁しつつ，NG より素早く収縮変化した。さらに PEG を 13wt% 含んだゲル（PEG-GG13）は透明状態で急激に収縮し，約 100 分で初期重量の 10% まで収縮した（図4）。

NG ゲルは昇温により約 20% の薬物が収縮初期に放出され，その後，スキン層による拡散抑制により薬物は徐々に放出された。一方，PEG-GG は，収縮初期の 20 分以内に約 80% の薬物を放出することが分かった。また，スキン層形成を利用した従来の PIPAAm ゲルによる薬物放出制御と異なり，PEG グラフト型ゲルは，収縮変化で薬物をパルス的に放出することが可能であった。

4.2.4 応用

PIPAAm を主成分とする 3 次元架橋ゲルでは，主鎖中のイソプロピル基の連続的な構造が高分子鎖の収縮において重要な役割を担っていると考えられる。そこで，IPAAm の化学構造を維持した状態でさまざまな官能基を導入した誘導体を設計し（図1），これを共重合する方法も検討されている[4]。例えば，カルボキシル基を有する 2-カルボキシルイソプロピルアクリルアミドを IPAAm と共重合した温度応答性ゲルでは，IPAAm-AAc 共重合ゲルと異なりほとんど LCST の変化を引き起こさず，カルボキシル基によりゲル内の水を外側に放出しやすくなり，収縮速度が顕著に増大する。一方，ゲルの 3 次元網目中に片末端自由型の PIPAAm 鎖をグラフトしたゲルも提案されている[5]。このグラフトゲルでは，同じ化学組成，架橋密度であるにもかかわらず，網目主鎖とは独立した自由度の高い PIPAAm グラフト鎖が網目の収縮に先立って素早く脱水和するとともに，網目中に凝集変化を生起する疎水性の核を形成し，核同士の疎水的相互作用により収縮力が飛躍的に増大することが知られている。その結果，ゲル表面にスキン層を形成することなく，内部の水を急激に押し出すことで収縮速度は圧倒的に速くすることが可能である。

4.3 生分解性能を有する温度応答性インジェクタブルゲル

4.3.1 はじめに

　低温では水溶液（ゾル状態）であり，体温付近でゲル化するポリマーは，体内へ注入し，その部位で固まることからインジェクタブルポリマーとしてDDSや組織工学を中心に医療への応用が期待されている。インジェクタブルポリマー溶液に薬物を溶解しておくと，体内に注入すると同時にハイドロゲルを形成し，ゲル内部から拡散により薬物を長期的に徐放させることができる。温度に応答してゾル-ゲル転移を示すポリマーとして，親水性高分子鎖と疎水性高分子鎖からなるブロック共重合体が知られている。代表的なものとして，親水性のPEGと疎水性のポリプロピレングリコール（PPG）を有するトリブロック共重合体（PEG-PPG-PEG）（ProximerまたはPluronic）（図5）が市販されている。これは生体適合性ポリマーとしてアメリカ食品医薬品局（FDA）でも承認されており，さまざまな医療用途に用いられているが，生体内では非分解性である。近年，疎水性高分子鎖として乳酸-グリコール酸のランダム共重合体（PLGA）などの生分解性高分子を用いたトリブロック共重合体（例えば，PLGA-PEG-PLGA）が報告され，生分解性かつ生体適合性のポリマーとして注目されている。ここでは，温度応答性インジェクタブルゲルとして機能するPLGA-PEG-PLGA（図5）の合成と難水溶性薬物の封入について紹介する[6]。

4.3.2 必要な試薬

- polyethylene glycol（PEG）（分子量1,000）（脱水処理済）
- D,L-lactide（再結晶処理済）
- glycolide（再結晶処理済）
- tin(II) 2-ethylhexanoate（Sn(Oct)$_2$）
- paclitaxel（PTX）

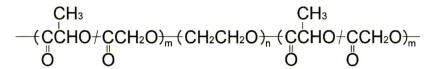

図5　温度応答性インジェクタブルポリマーの化学構造

4.3.3 実験操作と結果

　乾燥窒素雰囲気下で真空乾燥した PEG（60 g）を 150℃ で 3 時間撹拌した。D,L-lactide（113.46 g）および glycolide（30.48 g）をそれぞれ添加し，減圧下で 30 分加熱した。添加したモノマーが融解した後，Sn(Oct)$_2$（0.04 g）を添加し，155℃ で 8 時間反応させた。バス温度を 150℃ まで下げた後，未反応のモノマーを減圧処理で除去した。未精製のポリマーを氷水（5～8℃）に完全に溶解した後，80℃ に加熱することで目的のポリマーを沈殿させた。氷水に再溶解した後，加熱沈殿させる操作を繰り返すことでポリマーを精製し，水溶液を凍結乾燥することで PLGA-PEG-PLGA を得た。

　分子量は，GPC（溶離液：THF，検量線：ポリエチレングリコール標準サンプルで作成）で評価した結果，4,200（M_w/M_n：1.3）であった。また，0～60℃ の温度範囲でさまざまな濃度の PLGA-PEG-PLGA 水溶液の粘度変化を評価した結果，15-23 wt% 濃度のポリマー溶液で顕著なゾル-ゲル転移挙動を示した。中でも 23 wt% のポリマー溶液では，13.6℃ 付近でゲル化挙動が観察され，17.8℃ で完全なゲル状態となった。*in vitro* 分解挙動を評価した結果，37℃ および 5℃ ではそれぞれ 6～8 週間，20～30 週間で加水分解し，-10℃ では 2 年以上にわたり高分子構造が安定であることが確認された。

　冷却した 23 wt% の高分子溶液（ゾル状態）0.4 mL をラット皮下に注入した結果，体温付近まで温まることで速やかにゲル化が確認された。注入 2～4 週の間にゲルサイズの縮小が観察され，ゲルとポリマー粘性液との混合状態，次に粘性液の状態を経由して，最終的に体内に吸収されることが分かった。

　5℃ に冷却した高分子溶液（23 wt%）には，難水溶性薬物である PTX を 10 mg/mL 以上の濃度で可溶化させることが可能であった。また，37℃ のゲル状態では 30 日後に 85% 以上，-10 および 5℃ のゾル状態では 99% 以上の薬物が安定に保存できることが示された。PTX を封入した 2 mL ゲルを 2.4 wt% Tween-80 および 4 wt% Cremophor EL を含む PBS（pH 7.4）150 mL 中に入れて，37℃ における薬物放出量を経時的に逆相クロマトグラフィーにより評価した。Pluronic F-127（市販品）と比較した結果，Pluronic F-127 では 1 日以内に薬物放出が完了したのに対して，50 日にわたる長期の薬物放出を実現することを確認した。

4.3.4 応用

　インジェクタブルポリマーは，注射により体内に注入し，目的の組織でゲル化させることが可能である。このため，外科的切開による埋入が必要でなく，患者に対して QOL（quality of life）が高い治療が期待できる。ここで紹介したポリマー合成法は，有機溶媒フリーのバルク開環重合法である。大量合成する場合に有機溶媒のボリュームを考慮する必要がないだけでなく，ポリマーを生体にインジェクションする場合に毒性の危険性がある残存有機溶媒を考慮する必要がない。現在，PLGA-PEG-PLGA を用いたインジェクタブルポリマーゲルは ReGel® としてその製剤化が検討されている。腫瘍内へ直接注入する ReGel®/パクリタキセル製剤（OncoGel™）は，他の臓器への抗がん剤の分布を抑制し，腫瘍組織での薬物濃度を向上させることを実現してお

り，臨床試験が展開中である。PLGA-PEG-PLGA は，PLGA/PEG 比や各成分の分子量によりゲル化時の力学的強度を調整することも可能であり，低分子薬物や生理活性ペプチド／タンパクの用途に応じた徐放制御を可能とする高分子設計が検討されている。一方，体温付近でゲル化する PEG 含有インジェクタブルポリマーの課題としては，力学強度が低いことが挙げられる。特に細胞足場（スキャフォールド）としてポリマーゲルを活用する場合には力学強度の改善が必要である。現在，生分解性高分子の設計に加え，ゲルの力学強度向上のために多分岐型やグラフト（枝分かれ）型構造をもつポリマーが分子設計されてきている。

文　　献

1) Y. G. Takei et al., *Bioconjugate Chem.*, **4**, 42-46 (1993)
2) J. Akimoto et al., *Biomacromolecules*, **10**, 1331-1336 (2009)
3) M. Ebara et al., *J. Polym. Sci. Part A: Polym. Chem.*, **39**, 335-342 (2001)
4) Y. Kaneko et al., *Macromolecules*, **31**, 6099-6105 (1998)
5) R. Yoshida et al., *Nature*, **374**, 240-242 (1995)
6) G. M. Zentner et al., *J. Control. Release*, **72**, 203-215 (2001)

第5章　ゲル

5　標的分子応答性ゲル

宮田隆志[*]

5.1　はじめに

　高分子ゲルは，高分子鎖が物理的あるいは化学的な架橋により不溶性の三次元網目を形成し，それが溶媒に膨潤したソフトマテリアルである。このような高分子ゲルの中で溶媒として水を吸収しているヒドロゲルは紙おむつなどの家庭用品からソフトコンタクトレンズなどの医療機器まで幅広い分野で利用されている[1]。さらに，ゲルの体積相転移現象の発見以降，温度やpH，電場などの外部環境変化に応じて膨潤収縮する高分子ゲル（刺激応答性ゲル）が，ドラッグデリバリーシステム（DDS）やセンサー，人工筋肉，細胞培養システムを構築するためのスマートマテリアルとして，医療・環境・エネルギー分野への応用が期待されている[2]。

　一方，タンパク質やDNAなどの生体分子由来のバイオマーカーは疾病診断に有用であり，生体分子間相互作用を利用した様々な診断システムが提案されている。このような標的生体分子の認識により体積変化する刺激応答性ゲル（生体分子応答性ゲル）を設計できれば，疾病のシグナルとなる生体分子に応答して薬物放出できるドラッグデリバリーシステム（DDS）の構築が可能となる。このような生体分子応答性ゲルを設計するためには，標的生体分子に対する認識挙動とゲル網目の構造変化とを連携させるシステムの構築が不可欠である。しかし，この連携システムを材料に組み込む方法が難しく，これまで生体分子応答性ゲルに関する報告が少なかった[3,4]。たとえば，グルコース応答性ゲルを合成する方法として，グルコースオキシダーゼ（GOD）の酵素反応とアミノ基含有ポリマーのpH応答性とを組み合わせる方法[5]やフェニルボロン酸基含有ポリマーのグルコース結合能とポリ（N-イソプロピルアクリルアミド）（PNIPAAm）の温度応答性とを連携させる方法[6]が報告されている。本節では，より一般性の高い標的分子応答性ゲルの設計方法として，動的架橋点として生体分子複合体を利用する設計コンセプトに基づいた生体分子応答性ゲルの合成[7,8]について述べる。特に，標的生体分子に応答して膨潤する生体分子架橋ゲルおよび収縮する生体分子インプリントゲル，さらにナノサイズの粒子状にした生体分子応答性ゲル微粒子の合成方法を概説する。

---

　[*]　Takashi Miyata　関西大学　化学生命工学部　教授

第 5 章　ゲル

5.2　応答膨潤型の生体分子応答性ゲル（生体分子架橋ゲル）

5.2.1　概要

　応答膨潤型の生体分子応答性ゲルは，重合性官能基を導入した生体分子複合体を親水性モノマーおよび架橋剤モノマーと共重合することによって合成できる。導入された生体分子複合体はゲル架橋点として作用するが，標的生体分子が存在すると複合体の交換反応によって架橋点が減少し，結果的に応答膨潤を示すことになる。このような生体分子架橋ゲルとしては，グルコース応答性ゲル[9,10]や抗原応答性ゲル[11~13]などが報告されている。ここでは，抗原抗体結合を動的架橋として利用した抗原応答性ゲルの合成方法とそれを用いた薬物透過制御について述べる。

5.2.2　材料

・抗原：Rabbit immunoglobulin G（rabbit IgG）
・抗体：Goat anti-rabbit IgG（GAR IgG）
・生体分子修飾試薬：N-Succinimidylacrylate（NSA）
・主モノマー：Acrylamide（AAm）
・架橋剤：Methylenebisacrylamide（MBAA）
・Ammonium persulphate（APS）
・N,N,N',N'-Tetramethylethylenediamine（TEMED）

5.2.3　実験操作

① 合成（図1）

　抗体としての GAR IgG が溶解したリン酸緩衝液（0.02 M，pH 7.4）に NSA を加えて 36℃ で 1 時間反応させた。得られたアクリロイル基導入 GAR IgG をゲル濾過によって精製した後，レドックス開始剤である APS 水溶液と TEMED 水溶液と共に AAm を加えて，25℃ で 3 時間共重合することにより，ポリアクリルアミド（PAAm）と GAR IgG とのコンジュゲート（PAAm-GAR IgG）を合成した。次に，アクリロイル基導入 GAR IgG と同様にして合成したアクリロイル基導入 rabbit IgG と AAm，MBAA（AAm に対して 0.1 wt%）を，PAAm-GAR IgG のリン酸緩衝液に混合した。さらに，APS 水溶液と TEMED 水溶液を加えて混合した後，ガラス管に封入して 25℃ で 3 時間重合させた。得られた抗原抗体複合体ゲルはリン酸緩衝液で十分に洗浄することにより，未反応モノマーや開始剤を除去した。

② 膨潤率測定

　合成したゲルを 25℃ のリン酸緩衝液で十分に平衡膨潤させた後，所定濃度の抗原が溶解したリン酸緩衝液に浸漬させ，光学顕微鏡を用いてゲル直径を測定することによりゲルの膨潤率変化を評価した。

$$膨潤率 = V/V_0 = (d/d_0)^3$$

　ここで，d_0 および d はそれぞれリン酸緩衝液と抗原の溶解したリン酸緩衝液中で平衡膨潤に達

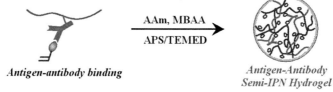

図1　抗原抗体複合体ゲルの合成

したゲルの直径である。

標的抗原であるrabbit IgGが溶解したリン酸緩衝液に抗原抗体複合体ゲルを浸漬させ，上記の方法で膨潤率を決定した。その結果，rabbit IgG濃度の増加に伴ってゲルの膨潤率も次第に増加し，明確な抗原応答性を示した。また，標的抗原とは異なるgoat IgG溶液中では全く膨潤率変化を示さなかった。

③　ゲル膜による溶質透過実験

①で述べた合成手順で膜状のゲル（抗原抗体複合体ゲル膜）を調製した後，ダイヤフラム型膜透過セルにそれを挟み，一方にモデル薬物のヘモグロビンのリン酸緩衝液を入れ，もう一方に入れたリン酸緩衝液中に透過してくるヘモグロビン量を分光光度計によって測定した。リン酸溶液中に抗原であるrabbit IgGを添加していない場合には，抗原抗体複合体ゲル膜はヘモグロビンの透過を抑制した。しかし，抗原を添加するとヘモグロビンは膜を透過し，その透過速度は抗原濃度の増加に伴って増加した。したがって，抗原抗体複合体ゲル膜は外部抗原濃度の変化に応答してモデル薬物の透過のON-OFF制御が可能であることが明らかとなった（図2）。

5.2.4　応用

温度やpHなどの変化に応答して膨潤収縮する刺激応答性ゲルは，自律応答型DDSを実現す

第5章 ゲル

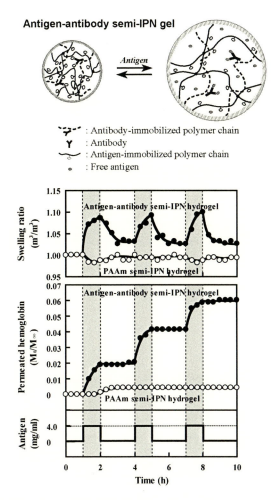

図2 抗原濃度に応答した抗原抗体複合体ゲル(●)とポリアクリルアミドゲル(○)の膨潤収縮挙動とモデル薬物(ヘモグロビン)透過挙動

るスマートバイオマテリアルとして期待されている。一方，疾病のシグナルとなる生体分子や身体の特定部位に存在する生体分子は，自律応答型DDSを構築するための重要なシグナルである。これまで生体分子応答性DDSとしては，グルコースオキシダーゼ（GOD）の酵素反応とアミン系高分子のpH応答性とを組み合わせたグルコース応答性インスリン放出システムが提案されている[5]。このようなグルコース応答性インスリン放出システムは，糖尿病患者のための血糖値調節システムとして期待されている。この他にも腫瘍マーカーなどのように生体の異常を示すシグナルとなる生体分子は数多く知られているが，標的生体分子に応答して膨潤収縮する生体分子応答性ゲルはほとんど報告されなかった。ここで紹介した抗原抗体複合体ゲルは，特定の抗原に応答して薬物の透過を制御できる自律応答型DDSへの応用が期待できる。さらに，様々な抗原抗体複合体をゲル架橋点として利用できるため，シグナルとなるマーカータンパク質などに対して

197

その抗体との複合体を導入することにより，テーラーメードで生体分子応答性ゲルを合成でき，目的に応じた自律応答型 DDS の構築が可能になる．

5.3 応答収縮型の生体分子応答性ゲル（生体分子インプリントゲル）

5.3.1 概要

応答収縮型の生体分子応答性ゲルは，標的生体分子を鋳型とし，それと相互作用するリガンドモノマーを用いた分子インプリント法[14〜16]によって合成できる．この分子インプリント法によってゲル内にリガンドを最適に配置でき，標的生体分子が存在するとリガンドとの複合体形成によって架橋密度が増加し，結果的にゲルは応答収縮することができる．このような生体分子インプリントゲルとしては，腫瘍マーカー応答性ゲル[17,18]や内分泌かく乱化学物質応答性ゲル[19]などが報告されている．ここでは，肝細胞がんの腫瘍マーカーである α-フェトプロテイン（AFP）に対するリガンドとしてレクチンと抗体を用いた腫瘍マーカー応答性ゲルの合成方法について述べる．

5.3.2 材料

・腫瘍マーカー：Human α-fetoprotein（AFP）
・抗体：Human anti-AFP immunoglobulin G（antiAFP）
・レクチン：Concanavalin A（ConA）
・生体分子修飾試薬：N-Succinimidylacrylate（NSA）
・主モノマー：Acrylamide（AAm）
・架橋剤：Methylenebisacrylamide（MBAA）
・Ammonium persulphate（APS）
・N,N,N',N'-Tetramethylethylenediamine（TEMED）

5.3.3 実験操作

① 合成（図3）

レクチンの ConA が溶解したリン酸緩衝液（0.02 M, pH 7.4）に NSA を NSA:ConA=2:1 となるように加えて 36℃ で 1 時間反応させた．得られたアクリロイル基導入 ConA をゲル濾過によって精製した後，レドックス開始剤である APS 水溶液と TEMED 水溶液と共に AAm を加えて，25℃ で 3 時間共重合することにより，PAAm と ConA とのコンジュゲート（PAAm-ConA）を合成した．アクリロイル基導入 ConA と同様にしてアクリロイル基導入 antiAFP を合成した後，PAAm-ConA のリン酸緩衝液に鋳型としての AFP を混合することにより ConA-AFP-antiAFP からなる複合体を形成させた．この溶液にモノマーの AAm と架橋剤の MBAA（AAm に対して 0.1 wt%），APS 水溶液と TEMED 水溶液を加えて混合した後，ガラス管に封入して 25℃ で 6 時間重合させた．得られたゲルから鋳型として用いた AFP と未反応モノマー，開始剤を除去するため，リン酸緩衝液（0.02 M, pH 7.4），リン酸-クエン酸緩衝液（0.02 M, pH 4.0），

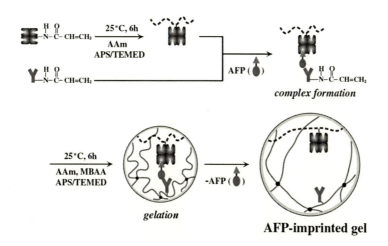

図3 リガンドとしてレクチンと抗体を有する腫瘍マーカー（AFP）
インプリントゲルの合成

そして再びリン酸緩衝液で（0.02 M, pH 7.4）で十分に洗浄することにより，AFPインプリントゲルを得た。

② 膨潤度測定

5.2.3②と同様の方法で，抗原の代わりにAFPあるいは糖タンパク質の一種である卵白アルブミンを用いてAFPインプリントゲルの膨潤率測定を行った。AFPが溶解したリン酸緩衝液中ではAFPインプリントゲルは次第に収縮し，その膨潤率はAFP濃度に依存した。一方，標的分子ではない卵白アルブミンの緩衝液中では若干膨潤し，標的分子であるAFPに対する応答とは全く異なっていた。AFP溶液中ではAFPインプリントゲル中に存在するリガンドのConAとanti-AFPがAFPと結合してサンドイッチ状のConA-AFP-anti-AFP複合体を形成し，これが架橋点として作用するためにゲルが応答収縮を示したと考えられる（図4）。一方，卵白アルブミンの場合には，リガンドのConAが卵白アルブミンと複合体形成するが，もう一方のリガンドのanti-AFPが結合しないため，架橋密度が変化せず，AFP吸着によってゲル内の浸透圧が増加するために若干膨潤する。したがって，AFPインプリントゲルは二種類の異なるリガンドであるConAとanti-AFPとが標的分子と同時に複合体形成する場合にのみ収縮することができ，厳密な糖タンパク質認識応答性を示すことがわかる。

5.3.4 応用

分子インプリント法は，標的分子に対する認識サイトを簡便に形成させる方法として，分離材料やセンサー材料などを調製するために広く利用されている。通常の分子インプリント法では多量の架橋剤を使用するため，ここで紹介したような膨潤収縮するような応答性を示すことはできない。しかし，この分子インプリント法をヒドロゲル合成で利用することにより，標的分子に応答して収縮する標的分子応答性ゲルを設計することができる。そこで，標的分子に応答したゲル

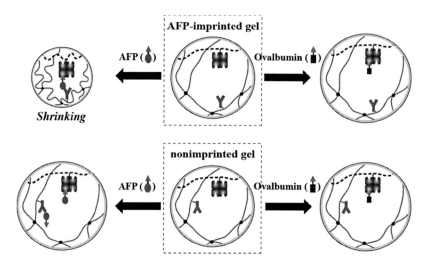

図4 腫瘍マーカーインプリントゲルの標的糖タンパク質認識応答挙動

の構造変化を利用することにより，薬物放出を制御することも可能である．さらに，分子インプリント法を利用すると，標的分子に対するリガンドを最適に配置できるため，薬物などを安定に保持できるゲルも合成できる．このように分子インプリント法は，効率的に薬物を保持して放出するためのDDSキャリアを設計する上で有用である．

5.4 生体分子応答性ゲル微粒子（生体分子応答性ナノゲル）

5.4.1 概要

　生体分子応答性ゲルを実際にDDSキャリアとして利用する場合には微粒子化が要求される．微粒子状のゲルを調製する方法としては，疎水化多糖の自己集合による物理的方法や乳化重合などを利用した化学的方法が知られている．ここでは，より一般的なゲル微粒子の合成方法として用いられている乳化重合により生体分子応答性ゲル微粒子を合成する方法について述べる．一般的な乳化重合ではエマルションや生成粒子を安定化させるために界面活性剤が用いられ，重合の進行に伴ってサブミクロンの球状粒子が生成する．このときに用いられた界面活性剤は生成した粒子表面に吸着され，それを除去するのは容易ではない．また生体分子応答性ゲル微粒子の合成には，抗体やレクチンなどの生体分子を用いる必要があり，界面活性剤はこのような生体分子に悪影響を及ぼす．そこで，界面活性剤を用いないソープフリー乳化重合により生体分子応答性ゲル微粒子の合成が試みられている[20,21]．ソープフリー乳化重合では界面活性剤を用いないため，生成微粒子の安定性は低下する．そのため，ソープフリー乳化重合により生体分子応答性ゲル微粒子を合成する際，親水性架橋剤としてポリエチレングリコールジメタクリレートが用いられた．ここでは，レクチンと側鎖グルコース含有ポリマーとの複合体形成を動的架橋として有する

グルコース応答性ゲル微粒子の合成方法[21]を紹介する。

5.4.2 材料
- レクチン：Concanavalin A（ConA）
- 生体分子修飾試薬：*N*-Succinimidylacrylate（NSA）
- 側鎖糖含有モノマー：2-Glucosyloxyethyl methacrylate（GEMA）
- *N,N*-Diethylaminoethyl methacrylate（DEAEMA）
- 架橋剤：Poly（ethylene glycol）dimethacrylate（PEGDMA）
- Ammonium persulphate（APS）
- *N,N,N',N'*-Tetramethylethylenediamine（TEMED）

5.4.3 実験操作

① 合成（図5）

ConAが溶解したリン酸緩衝液（0.1 M, pH 7.4）にNSAを加えて36℃で1時間反応させた。得られたアクリロイル基導入ConAをゲル濾過によって精製した後，GEMAと混合させて1時間放置することによりGEMA-ConA複合体を形成させた。この溶液にDEAEMAとPEGDMAを加えて超音波により分散させ，レドックス開始剤であるAPS水溶液とTEMED水溶液を加えて，36℃で6時間共重合（ソープフリー乳化重合）した。得られた微粒子水溶液をリン酸緩衝液（pH 6.5, 5 mM）に対して透析することによりGEMA-ConA複合体を架橋点とするゲル微粒子（ナノゲル）を得た。

② ゲル微粒子のキャラクタリゼーション

GEMA-ConA複合体ゲル微粒子の粒径は動的光散乱法（DLS）によって決定した。また，ゲル微粒子を凍結乾燥させた後，X-線光電子分光法（XPS）により粒子表面の化学組成を決定した。また，ゲル微粒子の膨潤率は，グルコースまたはガラクトースを溶解したリン酸緩衝液（0.1 M, pH 7.4）中での粒径（d）とリン酸緩衝液（0.1 M, pH 7.4）中での粒径（d_0）をDLSによって測定し，次式によりゲル微粒子の単糖応答挙動を評価した。

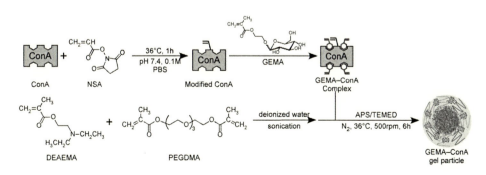

図5 ソープフリー乳化重合によるグルコース応答性ゲル微粒子の調製

$$膨潤率 = V/V_0 = (d/d_0)^3$$

XPS 測定によって GEMA-ConA 複合体ゲル微粒子の表面元素分析を行うと，重合時のモノマー組成と比較してゲル微粒子の表面組成の方が GEMA や ConA，PEGDMA に由来するエーテル結合やアミド結合が多く存在することが明らかとなった。したがって，GEMA-ConA 複合体ゲル微粒子は，親水性成分の GEMA や ConA，PEGDMA が表面に偏在化していると考えられた。この GEMA-ConA 複合体ゲル微粒子が分散しているリン酸緩衝液に，フリーのグルコースを添加するとその粒径は増加し，ゲル微粒子の膨潤率も増加した。しかし，このゲル微粒子をグルコースを含まないリン酸緩衝液に入れると再び収縮し，グルコースの有無によって可逆的な膨潤率変化を示した。したがって，GEMA-ConA 複合体ゲル微粒子は，グルコース濃度に応答して可逆的に粒径変化するグルコース応答性ゲル微粒子であることがわかる。

5.4.4 応用

通常の高分子ゲルは，モノマーと架橋剤を共重合することにより合成されるため，得られたゲルを加工することは困難である。そのため，DDS キャリアとしてゲルを利用するためには，ナノスケールのゲルを調製する必要がある。ナノスケールのゲルを調製する方法としては両親媒性高分子の自己組織化などが用いられるが，モノマーの重合によってナノスケールのゲル微粒子を合成する方法としては乳化重合が一般的である。ここで紹介した方法は，その乳化重合の中で界面活性剤を用いないソープフリー乳化重合であり，よりクリーンな表面を有するゲル微粒子を調製することができる。側鎖糖を有するポリマーとレクチンとの複合体を動的架橋として有するゲル微粒子は，グルコース濃度に応答して膨潤収縮することから薬物放出のグルコース応答性 ON-OFF 制御が可能な DDS キャリアとして期待できる。さらに，動的架橋として用いる生体分子複合体を目的に応じて選択することにより，様々な標的分子に応答して膨潤収縮する生体分子応答性ゲル微粒子を調製することができ，合目的的に自律応答型 DDS キャリアをデザインすることが可能である。

文　献

1) 吉田亮，高分子ゲル，共立出版（2006）
2) T. Miyata, Stimuli-Responsive Polymers and Gels, Supramolecular Design for Biological Applications (ed. N. Yui.), Chapter 9, CRC Press, 191 (2002)
3) T. Miyata, T. Uragami, K. Nakamae, *Adv. Drug Deliv. Rev.*, **54**, 79 (2002)
4) T. Miyata, Biomolecule-sensitive Hydrogels, RSC Smart Materials No.3, Smart Materials for Drug Delivery: Volume 2 (eds. C. Alvarez-Lorenzo, A. Concheiro), RSC Publishing, 261 (2013)

5) K. Ishihara, M. Kobayashi, N. Ishimaru, I. Shinohara, *Polym. J.*, **16**, 625 (1984)
6) K. Kataoka, H. Miyazaki, M. Bunya, T. Okano, Y. Sakurai, *J. Am. Chem. Soc.*, **120**, 12694 (1998)
7) T. Miyata, Preparation of Smart Soft Materials Using Molecular Complexes, *Polym. J.*, **42**, 277 (2010)
8) 松本和也, 宮田隆志, 生体分子機能を利用した刺激応答性ゲル, 高分子論文集, **71**, 125 (2014)
9) T. Miyata, A. Jikihara, K. Nakamae, A. S. Hoffman, *Macromol. Chem. Phys.*, **197**, 1135 (1996)
10) T. Miyata, A. Jikihara, K. Nakamae, A. S. Hoffman, *J. Biomater. Sci. Polym. Ed.*, **15**, 1085 (2004)
11) T. Miyata, N. Asami, T. Uragami, *Nature*, **399**, 766 (1999)
12) T. Miyata, N. Asami, T. Uragami, *J. Polym. Sci. Polym. Phys.*, **47**, 2144 (2009)
13) T. Miyata, N. Asami, Y. Okita, T. Uragami, *Polym. J.*, **42**, 834 (2010)
14) K. Mosbach, *Trends Biochem. Sci.*, **19**, 9 (1994)
15) K. J. Shea, *Trends. Polym. Sci.*, **2**, 166 (1994)
16) G. Wulff, *Angew. Chem. Int. Ed.*, **34**, 1812 (1995)
17) T. Miyata, M. Jige, T. Nakaminami, T. Uragami, *Proc. Natl. Acad. Sci. USA*, **103**, 1190 (2006)
18) T. Miyata, T. Hayashi, Y. Kuriu, T. Uragami, *J. Mol. Recognit.*, **25**, 336 (2012)
19) A. Kawamura, T. Kiguchi, T. Nishihata, T. Uragami, T. Miyata, *Chem. Commun.*, **50**, 11101 (2014)
20) 宮田隆志, 浦上 忠, 分子応答性ゲル微粒子およびその製造方法ならびにその利用, 第4925373号 (2012)
21) A. Kawamura, Y. Hata, T. Miyata, T. Uragami, *Colloid Surf. B*, **99**, 74 (2012)

第6章 スフェア

1 生体適合性ナノスフェア

田上辰秋[*1]，尾関哲也[*2]

1.1 はじめに

　本稿では，生体適合性ナノスフェアのDDSプロトコールとして，最も研究がなされてきた徐放性基剤の一つである，ポリ乳酸・グリコール酸共重合体（PLGA）を用いたナノスフェアの調製について取り上げる。PLGAの利点はすでに多くの総説に書かれているが[1〜3]，要約すると以下の通りである。①PLGAは生分解性のポリマーである。現在，分子量，乳酸・グリコール酸の重合比率が異なった様々なPLGAが市販されている。これらによって調製されたPLGA粒子はそれぞれ分解速度が異なり，薬物放出を自在にコントロールすることが可能である。②PLGAは安全性の高いポリマーである。PLGAは水中で加水分解によりエステル結合が切断され，さらに生体内の生化学経路（クエン酸経路）を経て二酸化炭素と水に分解される。③PLGA粒子は水溶性薬物，脂溶性薬物を封入することが可能である。特に高分子薬物（タンパク，核酸）の場合は薬物をPLGA中に含有させることで生体内の酵素による分解を防ぐことができる。④PLGAナノ粒子をPEGやリガンドによりそれぞれ表面修飾することにより，血中滞留性の向上，標的細胞・組織に標的化することが可能となる。血中滞留性を高めたナノ粒子は腫瘍組織内に蓄積することが知られている（EPR効果）。⑤条件の最適化を行うことで200 nm以下に粒子径を調整することが可能であり，ろ過滅菌を行うことができる。このようにPLGAはDDSナノキャリアとして多くの利点を有している。

　現在PLGAナノ粒子を調製する方法として，エマルション溶媒拡散法（Emulsion solvent diffusion method, Solvent displacement method, Nano precipitation method, Interfacial deposition methodと呼び方は多く存在する），エマルション溶媒蒸発法（Emulsion solvent evaporation method），塩析法（Salting out method）などが知られている。

　本稿で紹介するエマルション溶媒拡散法は，貧溶媒中におけるPLGAの析出を利用した方法であるが，この原理自体は，他の製剤技術においても利用されている。例えば，難水溶性化合物

[*1] Tatsuaki Tagami　名古屋市立大学　大学院薬学研究科　講師
[*2] Tetsuya Ozeki　名古屋市立大学　大学院薬学研究科　教授

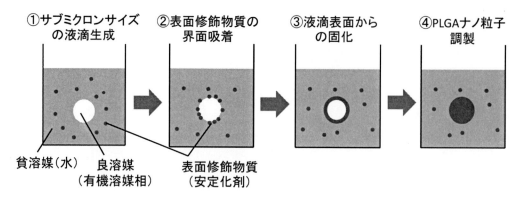

図1　エマルション溶媒拡散法による PLGA ナノ粒子形成メカニズム

（薬物・ポリマー）を溶解した有機溶媒溶液（良溶媒）を糖アルコール水溶液（貧溶媒）中に混合することにより，難水溶性化合物が析出され（この場合はアンチソルベント効果と呼ぶ），その後結晶成長を抑える目的で，速やかにスプレードライすることにより，難水溶性化合物ナノ粒子を含有したマイクロ粒子（いわゆるナノコンポジット粒子）を調製することができる。ナノコンポジット粒子は，難水溶性化合物ナノ粒子の保存・ハンドリング法として知られており，我々のグループは，特殊なスプレーノズルを搭載したスプレードライ法によるナノコンポジット粒子の調製について報告を行ってきた[4,5]。

　エマルション溶媒拡散法による PLGA ナノ粒子の簡単な形成メカニズムを示す（図1）。薬物および PLGA を溶解した有機溶媒溶液（良溶媒）を，表面修飾物質を溶解した水溶液（貧溶媒）に滴下する。この時，急速に良溶媒は貧溶媒中へ，また貧用媒は良溶媒中へと，相互に拡散する。この溶媒同士の相互拡散によって有機溶媒相と水相の界面が乱れ，自己乳化的にサブミクロンサイズの O/W 型エマルションが形成される（マランゴニ効果）。この時，貧溶媒に存在する表面修飾物質（ポリビニルアルコール（PVA）やキトサンなど）がエマルション滴界面に吸着し，個々のエマルションの合一を防いでいると考えられる。その後，溶媒の相互拡散がさらに進み，溶解度の低下に伴って PLGA および薬物が析出し，ナノ粒子となる。この時，ナノ粒子の形成はエマルション滴の形状を保持したまま，液滴表面から内部に向かってポリマーおよび薬物が固化していくと考えられる。エマルション溶媒拡散法は，比較的調製が容易な方法であり，乳化装置などの強いせん断力・ストレスを必要としない。

　本稿ではエマルション溶媒拡散法を用いた PLGA ナノ粒子の調製法にあたり，幾つかの実験条件を変え，粒子径に与える影響について検討を行い，各種評価を行った。また，幾つかの試薬においては，敢えて異なる会社の試薬を用いて，PLGA ナノ粒子の調製の検討を行った。エマルション溶媒拡散法を用いた PLGA ナノ粒子の調製方法とその結果について次項目以降に示す。

第6章 スフェア

1.2 材料および試薬

1.2.1 エマルション溶媒拡散法による PLGA ナノ粒子の調製（調製法1）
- PLGA：PLGA7520（和光純薬工業）
- クルクミン：難水溶性薬物のモデル化合物（東京化成工業）
- PVA：PVA403（Kuraray）
- アセトン（和光純薬工業）
- エタノール（和光純薬工業）
- キトサン：モイスコート PX（片倉チッカリン）

1.2.2 エマルション溶媒拡散法による PLGA ナノ粒子の調製（調製法2）
- PLGA：Resomer® RG 752H25G（Evonik Industries）
- パクリタキセル：難水溶性薬物のモデル化合物（和光純薬工業）
- PVA（和光純薬工業）
- ポリソルベート80：Tween®80（和光純薬工業）
- ポロクサマー188：Lutrol® F68（BASF）
- コール酸ナトリウム（和光純薬工業）

1.2.3 測定機器
粒子径測定装置（動的光散乱法）：ZetaSizer Nano-ZS（Malvern Instrument）

1.3 実験操作

1.3.1 水中エマルション溶媒拡散法によるクルクミン含有 PLGA ナノ粒子の調製（調製法1）
（おもに文献6を参考とし，改変を行った）

　50 mg の PLGA と 0.5 mg のクルクミンをアセトン 2 mL 中に完全に溶解し，その後エタノール 1 mL を加え，ポリマー溶液を調製した。これを，PLGA の貧溶媒である 2%PVA 溶液 50 mL 中にプロペラ式撹拌機で 400 rpm にて撹拌下，ペリスタポンプを用いて滴下した。得られた懸濁液中に残存する有機溶媒および過剰の PVA を取り除くため，ナノ粒子を遠心分離し（30,000 rpm，4℃，10 min），精製水を用いて粒子を精製した。精製したナノ粒子を動的光散乱法にて評価したところ，平均粒子径が約 170 nm であり，粒度分布は単一のピークを示した。粒子のゼータ電位は −33 mV であった（図2）。

　また，PLGA ナノ粒子の粒子径に影響する要因として，微細なエマルション形成に起因するせん断応力（撹拌速度）や，単位エマルション液滴あたりに存在する PLGA 濃度が影響することが考えられる。先述の実験条件において，撹拌速度を変えたところ，1000 rpm，400 rpm の場合は粒子径にほとんど変化は見られなかったものの，100 rpm の場合は 400 nm ほどに粒子径が増大することを確認した。一方で，先述の実験条件において，水溶液に添加する前の PLGA 濃度

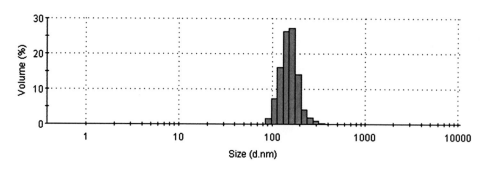

図2 エマルション溶媒拡散法により調製したクルクミン含有 PLGA ナノ粒子の粒度分布

を上げたところ，2倍濃度の場合は，200 nm 強まで増大し，4倍濃度の場合は，PLGA の凝集が目視で確認された。以上より，撹拌速度および PLGA 濃度が PLGA ナノ粒子調製の上で重要なポイントであることがわかる。

1.3.2 エマルション溶媒拡散法によるキトサン修飾クルクミン含有 PLGA ナノ粒子の調製

次にポリグルコサミンであるキトサンを PLGA 粒子に被覆し，正電荷を帯びた PLGA ナノ粒子の調製を行った。方法は，先述の PLGA ナノ粒子の調製（1.3.1）において，PLGA－クルクミン溶液を 2%PVA－0.25% キトサン溶液に滴下する部分以外はほぼ同様の実験操作である。調製したキトサン修飾 PLGA ナノ粒子の平均粒子径は約 260 nm であり，粒度分布は単一のピークを示した。粒子のゼータ電位は＋21 mV を示し粒子表面にキトサンが修飾されていることが示唆された。

1.3.3 エマルション溶媒拡散法により調製した蛍光色素（Nile red）含有キトサン修飾 PLGA ナノ粒子の細胞内挙動の観察（in vitro）

まず，Nile red を含有したキトサン修飾 PLGA ナノ粒子の調製を行った。方法は，先述の PLGA ナノ粒子の調製（1.3.1 & 1.3.2）において，50 mg の PLGA と 0.5 mg の Nile red をアセトン 2 mL 中に溶解した部分以外はほぼ同様の実験操作である。次に，あらかじめ 35 mm グラスベースディッシュ上に前培養しておいた，マウス乳がん細胞株（EMT6）に PLGA ナノ粒子を添加し，6時間後，共焦点顕微鏡により観察を行った。その結果，キトサン修飾 PLGA ナノ粒子を添加した場合，未修飾の PLGA ナノ粒子と比較し，Nile red の蛍光が多く認められ，細胞内への顕著な取り込みが確認された（図3）。これは，キトサン粒子が正に荷電しているため，負に荷電している細胞膜に吸着し，その後取り込まれたものと推察される。

1.3.4 エマルション溶媒拡散法によるパクリタキセル封入 PLGA ナノ粒子の調製と安定化剤が粒子径に与える影響（調製法2）（主に文献7を参考とし，改変を行った）

本項目では，別の難水溶性薬物（パクリタキセル）を PLGA ナノ粒子に含有し，安定化剤が PLGA ナノ粒子の粒子径に与える影響について検討を行った。方法は，まず 50 mg の PLGA と 1 mg のパクリタキセルをアセトン 10 mL 中に完全に溶解させ，ポリマー溶液を調製した。これ

第6章 スフェア

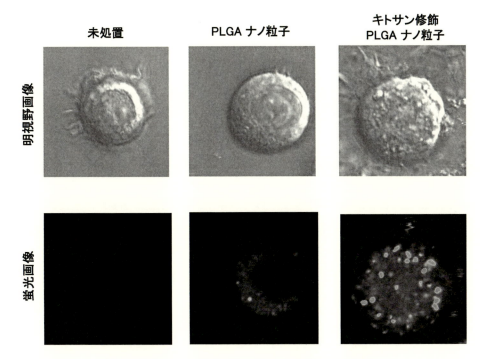

図3 Nile red 含有 PLGA ナノ粒子の細胞内分布の観察

を各安定化剤（Lutrol® F68 (0.25%), Tween® 80 (1%), PVA (0.25%), コール酸ナトリウム (1%)）を含む水溶液 10 mL にマグネチックスターラー攪拌下（約 700 rpm），パスツールを用いて添加した。10 分間攪拌後，ロータリーエバポレーターを用いてアセトンを留去し，凍結乾燥を 24 時間行った。凍結乾燥したサンプルを水で再分散し，粒子径測定を行った。動的光散乱法による粒度分布の結果について図4に示した。今回の結果より，安定化剤の種類が，PLGA ナノ粒子の粒子径に影響することが確認された。なお，安定化剤の種類だけでなく，安定化剤の濃度も重要で，条件最適化は必要である。

1.3.5 エマルション溶媒拡散法により調製したパクリタキセル封入 PLGA ナノ粒子の薬物封入率

次に，1.3.4 で調製した PLGA ナノ粒子を用い，PLGA ナノ粒子に封入されているパクリタキセルの封入率を算出した。間接的ではあるが，未封入薬物量を定量すると，簡便に薬物封入率を算出することができる。封入率の算出は，封入率（%）=（全体の薬物量－未封入薬物量）／全体の薬物量×100，の式で求めた。全体の薬物量（濃度）は，PLGA ナノ粒子をアセトニトリルに溶解した時のパクリタキセル濃度を HPLC により定量することにより求めた。未封入薬物濃度は，PLGA ナノ粒子を水に再分散し，遠心後（22,000 g，10 分間），上清をアセトニトリルに溶解し，未封入のパクリタキセル濃度を求めた。パクリタキセル濃度は HPLC により定量を行った。HPLC の条件は，移動相（アセトニトリル：水＝70：30），測定波長（227 nm）で測定を行った。

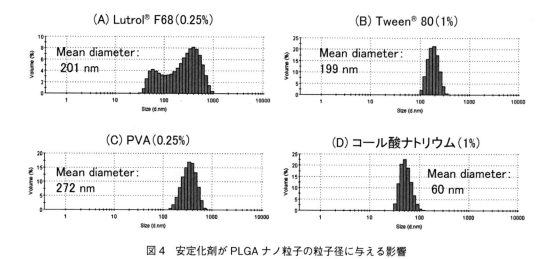

図4 安定化剤がPLGAナノ粒子の粒子径に与える影響

封入率はそれぞれ，Lutrol® F68：29.3%，Tween® 80：31.0%，PVA：42.9%，コール酸ナトリウム：19.2%となり，今回の結果より，封入率は粒子径に依存することが確認された。この実験項目のポイントは，①薬物が100%放出している場合でも飽和溶解度以下になるように十分量の水に分散すること，②その一方でHPLCの検出限界以下にならないようにすることである。

1.3.6 エマルション溶媒拡散法により調製したパクリタキセル封入PLGAナノ粒子の薬物放出挙動

最後に，パクリタキセル封入PLGAナノ粒子の放出挙動の評価について方法を示す。1.3.5よりLutrol® F68を安定化剤として使用したPLGAナノ粒子を例として用いた。50 mgのPLGAナノ粒子をPBS溶液（pH 7.4，10 mL）に分散後，透析バッグに添加し（MWCO：12,000-14,000），500 mLのPBS溶液中（pH 7.4），37℃の設定した恒温槽内で撹拌した。（全量が，薬物が100%放出した場合でも飽和溶解度以下になる量で行う）。経時的に1 mLの上澄み液を採取し，これを1 mLのアセトニトリルで希釈して，HPLCにより，パクリタキセル濃度を求めた。薬物放出挙動について図5に示した。今回の結果より，PLGAナノ粒子よりパクリタキセルが徐放されることが確認された。この実験項目のポイントは，1.3.5と同様に①薬物が100%放出している場合でも飽和溶解度以下になるように十分量の水に分散すること，②その一方でHPLCの検出限界以下にならないようにすることである。薬物放出挙動は，安定化剤（種類・濃度），粒子径（表面積），薬物充填率（薬物/PLGA比）などが複雑に関係しており，さらに現在では，様々なPLGAが市販されているため，検討項目は多岐に渡る。このため，目的に応じた粒子設計を行うことが重要となっている。

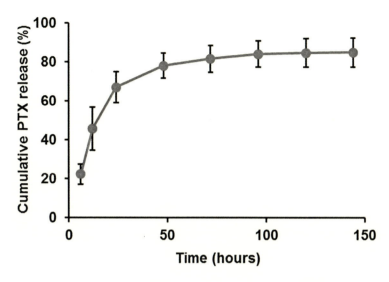

図5　PLGAナノ粒子からのパクリタキセルの放出挙動

1.4　応用・課題点

　PLGAナノ粒子は様々な機能性分子を表面修飾することができ，さらに機能性高分子を封入できるため，現在様々な疾患（がん（イメージング，遺伝子治療），ワクチン，炎症疾患（大腸炎，リウマチなど））に対し，応用が試みられている[2]。PLGAナノ粒子の課題の一つとして，保存・ハンドリングが挙げられる。PLGAは先述の通り水存在下では，加水分解するため，水溶液中で保存することには向かない。ラボレベルでは，PLGAを調製後にすぐに別の実験に用いるのであれば，問題にはならないが，医薬品の製造等を視野に入れた場合，保存が課題となってくる。保存方法として凍結乾燥が有用であるが，PLGAナノ粒子が小さすぎると（<200 nm）と，安定化剤の種類にもよるが，復水したときにナノ粒子の凝集が起きることがあり，注意が必要である。これを解決する方法として，トレハロースのように凍結保護剤を添加する方法や，ナノ粒子を賦形剤のマイクロ粒子に分散させた，いわゆるナノコンポジット粒子の調製が期待されている。ナノ粒子をマイクロ粒子に保存することでマイクロサイズでナノ粒子を取り扱えるため，ハンドリング性が大幅に向上する。

1.5　おわりに

　以上，PLGAナノ粒子の調製方法について解説を行った。本方法は，PLGAのみならず，他の生体適合性ポリマーにも応用可能な方法として期待できる。また，紙面の都合上，個々の試薬，条件について詳細な比較は記載できなかったことをどうかご理解頂きたい。

最後になりましたが，PLGA の調製・評価にあたりご協力いただいた本研究室の照喜名孝之くん，星川晃宏くん，ゼータ電位測定について，愛知学院大学薬学部の山本浩充教授ならびにスタッフの先生方（小川法子先生，高橋千里先生）に深く感謝申し上げます。

文　　献

1) Acharya S., Sahoo SK., PLGA nanoparticles containing various anticancer agents and tumour delivery by EPR effect, *Advanced Drug Delivery Reviews*, **63**, 170-183 (2011)
2) Danhier F., Ansorena E., Silva JM., Coco R., Breton AL., Preat V., PLGA-based nanoparticles: An overview of biomedical applications, *Journal of Controlled Release*, **161**, 505-522 (2012)
3) Avgoustakis K., Peglated poly (lactide) and poly (lactide-co-glycolide) nanoparticles: preparation, properties and possible applications in drug delivery, *Current Drug Delivery*, **1**, 321-333 (2014)
4) 田上辰秋，尾関哲也，製剤開発の世界潮流とわが国の将来展望，*Pharm Tech Japan*, **29**, （分筆）第8章アカデミアにおける製剤基礎研究 (2013)
5) Ozeki T., Akiyama Y., Takahashi N., Tagami T., Tanaka T., Fujii M., Okada H. Development of a novel and customizable two-solution mixing type spray nozzle for one-step preparation of nanoparticle-containing microparticles, *Biological and Pharmaceutical Bulletin*, **35**, 1926-1931 (2012)
6) Kawashima Y., Yamamoto H., Takeuchi H., Kuno Y., Mucoadhesive DL-Lactide/Glycolide Copolymer Nanospheres Coated with Chitosan to Improve Oral Delivery of Elcatonin, *Pharmaceutical Development and Technology*, **5**, 77-85 (2000)
7) Fonseca C., Simoes S., Gaspar R., Paclitaxel-loaded PLGA nanoparticles: preparation, physicochemical characterization and in vitro anti-tumoral activity, *Journal of Controlled Release*, **83**, 273-286 (2002)

第6章 スフェア

2 リピッドマイクロスフェア

武永美津子[*1], 五十嵐理慧[*2], 水島 徹[*3]

2.1 はじめに

リピッドマイクロスフェア (lipid microspheres) は,大豆油と卵黄レシチンからなる平均粒子径約200〜300 nmの脂肪微粒子, oil in water(o/w)エマルションである(図1)。粒子径が200〜300 nm,すなわち0.2〜0.3(μm)マイクロメーターであることから,リピッドマイクロスフェアと名付けられた。

臨床で使われる栄養補給剤,イントラリポス®,イントラファット®,イントラリピッド®等は,リピッドマイクロスフェア形状をした脂肪微粒子溶液である(表1)。水島裕ら[1]は,これが血管

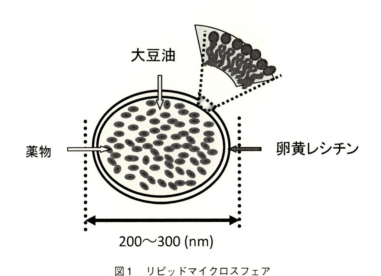

図1 リピッドマイクロスフェア

[*1] Mitsuko Takenaga 聖マリアンナ医科大学 難病治療研究センター 准教授
[*2] Rie Igarashi 聖マリアンナ医科大学 難病治療研究センター 客員教授
[*3] Tohru Mizushima 慶應義塾大学 薬学部 創薬科学講座 主任教授

表1 リピッドマイクロスフェアの特徴

構成成分	大豆油,卵黄レシチン,水
脂質膜	一重膜で単層
エマルション	O/W
封入できる薬物	大豆油可溶性の化合物
	脂質に保持される化合物
粒子直径	200〜300 nm (0.2〜0.3 μm)
生体内安全性	安全
	臨床の場で栄養輸液として100 mL単位で用いられる
工業生産性	高圧機械を必要とするが大量生産が可能

表2 リピッドマイクロスフェア溶液中組成(10 mL)

①	薬物	適宜	
②	大豆油	1.0	(g)
③	高度精製卵黄レシチン	120	(mg)
④	グリセリン	0.25	(g)
⑤	精製水	9.0	(mL)

傷害部位や炎症組織に集積しやすいことに着眼し,脂溶性薬物キャリアとして有用であることを示して,リピッドマイクロスフェア製剤(リポ製剤)を世界に先駆けて日本で実用化した。

すでに実用化されているのは,承認順にリポステロイド(1988年),リポ PGE_1 (1988年),リポ非ステロイド性抗炎症薬(1992年)である。リピッドマイクロスフェアは優れた脂溶性薬物キャリアとして薬物動態を制御し,結果として薬用量の低下および副作用の軽減に貢献している。

本稿では,薬物封入リピッドマイクロスフェア溶液の作製プロトコール,薬物封入リピッドマイクロスフェアを用いた実験プロトコール,および臨床での実用例を中心に示した。

2.2 材料および試薬

リピッドマイクロスフェア溶液(10 mL)の組成を表2に示す。

① (薬物)リピッドマイクロスフェアは(o/w)エマルションであるため,大豆油への溶解性が高いことが求められる。脂溶性は,製剤としての安定性,最大封入量に影響を与える。エステル化すると脂溶性が高まることから,活性体をエステル化した後リピッドマイクロスフェアに封入することがある。これはリピッドマイクロスフェアとしての安定性を確保したうえで,投与後体内エステラーゼで活性体に変換して作用することを利用する。

② (油相)大豆油の代わりに,オリーブ油など,その他の油でも作製可能である。エイコサペンタエン酸,中鎖脂肪酸を多く含んだ油を用いることもできる。

third　スフェア

③ （界面活性剤）卵黄レシチン（Lecithin, Phosphatidyl Choline＝PC）の代わりに，大豆レシチン，他のリン脂質（Phosphatidyl Ethanolamine＝PE, Phosphatidyl Serine＝PS, Phosphatidyl Inositol＝PI）を用いても作製できる。
④ （水相）グリセリン含有精製水を準備する。

2.3　実験操作

2.3.1　リピッドマイクロスフェア溶液の作製
薬物含有リピッドマイクロスフェア液を以下のステップにしたがい作製する（表3）。
① 大豆油および封入薬物を計量し，よく混和する。
② 計量した卵黄レシチンを加え，ホモジナイザーを用いてさらに混和する（予備乳化）。
③ 別に準備したグリセリンを含む精製水を加え，素早くホモジナイザーを用いてさらに混和し均一にする（o/w emulsion）（図2 A-1）。この時点では，粒子のサイズは様々である（図2 A-2）。①〜③のステップは，薬物の安定性に支障なければ，温浴中で行うと効果的である。
④ 高圧ホモジナイザー（図2 B-1）を5回通過させると，粒子サイズのほぼ均一な（200〜300 nm）リピッドマイクロスフェア溶液が得られる（図2 B-2）。油相に安定に存在する（脂溶性の高い）薬物を封入した製剤は，一般的に安定である。不安定なリポ製剤は，容易に分離し，平均粒子径が増大しやすい。

以上の方法で，リポPGI_2誘導体[2]，リポTXA_2受容体拮抗薬誘導体[3]，リポBCNU[4]，リポセラミド誘導体[5]など，実用化されたリポ製剤以外にも多くの作製例がある。

2.3.2　リピッドマイクロスフェアの安定性試験
安定性試験は，5℃あるいは10℃にて長期保存し，性状，確認試験，pH，過酸化物，遊離脂肪酸および粒子径計測を経時的に行う。必要に応じ，40℃苛酷試験，太陽光照射保存，輸液中での安定性試験を行う。研究室レベルでは，経時的な粒子径測定，含量推移を指標にすることが多い。

封入薬物の脂溶性が高いほど油相に安定に存在し，リポ製剤として安定である。脂溶性の低い薬物は界面相（レシチン相）に存在しやすく，これが不安定性（水相への漏れやすさ）につながり，体内投与後の標的部位への薬物到達性，効果にも影響する。したがって，リピッドマイクロスフェア内への薬物保持が，安定性の1つの指標となる。いくつかの実施例を示す。

① **フィルターを用いた薬物保持率測定**[2]
リポ製剤のリピッドマイクロスフェア中薬物保持量を，生理食塩液で一定希釈した後0.1 μmフィルターを通過させる。希釈液および濾過液に含有する薬物量を測定し，それぞれの値から保持率を算出する。リピッドマイクロスフェア径が200〜300 nm，すなわち0.2〜0.3 μmであるため，0.1 μm径フィルターを通過した濾液には遊離薬物が含まれる。

表3 リピッドマイクロスフェア溶液作製手順

	操作内容	条件	機器（使用例）
①	薬物を大豆油に溶解		
②	①に卵黄レシチンを加えて混和（予備乳化）	12,000 rpm 10分	ホモジナイザー（PHYSCOTRON）
③	さらにグリセリンを加えた精製水を加えて混和（乳化）	15,000 rpm 20分	ホモジナイザー（PHYSCOTRON）
④	圧力式ホモジナイザーに通して，均一な微粒子する	638 psi 5回処理	圧力式細胞破砕機器 （FRENCH® Pressure Cell Press）

(A-1)

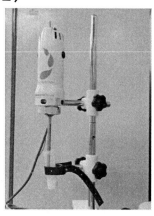

(A-2)

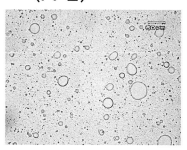

(B-1)

(B-2)

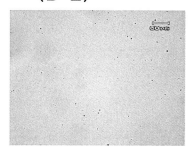

図2 リピッドマイクロスフェア溶液作製

(A-1)ホモジナイザーによる乳化 (A-2)乳化時の光学顕微鏡写真；大きな粒子が散見される
(B-1)高圧ホモジナイザー処理すると，粒子径200〜300 nmの均一化したリピッドマイクロスフェア液(B-2)が作製される

② ゲル濾過法を用いた薬物保持率測定[6]

カラムゲルに重層すると，200〜300 nm 径をもったリポ製剤が void volume 画分に溶出される。この画分は，リピッドマイクロスフェア中に保持された薬物を含む。一方遊離薬物は，その後の画分に溶出する。各画分に含まれる薬物量を測定することで，保持の割合を算出する。例えば Shepharose 4B カラム（GE Healthcare）を，1％BSA を含む PBS で平衡化させ，リポ製剤 $100\,\mu L$ を重層する。溶出画分を 0.5 mL あるいは 1.0 mL ずつ分取し，それぞれの画分に含まれる薬物量を測定する。また同時にそれぞれの濁度測定を行い，濁度の高い画分をリポ製剤溶出画分とみなす。

③ 皮膚刺激性を利用した薬物保持試験[7]

リポ PGE_1 では，PGE_1 自身に刺激性があることを利用して，リピッドマイクロスフェアからの漏れ(leak)を皮膚刺激性試験で評価できる。

Wistar 系雄性 6 週齢ラットに，ペントバルビタールナトリウム腹腔内投与麻酔のもと，剃毛した背部に，

(A) リポ PGE_1 製剤（$5\,\mu g/mL$）
(B) PGE_1 溶液（$5\,\mu g/mL$）
(C) PGE_1 を含まないリポ製剤

以上(A)，(B)，(C)にいずれもヒスタミン（Histamine; His）溶液 $0.2\,\mu g/mL$ を等量ずつ混合した溶液を準備し $100\,\mu L$ を皮内投与する。さらに対照として His 溶液（$0.1\,\mu g/mL$）$100\,\mu L$ を皮内投与する。投与後，1％エバンスブルー/生理食塩溶液を 1 mL 静脈内投与する。30 分後瀉血し，背中の皮膚を剥離してただちに色素斑の大きさから以下の基準でスコア値を判定する。スコア「0」；色素斑が見られない，スコア「1」；直径 5 mm 未満，スコア「2」；5〜10 mm，スコア「3」；10〜15 mm，スコア「4」；＞15 mm

PGE_1 自身(B)の刺激性は高く，スコア「4」と判定される（図3）。一方で PGE_1 を含まないリポ製剤(C)は，ほとんど刺激性を示さない（スコア「0」）。またリポ PGE_1 (A)は，スコア「1」と判定され，PGE_1 がリピッドマイクロスフェア内に封入保持されていることを示す。この試験は，リポ PGE_1 製剤間のロット比較，および脂溶性を高めた PGE_1 誘導体のリポ製剤の優位性の評価に利用する。

2.3.3 リピッドマイクロスフェアの細胞への取り込み実験

リポ製剤の細胞への取り込みは，インキュベーション後細胞中に含まれる薬物量を測定して解析する。蛍光物質，あるいは放射性標識物質を利用したリピッドマイクロスフェアの細胞取り込み実施例を示す。

① 蛍光物質を利用した細胞内取り込み[8]

Nile Red(AdipoRed®)は，脂肪滴(油)に親和性が高く安定なリピッドマイクロスフェア溶液の調製が可能で，蛍光強度も高く，トレーサーとして利用できる。ラットマクロファージ細胞 NR8383（$1\times10^6/mL$）に，$50\,\mu L$ の Nile Red あるいは Nile Red 封入リピッドマイクロスフェア

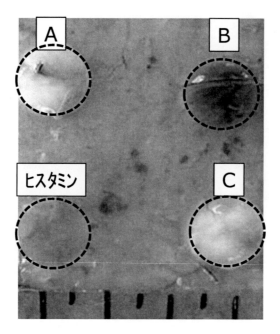

図3 リポPGE$_1$の刺激性試験

皮内投与（ ）後，エバンスブルー色素斑から判定されたスコア
(A) リポPGE$_1$;「1」, (B) PGE$_1$;「4」, (C) PGE$_1$を含まないリポ製剤;「0」

液（リポNile Red）を添加，3時間37℃でインキュベーション後フローサイトメーター（LSRII, Beckton Dickinson）で解析すると，(B)で示したリポNile Red添加細胞の蛍光強度が，Nile Red添加細胞(A)に比べて高いことがわかる。同時にそれぞれの細胞を共焦点レーザー顕微鏡（Axiovert200M, Carl Zeiss）およびソフトウエア（30-mW LSM510 META; Carl Zeiss）で解析すると，蛍光強度の増大とともに細胞内に取り込まれた様子が観察される（図4）。

② 放射性標識物質を利用した細胞内取り込み[9]

リピッドマイクロスフェアの体内動態を決定づける因子は，リポソームと同様，粒子径，電荷，膜の構成成分などがあげられる。したがって，膜を構成するレシチンの代わりに他のリン脂質を用いる，またリン脂質の割合を変えることで，集積性，動態が変化する可能性がある。ここでは脂溶性の高い[^{14}C]triolein をリピッドマイクロスフェアのトレーサーとしてリポ製剤を作製し，細胞内取り込みを検討した実施例を示す。

リン脂質組成（表4）の異なる3種のリポ[^{14}C]triolein を作製した（リポ(PC)[^{14}C]triolein, リポ(PS)[^{14}C]triolein, リポ(PI)[^{14}C]triolein）。細胞（$1.0×10^6$/mL）への取り込みは，3.7kBq/0.02 mLを添加しインキュベーション後の細胞内放射活性を測定した。その結果，マウス乳がんMM46細胞への in vitro 取り込みは，1.13%（リポ(PC)[^{14}C]triolein），1.86%（リポ(PS)[^{14}C]triolein），2.77%（リポ(PI)[^{14}C]triolein）と，PIを用いたリポ製剤の取り込みが最も高かった。これはリ

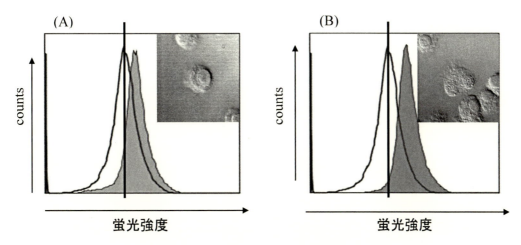

図4　リピッドマイクロスフェアの細胞内取り込み

(A) Nile Red　(B) リポ Nile Red
蛍光強度の増加とともに，共焦点レーザー顕微鏡で細胞内に取り込まれている様子が観察される
⬜：細胞のみ　⬜：Nile Red 添加細胞　⬛：リポ Nile Red 添加細胞

ン脂質組成の違いが薬物送達を制御することを示唆している。

2.3.4　リピッドマイクロスフェアの体内動態解析

リポ製剤の体内動態解析は，放射性標識薬物を用いた報告が多い。

① 放射性標識物質を利用した細胞内取り込み

前項のように，リン脂質組成（表4）の異なるリポ[^{14}C]triolein を用いて，C3H/He 系雄性6週齢 MM46 担がんマウスに 37kBq/0.2 mL を静脈内投与した。経時的に血液を採取，各臓器を摘出し，Soluene®-350(PerkinElmer Japan) で組織を溶解して放射活性を測定したところ，リポ (PI)[^{14}C]triolein のがん組織への集積はリポ (PC)[^{14}C]triolein に比べ1.5倍以上高く，*in vitro* 取り込みを反映した結果を得た[9]。

リポ ^{3}[H]PGE$_1$ の動態は，疾患モデル動物で明らかにされている。ウサギで作製した腹部大動脈硬化部位へのリポ ^{3}[H]PGE$_1$ の集積は，正常血管部位に比べて2〜5倍であり[10]，また SHR (spontaneously hypertensive rat) 胸部大動脈部位へは，正常動物の同じ部位への移行に比べて1.5倍集積している[11]。またヒトでの報告もある。リウマチ患者や慢性閉塞性動脈硬化症患者に ^{99m}Tc 標識リピッドマイクロスフェアを投与後のシンチグラフィー解析から，関節炎部位などの病態部位に集積することが明らかにされている[12]。

② 組織免疫染色による動態解析[13]

リポ製剤の動態，集積性を組織免疫染色で捉えた実施例を示す。

Wistar 系雄性6週齢ラットに，ペントバルビタールナトリウム腹腔内投与麻酔のもと，背部にスポンゼルを埋め込んだ。7日後リポ PGE$_1$ あるいは，PGE$_1$ 溶液を 50 μg/kg 静脈内投与し5

DDSキャリア作製プロトコル集

表4 リポ[^{14}C]triolein の組成（10 mL 中）

①	[^{14}C]triolein	1850 kBq
②	大豆油	1.0 (g)
③	大豆レシチン Phosphatidyl Choline (PC)	
	大豆 Phosphatidyl Serine (PS)	
	大豆 Phosphatidyl Inositol (PI)	120 (mg)
④	グリセリン	0.25 (g)
⑤	精製水	9.0 (mL)

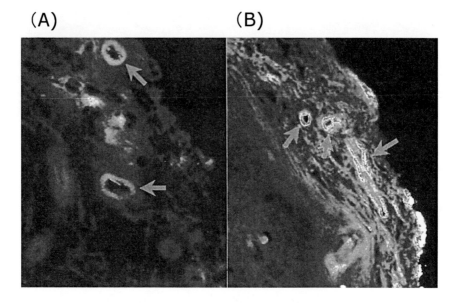

図5 リポ PGE$_1$ の新生血管への集積

(A) PGE$_1$　(B) リポ PGE$_1$
リポ PGE$_1$ 投与(B)では，ラット背部皮下スポンゼル周辺の新生血管（⇒）に PGE$_1$ が集積している様子が，高い蛍光強度（赤色）とともに認められる

分後に取り出す。凍結切片を作製し，PGE$_1$ のカルボキシル基を固定するため，50% 1-ethyl-3-(3-dimethylaminopropyl)carbodiimide 溶液で 20 分インキュベーションした後，ザンボニ液で固定した（4℃，10分）。その後，抗 PGE$_1$ 血清（ウサギ），続いて FITC 標識抗ウサギ抗体で反応させ，共焦点レーザー顕微鏡で観察した。リポ PGE$_1$ 投与では，スポンゼル周辺の新生血管に PGE$_1$ が集積した様子が観察される（図5）。

2.3.5 薬理効果試験

薬理効果試験は，封入薬物のもつ活性によって評価系を選定する必要がある。リポ PGE$_1$，リポ BCNU での実施例を示す。

① リポ PGE$_1$ 投与による血流量の増大[6]

PGE$_1$ の血流増加作用を指標として，リポ PGE$_1$ の高い生物学的活性を示すことができる。Wistar 系雄性 6 週齢ラットに，ペントバルビタールナトリウム腹腔内投与麻酔のもと，PGE$_1$ 製剤（5 μg/kg）を静脈内投与して血流量を経時的に測定する。測定には，後肢足蹠部に装着させたプローブを介した血流計 ALF21D（㈱アドバンス）を用いた。

リポ PGE$_1$ をラットに静脈内投与すると，一過性の低下の後，急激な血流量増加を示す（図 6）。ピークは，投与前の血流値と比べて 2.27 倍と高い。一方 PGE$_1$ は，投与後の一過性の低下がリポ PGE$_1$ に比べ緩やかであり，やや遅れて最低値に達し，最大血流量ピークは 1.56 倍を示した。

それぞれの投与前血流量値を 1 とした血流量比から AUC（0〜360 sec）を算出すると，リポ PGE$_1$ で 5043±348.2，PGE$_1$ では 4193±284.3（blood flow rate・sec）(Mean±SD, n=5〜6) と，明らかなリポ PGE$_1$ の生物学的活性の有意性を示すことができた。

② リポ BCNU 投与による抗腫瘍効果の増大[4]

抗がん剤の多くは水溶性で，大豆油が主成分であるリピッドマイクロスフェア中に十分量の薬剤を封入することができない。そのなかでニトロソウレア系抗がん剤は脂溶性が高く，血液脳関門を通過することから中枢神経系の悪性腫瘍に対して有効である。ニトロソウレア系抗がん剤の 1 つ，BCNU (1,3-bis(2chloroethyl)-1-nitrosourea) をリピッドマイクロスフェアに封入したリポ BCNU 製剤の，担がんマウスに対する生存日数の延長効果を検討した。

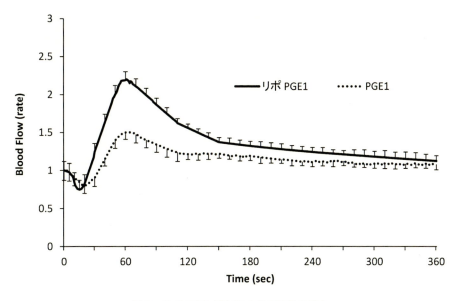

図 6　リポ PGE$_1$ 投与による血流量の増大

PGE$_1$ 製剤（5 μg/kg）を静脈内投与後の血流量推移
投与前血流量の値を 1 として求めた血流量比で示した　Mean±SD, n=5〜6

表5　リポBCNUの抗腫瘍効果

	用量（mg/kg）	生存日数	延命率（％）
saline	0	7.08±0.27	
リピッドマイクロスフェア溶液	0	7.36±1.20	4
BCNU	3	7.80±0.60	10
	10	13.3±0.64	88
リポBCNU	3	8.5±0.81	20
	10	17.9±0.94*	152

*P<0.01 vs. BCNU（10mg/kg）　Mean±SD, n＝10

　CDF1系雄性6週齢マウスの腹腔内にL1210白血病細胞($2.5×10^6$)を移植し（day 0），BCNUあるいはリポBCNU（0, 3, 10 mg/kg）を静脈内投与（day 2～6）し，生存日数をみた。Controlであるsaline投与群の平均生存日数は，7.08±0.27日であった。3 mg/kg投与群でのBCNU，リポBCNU群のそれぞれの平均生存日数は，7.8日，8.5日とcontrolに比べ生存日数の延長が認められた。10 mg/kg投与群でのBCNU，リポBCNU群のそれぞれの平均生存日数は，13.3日，17.9日で，両群間で有意な差が認められた（表5）。

2.4　臨床におけるリポ製剤

　実用化されたリポ製剤，および研究開発中リポ製剤の概要を示す。

2.4.1　リポデキサメタゾンパルミチン酸エステル（リポステロイド）

　リポデキサメタゾンパルミチン酸エステル（リメタゾン®）は，関節リウマチ疾患に適用される（デキサメタゾンとして2.5 mgを2週に1回静注）。1990年にはドイツで痛みを伴う変形性関節症に適用承認され，中国でも実用化されている。

　活性本体であるデキサメタゾンは，半減期が長く，受容体に高い親和性をもち，ヒドロコルチゾンの25倍の力価をもつステロイドである。少量で抗炎症作用や鎮痛作用を示す一方，ステロイド特有の副作用も多い。とりわけ関節リウマチのような長期にわたる使用が想定される慢性疾患では，副作用を軽減させることはとりわけ重要である。

　デキサメタゾンが封入薬物となったのは，少量で高い生理活性をもつのに加え，水にほとんど溶けず，脂溶性が高いことにある。さらに，パルミチン酸をエステル結合させたプロドラッグとすることで，リピッドマイクロスフェアの大豆油への溶解性を一段と上げ，製剤としての安定性を増すことにつながった。投与後炎症巣局所へ集積するとともに，体内エステラーゼによって活性体（デキサメタゾン）へと変換する。

2.4.2　リポフルルビプロフェンアキセチル（リポNSAID）

　リポフルルビプロフェンアキセチル（ロピオン®）は，呼吸循環に影響が少ない非ステロイド系抗炎症薬（NSAID）フルルビプロフェンのプロドラッグを封入したリポ製剤である。わが国

唯一のNSAID静注薬で術後疼痛や各種癌に適用され，リポフルルビプロフェンアキセチルとして50 mg/5 mLをできるだけ緩徐に静注する．

活性本体であるフルルビプロフェンは経口薬として，関節リウマチ，変形性関節症，抜歯後疼痛に，また消炎を目的に処方される．リポ製剤注射剤とすることで，①速効性，②十分な効力の発現，③投与量依存的血中濃度の確保，④胃腸肝障害の軽減，⑤経口摂取不能な患者への使用が可能，といった利点が加わる．

フルルビプロフェンが封入NSAIDとなったのは，薬効に加え，脂溶性の高さによるところが大きい．水にはほとんど溶けない．さらにエステル体（プロドラッグ）とすることで脂溶性が一段と上がり，大豆油に安定に存在するリポ製剤となった．投与後体内で速やかにエステラーゼによって活性体となる．

本剤は，中国でも凱紛®（2004年～）として術後，各種癌の鎮痛を目的に臨床適用されている．

2.4.3　リポプロスタグランジンE_1（リポPGE_1）

リポPGE_1製剤は，適応疾患に応じて5～10 μgをそのまま，あるいは輸液などに混和して静注する．造影能の改善には，カテーテルを用いて上腸間膜動脈内投与を行う．

リポPGE_1は，末梢動脈疾患（peripheral arterial disease: PAD）に有効性・有用性を発揮する．血管病変部では血管内皮細胞間隙が広がっており，貪食能や透過性が亢進するEPR（enhanced permeability and retention）効果によって，リピッドマイクロスフェアとともに，PGE_1が効率よく送り込まれるためと考えられている．わが国におけるPADは，1970年代まではバージャー病（閉塞性血栓血管炎）が慢性閉塞性動脈疾患の中心を占めてきたが，食生活の変化や高齢化によって，糖尿病や高脂血症，肥満，高血圧など生活習慣病の罹病率が高まり，心筋梗塞や狭心症などの虚血性心疾患や脳梗塞などの動脈硬化性血管疾患が増加してきた現状がある．リポPGE_1製剤は，パルクス®/リプル®の先発品に加え，プリンク®，アリプロスト®，アルプロスタジル®が後発品として承認され医療に貢献している．

2.4.4　リポプロスタグランジンE_1誘導体（リポAS013）

リポPGE_1のターゲット効果によって，少量で効果が増大されること，薬用量および副作用の低下を導くことができた．一方でターゲット性を保持しつつ，さらにその効果を高めるために新たなPGE_1製剤の研究も進んでいる．

リポPGE_1は，PGE_1が化学的に不安定であること，生体に投与されたときにPGE_1がリピッドマイクロスフェアからかなり遊離することが当初から指摘されていた．化学的不安定な原因は，9位のカルボニル基へのプロトン付加によって異性化がおこり最終的に活性の低いPGA_1となることによる．そこで多くのPGE_1誘導体が検討された[14]．その結果，新たなPGE_1誘導体，AS013では異性化がおこらない上，高い脂溶性のために生体に投与された後リピッドマイクロスフェアからの遊離が抑えられること，遊離後はエステラーゼによってPGE_1に変換すること，さらにターゲット性をもった製剤であることが証明された[13,14]．末梢循環障害を起因とする間歇性跛行患者（40歳以上の男性64人，女性16人）に対する二重盲検臨床試験が行われ[15]，用量

依存性の歩行距離の延長がみられている。室温保存でも安定なため，海外展開も可能な新たなリポ製剤である。

文　　献

1) Y. Mizushima, *Drugs Exp. Clin. Res.*, **11**, 595-600 (1985)
2) Y. Mizushima *et al.*, *Prostaglandins*, **33**, 161-168 (1987)
3) M. Takenaga *et al.*, *Jpn. J. Cancer Res.*, **84**, 1078-1085 (1993)
4) M. Takenaga *et al.*, *J. Drug Target.*, **1**, 293-301 (1993)
5) M. Takenaga *et al.*, *J. Drug Target.*, **7**, 187-195 (1999)
6) R. Igarashi *et al.*, *Advanced Drug Deliv. Reviews*, **20**, 189-194 (1996)
7) 武永美津子ほか，*YAKUGAKU ZASSHI*, **127**(8), 1237-1243 (2007)
8) M. Takenaga *et al.*, *Drug Deliv.*, **15**, 169-175 (2008)
9) M. Takenaga, *Advanced Drug Deliv. Reviews*, **20**, 209-219 (1996)
10) 清川重人ほか，*Drug Delivery System*, **2**(1), 35-40 (1987)
11) Mizushima Y. *et al.*, *Prostagl. Leukot. Essent. Fatty Acids*, **41**, 269-272 (1990)
12) 清川重人ほか，炎症，**7**, 551-557 (1987)
13) R. Igarashi *et al.*, *J. Control. Rel.*, **71**, 157-164 (2001)
14) R. Igarashi *et al.*, *J. Control. Rel.*, **20**, 37-46 (1992)
15) J.J. Belch *et al.*, *Circulation*, **95**(9), 2298-2302 (1997)

第7章 ナノ素材

1 金ナノ粒子

新留琢郎[*1], 新留康郎[*2]

1.1 はじめに

表面プラズモン共鳴という性質を示す金ナノ粒子は固有の吸収波長をもち,色素として利用されてきた。とくに球状の金ナノ粒子は520 nm付近に吸収をもつため,ステンドガラスやイムノクロマトグラフィーの赤色の色素として使われている。一般に金表面はチオール基と高い親和性をもつため,DDSのキャリアとしてもよく使われている[1]。特に,その分光特性を活かした,光応答性のDDSのための材料として期待されている。

本節では,シンプルな金ナノ粒子の作製法から,その表面修飾方法,さらに,ロッド状の金ナノ粒子(金ナノロッド)の作製法,様々な表面修飾方法およびその利用例を紹介する。

1.2 一般的な球状金ナノ粒子

学生実習でもよく行われる簡単な金ナノ粒子の作製方法を紹介する。最も一般的な球状金ナノ粒子の調製法はクエン酸を用いて金イオンを還元する「クエン酸還元法」であろう[2,3]。クエン酸ナトリウムは金イオンを還元する還元剤として機能するとともに,表面に吸着して静電的な反発力を提供する分散安定剤としても機能する。クエン酸による還元反応は金の核生成と成長反応のバランスに優れており,20 nm程度の粒径を有する均一な金ナノ粒子を再現性良く作製できる。クエン酸還元粒子の溶液には過剰なクエン酸以外の分散安定剤は存在しない。強固な保護層を形成するポリマーや界面活性剤を用いずに金ナノ粒子を調製するという点では,クエン酸還元法は特異な手法である。1957年に最初に報告された古い方法でありながら,現在でも金ナノ粒子の研究開発の支える基盤的な技術であり,そのメカニズムや新しい応用開発は研究者の興味の対象である[4,5]。

---

* 1 Takuro Niidome 熊本大学 大学院自然科学研究科 教授
* 2 Yasuro Niidome 鹿児島大学 学術研究院理工学域理学系 准教授

1.2.1 材料および試薬
- 塩化金酸
- クエン酸
- 丸底フラスコ
- マントルヒーターあるいはオイルバス

1.2.2 実験操作[2,3]

1 L の丸底フラスコに凝集管を付け，1 mM の塩化金酸溶液 500 mL を激しく撹拌しながら沸騰させる。38.8 mM のクエン酸ナトリウム溶液 50 mL を一気に添加し，10 分間加熱を続ける。添加直後は青紫色を示す溶液が，加熱を続けると美しいワインレッド色に変化する。約 30 分の加熱を続けることによって分散安定性が改善する方法もあるが，0.8 μm のメンブレンフィルターでろ過することによって大径を取り除く方法も行われている。この実験条件で生成する粒子のサイズは約 13 nm となることが報告されている。塩化金酸の濃度を増やすか，クエン酸の濃度を減らすと，生成する金ナノ粒子の大きくなる。ただし，調節できる範囲はあまり広くなく，直径 10 から 30 nm 程度である。なお，使用するガラス容器は全て王水で洗浄し，金属イオンの汚染を防止することが推奨されている。また，その後の操作には，前もってクエン酸溶液を数時間入れた後に水で洗い流したガラス器具を用いないとナノ粒子が凝集することがある。高分子などの分散安定化剤を添加していないクエン酸還元ナノ粒子溶液の場合，クエン酸還元粒子は低分子のクエン酸アニオンの静電反発で分散安定性が保たれているために，わずかな刺激（イオン強度変化，有機分子の吸着，など）で沈殿するまで凝集が進行することがある。筆者はパスツールピペットの先端を金ナノ粒子溶液に入れただけで，サンプル瓶中のナノ粒子が全て凝集沈殿したことがある。

1.2.3 応用

クエン酸還元法による金ナノ粒子にはチオール化合物，アミン類，ペプチドが容易に吸着する。ナノ粒子が凝集しないように条件を工夫する必要があるが，溶液中に加えるだけで多様な分子をナノ粒子表面に固定することが可能である。クエン酸還元法による金ナノ粒子は，クエン酸アニオンの静電反発で分散安定性が保たれており，イオン濃度の変化や有機物の添加によって不可逆に凝集することが多い。機能性分子を吸着させる際に粒子の分散状態を保つコツは，分子をナノ粒子に対して大過剰に加えることである。特にカチオン性分子を中途半端な濃度で添加すると，凝集体形成が一気に進むので，濃厚な機能性分子溶液を激しく撹拌しながら，金ナノ粒子溶液を少しずつ加えるなど，粒子の衝突・凝集の機会をできるだけ減らす手続きが必要である。

インフルエンザ診断キットや妊娠検査薬などに用いられているイムノアフィニティクロマトグラフでは抗体を結合した金ナノ粒子が用いられる。抗体の活性を維持した状態でナノ粒子に固定するには実用上のノウハウがあり，さらに粒子の凝集を抑制して赤色の発色を維持する表面処理が施されている。

第7章　ナノ素材

1.3　トルエン中に分散する金ナノ粒子[6]

　水素化ホウ素ナトリウムを還元剤に用いた方法もよく用いられる。水素化ホウ素ナトリウムは還元力の強い還元剤であり，極めて早く核生成反応が進行するために粒径の小さな（5 nm 以下）の粒子が得られる。水素化ホウ素ナトリウム自体はほとんど分散安定剤として機能しないので，各種高分子や界面活性剤，チオール化合物，さらにはクエン酸などを添加して粒子の凝集を抑制する必要がある。極めて多様な分子が分散安定剤として利用可能であるが，ここではアルカンチオールを分散安定剤として用いて，トルエン中に球状粒子を生成する方法を紹介する。この方法は最初の報告者の名前をとって「Brust 法」と呼ばれることも多い。

1.3.1　材料および試薬
・塩化金酸
・トルエン
・ドデカンチオール
・テトラオクチルアンモニウムブロマイド
・水素化ホウ素ナトリウム
・エタノール

1.3.2　実験操作

　30 mM の塩化金酸を含む水溶液 30 mL に，50 mM のテトラオクチルアンモニウムブロマイドを含むトルエン溶液 80 mL を加えて激しく撹拌する。全ての金イオンがトルエン相に移動したら，170 mg のドデカンチールをトルエン相に加える。この 2 相溶液に直前に調製した水素化ホウ素ナトリウム溶液（25 mL，0.4 M）を激しく撹拌しながらゆっくり加える。添加直後に溶液の色は黄色から赤黒い色に変色し，金イオンが還元されたことがわかる。この溶液を 3 時間撹拌し，分液した有機相をロータリーエバポレータで 10 mL に濃縮したのち，400 mL のエタノールを加えて粒子を沈殿させる。−18℃で 4 時間放置し，沈殿をろ過して過剰のドデカンチオールを除去する。ろ別した沈殿は 10 mL のトルエンに溶解し，400 mL のエタノールを加えたのちに，再度ろ過する。平均粒径 1.5 nm の均一な金ナノ粒子をトルエン分散液として得ることができる。

1.3.3　応用

　この手法では添加するチオールの量によって粒径を制御することができる。チオールの量が少ないと安定に被覆できる総表面積が少なくなるため，平均粒径は大きくなる。粒径制御が簡便に再現性良く実現できることも本手法の利点である。トルエン中に分散した粒子は安定なドデカンチオール吸着膜で保護されているため，溶媒を留去しても粒子の不可逆な凝集や融合が起こらず，元どおり再分散が可能である。この点は，クエン酸還元法による金ナノ粒子が常に凝集の抑制に気を配らなければならないに比べて，優れた特性と言える。しかし，ドデカンチオールは疎水的であり，このままでは水に分散しない。バイオアプリケーションのためには親水分子による表面修飾が必要である。4 級アンモニウム塩を末端に持つチオール化合物を置換吸着させること

で，DNA と相互作用するナノ粒子を調製できることが報告されている[7,8]。また，有機溶媒中に分散するという特徴を生かして，高分子を含む多様な官能基を修飾することができる[9]。これまでに，ジクロロメタン中で調製した粒子を水中に移動させる方法[10]など，Brust 法を踏まえた新規なナノ粒子キャリアの調製法が報告されている。

1.4 カチオン性金ナノ粒子

一般にクエン酸あるいは水素化ホウ素ナトリウムで還元し作成した金ナノ粒子は生理的食塩濃度ではすぐに粒子同士が凝集し，分光特性を失ってしまう。金ナノ粒子を診断や治療に利用するためには，その塩濃度下でも分散していなければならない。そういった高い分散性を持たせるために，その表面を様々な分子で修飾する必要がある。また，修飾する分子を薬剤や抗体分子とすることで，金ナノ粒子の機能化にもつながる。通常であれば，チオール基と金原子との結合を利用するが，その修飾の過程で凝集してしまうこともよく起こる。そこで，金イオンを還元する際に，修飾分子をあらかじめ加えておく手法がよく行われる。ここでは，2-アミノエタンチオールで修飾した金ナノ粒子の作製法を紹介する[11,12]。

1.4.1 材料および試薬
・2-アミノエタンチオール
・塩化金酸
・水素化ホウ素ナトリウム
・チオール基とメトキシ基を末端にもつポリエチレングリコール（mPEG$_{5000}$-SH）

1.4.2 実験操作

213 mM の 2-アミノエタンチオール水溶液 400 μL と 1.42 mM の塩化金酸水溶液 40 mL を混合する。20 分間室温で撹拌し，10 mM の水素化ホウ素ナトリウム水溶液 10 μL を添加する。このとき，金イオン／水素化ホウ素ナトリウム／2-アミノエタンチオールのモル比は 56/0.1/85 となる。10 分間室温で撹拌する間，茶色の不透明溶液となるが，その後，透明なワインレッドの溶液となる。

しかし，この金ナノ粒子は数週間で凝集してしまう。そこで，ポリエチレングリコール修飾すると分散安定性を高めることができる。具体的には，213 mM の 2-アミノエタンチオール水溶液 20 μL と 1.42 mM の塩化金酸水溶液 2 mL の混合液に 100 mM のチオール基とメトキシ基を末端にもつポリエチレングリコール（mPEG$_{5000}$-SH）水溶液 42.6 μL を加える。20 分間室温で撹拌後，10 mM の水素化ホウ素ナトリウム水溶液 10 μL を添加する。その後 30 分間室温で撹拌する。mPEG を還元時に添加することで，PEG 鎖が金ナノ粒子表面に修飾され，分散安定性の高いアミノ基修飾金ナノ粒子となる。

1.4.3 応用

2-アミノエタンチオール修飾した金ナノ粒子で，プラスミド DNA の細胞内へのトランスフェ

クションが可能である。プラスミドDNA（ルシフェラーゼをコードしている）に対してこの金ナノ粒子を重量比で11～17となるように加え，複合体を形成させる。これをHeLa細胞の添加し，3時間インキュベーションする。培地を交換し，48時間後に細胞内のルシフェラーゼ活性を測定した結果，一般のトランスフェクション試薬に匹敵するほどの活性が検出された[11]。

2-アミノエタンチオールに加え，PEG鎖も修飾した金ナノ粒子はプラスミドDNA（ルシフェラーゼをコードしている）と安定な複合体を形成した。それをマウスの静脈より投与すると，2時間は血中を安定に循環し，多くは肝臓に集積することがわかった。その後，肝臓組織内にルシフェラーゼの活性は見られなかったが，肝臓に電気パルス（250 V/cm，20 ms/pulse，8 pulses，1 Hz）を照射することで，ルシフェラーゼの発現が誘導された。プラスミドDNAのみを投与してもこのような発現は見られなかったことから，金ナノ粒子が電気パルスに応答してプラスミドDNAを放出する，あるいは，細胞側に何かしら影響を及ぼし，遺伝子発現を誘導したと考えられる[12]。

1.5　金ナノロッド

金ナノロッドは形状均一に調製できる異方性金ナノ粒子の代表例であり，近赤外域に長軸方向由来のプラズモンバンドを示す[13,14]。近赤外光は生体に浸透しやすく，バイオイメージングや光治療用の光として有用である。金ナノシェルや金ナノケージも近赤外域に吸収を有する金ナノ粒子である[15,16]が，金ナノロッドは異方性粒子としては特異的に形状が均一であり，かつサイズが小さい（短軸方向に10 nm以下）ため，DDSキャリアとしての高い適正を有している。ここでは金ナノロッドの調製法を紹介する。

金ナノロッドはカチオン性界面活性剤溶液中で電気化学法[14]，シーディング法[17～20]，光反応法[21,22]の3種類の方法で調製可能である。最初の報告は超音波を照射しながら金電極を用いて定電流電解を行う電気化学法であるが，超音波照射や電極の配置にコツがあり，再現が少々難しい。実用的な調製法として，最も広く用いられている方法はシーディング法であり，形状の幅広い制御が可能である。シーディング法には幾つかの報告があるが，ここではMurphyらによる代表的な手法を紹介する[18]。一方，光反応法は粒子形状の均一性と再現性に優れた方法であり，実用レベルの大量合成も可能になることが期待されている。

1.5.1　材料および試薬
・ヘキサデシルトリメチルアンモニウムブロマイド（CTAB）
・硝酸銀
・塩化金酸
・水素化ホウ素ナトリウム
・水酸化ナトリウム

1.5.2　実験操作

① シーディング法[18]

18 mL の水に 0.01 M 塩化金酸 0.5 mL と 0.01 M クエン酸ナトリウム溶液 0.5 mL を加える。撹拌下で 0.1 M 水素化ホウ素ナトリウム 0.5 mL 加えると溶液はオレンジ色に着色し，金ナノ粒子の生成を確認できる。この溶液は 2 時間静置する。金ナノロッドはこの粒子を種粒子とした成長反応：シーディング反応によって調製する。反応には 3 つの容器（A，B，C）を用いる。容器 A と B には 9 mL の 0.1 M CTAB 溶液を用意し，これに 0.01 M 塩化金酸溶液 0.25 mL，0.1 M アスコルビン酸溶液 50 μL，さらに 0.1 M 水酸化ナトリウム溶液 50 μL を加える。容器 C は，90 mL CTAB 溶液，0.01 M 塩化金酸 0.5 mL，0.1 M アスコルビン酸 0.5 mL，0.1 M 水酸化ナトリウム溶液 0.5 mL で調製する。

成長溶液 A に 1 mL の種溶液を加え，3〜5 秒撹拌する。すぐに成長溶液 A の 1 mL を成長溶液 B に加え，さらに数秒撹拌後全溶液を溶液 C に加える。溶液を一晩放置したのちに，1500 rpm で 20 min 遠心分離，沈殿を 100 μL の水に再分散して金ナノロッド溶液とする。

② 光反応法[22]

1.6 mM の塩化金酸を含む 80 mM CTAB 溶液を 3 mL 調製し，これに 10 mM 硝酸銀溶液を銀濃度 0.54 mM になるように加え，さらにアセトンを 65 μL 加える。40 mM アスコルビン酸溶液を 200 μL 加え，石英セル中で紫外光を照射する。光反応はアセトンのラジカル生成で開始されるので，波長 300 nm 以下の光が必要である。一般的な超高圧水銀ランプ（500 W）の紫外線照射では，照射開始後数分で溶液の色が変わり始める。反応の終了は分光特性変化で判別できる。

1.6　ポリマーコート金ナノロッド

金ナノロッドは上記のように，hexadecyltrimethylammonium bromide（CTAB）存在下で調製され，これが分散安定剤としても機能している。しかし，CTAB は塩基性の界面活性剤であるため，細胞毒性が強く，診断や治療の目的では，そのままでは使えない。そこで，CTAB を取り除くことで毒性を低下させ，同時に，生理条件下で分散安定性を保つ必要がある。このためにはカチオン性とアニオン性高分子を交互に吸着させる交互吸着法[23]的な表面修飾法が簡便で再現性が高い。溶液中に分散したナノ粒子にも同様の方法が可能であることが報告されている[24,25]。

1.6.1　材料および試薬

・金ナノロッド（CTAB 分散液）
・Poly（styrene sulfonate）(PSS)
・Poly（diallyldimethyammonium chloride）(PDDA)

1.6.2　実験操作

CTAB 水溶液中に分散している金ナノロッドを 10,000×g 以上の遠心分離し，沈殿を水に再分

散する。再度，8,000×gで遠心分離し，沈殿にPSS溶液（2 mg/mL）を加えて手早く超音波を照射し再分散する。PSSで表面修飾した金ナノロッドを遠心分離して，沈殿にPDDA溶液（2 mg/mL）を加えると，PSS層の外側にPDDA層を吸着させることができる。これらの表面状態の変化はゼータ電位を測定すると，表面の電荷の符号が入れ替わることで確認できる。この手法ではPoly（ethylenimine）(PEI) やPoly（allylamine hydrochloride）(PAH)，さらにアルブミンなどのタンパク質まで幅広いイオン性高分子をナノ粒子表面に固定することができる。一般的には，過剰な高分子をできるだけ除いた状態で，反対電荷を有する高分子を十分な濃度で添加すると，孤立分散状態を維持したまま表面修飾が可能である。

1.6.3 応用

ナノロッド表面を高分子で修飾すると細胞毒性が減少し，培養細胞に金ナノロッドを取り込ませることができる[26, 27]。また，カチオン性ポリマーを修飾するとDNAなどのアニオン性生体高分子のキャリアとして利用することができる[28]。抗体の修飾も静電吸着によって可能あることが報告されており[26, 29]，多様なバイオアプリケーションが期待されている。

1.7 PEG修飾金ナノロッド

ナノ粒子の生体適合化の手段として，PEG修飾も頻繁に採用される。1.3.2で説明したように，mPEG-SHで修飾すれば，金-チオール間で共有結合が形成され，安定性の高い修飾が可能になる。

1.7.1 材料および試薬

・金ナノロッド
・チオール基とメトキシ基を末端にもつポリエチレングリコール（mPEG-SH）

1.7.2 実験操作

CTAB水溶液中に分散している金ナノロッドを14,000×gで10分間遠心し，上澄を捨て，水を加え，再分散させる。これを2回行った後，金ナノロッドの金原子（1 mM, 1 mL）と等モルのmPEG$_{5000}$-SH（5 mM, 200 μL）を加え，室温で24時間撹拌する。その後，水に対して3日間透析する。透析の代わりに，遠心を繰り返して，過剰のmPEG-SHと残存するCTABを取り除いても良い。濃度は既知のモル吸光係数から，あるいは，王水で金ナノロッドを溶解させた後，誘導結合プラズマ質量分析法（ICP-MS）により決定する。

1.7.3 応用

PEG修飾金ナノロッドは極めて高い血中安定を示し，マウスへの静脈投与後数時間血中を循環する[30]。そして，最終的には肝臓や脾臓に集積する。担がんマウスであれば，腫瘍にも金ナノロッドが検出され，EPR効果も示す[31]。この腫瘍部分に近赤外光を照射すれば，腫瘍内に存在する金ナノロッドが発熱し，腫瘍を傷害できる[32]。

PEG修飾した金ナノロッドとプラスミドDNAを混合し，担がんマウスの腫瘍部位に局所投

与し，そこへ近赤外光を照射し，42℃程度に加熱すると，加熱しない場合に比べ，約10倍のプラスミドDNAからの遺伝子発現が見られた。金ナノロッドのフォトサーマル効果が，プラスミドDNAの細胞内取り込みから，転写翻訳までの一連のトランスフェクションの過程で何らかの促進作用を持っていると考えられる[33]。

1.8 シリカコート金ナノロッド

ナノ粒子のシリカコートは，その後，様々なシランカップリング剤でその表面を修飾することが可能であり，ナノ材料の応用範囲を広げることができる。

1.8.1 材料および試薬

- PEG修飾金ナノロッド
- 5% ammonia solution
- Tetraethyl orthosilicate（TEOS）

1.8.2 実験操作

分子量20,000のPEG（mPEG$_{20,000}$-SH）で修飾した金ナノロッドを1.6.2と同様の操作で調製する。この10 mMの溶液（金原子濃度），100 μLと780 μLのエタノールを混合する。これに，20 μLの5%アンモニア水溶液を添加し，さらに50 mMテトラエチルオルソシリケート（TEOS）100 μLを添加し，室温で24時間撹拌する[34]。

1.8.3 応用

シリカコートした金ナノロッド（図1）はエタノールにもよく分散し，適度な疎水性もあるため，皮膚に金ナノロッドを塗布する際に有用である。例えば，1 mMのシリカコート金ナノロッド（金原子濃度）20 μLを皮膚に滴下し，乾燥させる。その上に5 mg/mlのオボアルブミン水溶液を接触させ，100から200 mWの近赤外光を照射すれば，皮膚表面の金ナノロッドが加熱され，

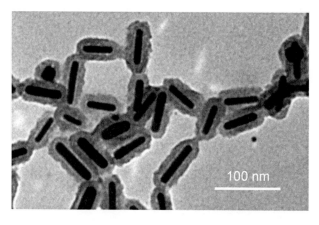

図1　シリカコートした金ナノロッドのTEM観察像

第7章 ナノ素材

角質層が部分的に傷害される。その効果でオボアルブミンが皮内へ移行させることができる[35]。

シリカ表面は弱いアニオン性であるため,これにポリエチレンイミンを吸着させることができる。このアミノ基を使って様々な分子を結合することができる。例えば,アミノ基とチオール基を結ぶリンカーを使ってオリゴヌクレオチドの修飾が可能である[36]。

シリカ表面はシランカップリング剤でさらに様々な官能基を導入することが可能である。例えば,3-(methacryloxy)propyl triethoxysilane(MPS)で修飾すれば,メタクリル基を導入することが可能で,ここから N-isopropylacrylamide(NIPAM)や N,N'-methylene bisacrylamide(MBA)を重合させることで,温度応答性ポリマーの修飾ができる[34,37]。

文　献

1) D. Pissuwan, T. Niidome, M. B. Cortie, *J. Controlled Release*, **149**, 65 (2011)
2) J. Turkevitch, P. C. Stevenson, J. Hillier, *Discuss. Faraday Soc.*, **11**, 55 (1951)
3) G. Frens, *Nature*, **241**, 20 (1973)
4) J. Kimling, M. Maier, B. Okenve, V. Kotaidis, H. Ballot, A. Plech, *J. Phys. Chem. B*, **110**, 15700 (2006)
5) X. Ji, X. Song, J. Li, Y. Bai, W. Yang and X. Peng, *J. Am. Chem. Soc.*, **129**, 13939 (2007)
6) M. Brust, M. Walker, D. Bethell, D. J. Schiffrin, R. Whyman, *Chem. Commun.*, 801 (1994)
7) K. K. Sandhu, C. M. McIntosh, J. M. Simard, S. W. Smith, V. M. Rotello, *Bioconjugate Chem.*, **12**, 3 (2002)
8) C. M. McIntosh, I. Edward A. Esposito, A. K. Boal, J. M. Simard, C. T. Martin, V. M. Rotello, *J. Am. Chem. Soc.*, **123**, 7626-7629 (2001)
9) M. J. Hostetler, A. C. Templeton, R. W. Murray, *Langmuir*, **15**, 3782 (1999)
10) I. Ojea-Jiménez, L. García-Feránde, L. Lorenzo, V. F. Puntes, *ACS Nano*, **6**, 7692 (2012)
11) T. Niidome, K. Nakashima, H. Takahashi, Y. Niidome, *Chem. Commun.*, **2004**, 1978 (2004)
12) T. Kawano, M. Yamagata, H. Takahashi, Y. Niidome, S. Yamada, Y. Katayama, T. Niidome, *J. Controlled Release*, **111**, 382 (2006)
13) D. Pissuwan, T. Niidome, *Nanoscale*, **7**, 59 (2015)
14) Y.-Y. Yu, S.-S. Chang, C.-L. Lee, C. R. C. Wang, *J. Phys. Chem. B*, **101**, 6661 (1997)
15) R. Bardhan, S. LAL, A. Joshi, N. Halas, *Acc. Chem. Res.*, **44**, 936 (2011)
16) Y. Wang, K. C. L. Black, H Luehmann, W. Li, Y. Zhang, X. Cai, D. Wan, S.-Y. Liu, M. Li, P. Kim, Z.-Y. Li, L. V. Wang, Y. Liu, Y. Xia, *ACS Nano*, **7**, 2068 (2013)
17) N. R. Jana, L. Gearheart, C. J. Murphy, *J. Phys. Chem. B*, **105**, 4065 (2001)
18) B. D. Busbee, S. O. Obare, C. J. Murphy, *Adv. Mater.*, **15**, 414 (2003)
19) B. Nikoobakht, M. A. El-Sayed, *Chem. Mater.*, **15**, 1957 (2003)
20) S. E. Lohse, C. J. Murphy, *Chem. Mater.*, **25**, 1250 (2013)

21) F. Kim, J. H. Song, P. Yang, *J. Am. Chem. Soc.*, **124**, 14316 (2002)
22) Y. Niidome, K. Nishioka, H. Kawasaki, S. Yamada, *Chem. Commun.*, 2376 (2003)
23) G. Decher, J-D. Hong, J. Schmitt, *Thin Solid Films*, **210/211**, 831 (1992)
24) D. I. Gittins, F. Caruso, *Adv. Mater.*, **12**, 1947 (2000)
25) A. Gole, C. J. Murphy, *Chem. Mater.*, **17**, 1325 (2005)
26) X. Huang, I. H. El-Sayed, W. Qian, M. A. El-Sayed, *J. Am. Chem. Soc.*, **128**, 2115 (2006)
27) X. Huang, S. Neretina, M. A. El-Sayed, *Adv. Mater.*, **21**, 4880 (2009)
28) H. Takahashi, T. Niidome, T. Kawano, S. Yamada, Y. Niidome, *J. Nanopart. Res.*, **10**, 221 (2008)
29) L. Wu, Z. Wang, S. Zong, Z. Huang, P. Zhang, Y. Cui, *Biosens. Bioelectron.*, **38**, 94 (2012)
30) T. Niidome, M. Yamagata, Y. Okamoto, Y. Akiyama, H. Takahashi, T. Kawano, Y. Katayama, Y. Niidome, *J. Controlled Release*, **114**, 343 (2006)
31) Y. Akiyama, T. Mori, Y. Katayama, T. Niidome, *J. Controlled Release*, **139**, 81 (2009)
32) T. Niidome, Y. Akiyama, M. Yamagata, T. Kawano, T. Mori, Y. Niidome, Y. Katayama, *J. Biomater. Sci.-Polym. Ed.*, **20**, 1203 (2009)
33) Y. Sakamura, M. Yoshiura, H. Tang, T. Mori, Y. Katayama, T. Niidome, *Chem. Lett.* **42**, 767 (2013)
34) T. Kawano, Y. Niidome, T. Mori, Y. Katayama, T. Niidome, *Bioconjugate Chem.*, **20**, 209 (2009)
35) H. Tang, H. Kobayashi, Y. Niidome, T. Mori, Y. Katayama, T. Niidome, *J. Controlled Release*, **171**, 178 (2013)
36) S. Yamashita, H. Fukushima, Y. Akiyama, Y. Niidome, T. Mori, Y. Katayama, T. Niidome, *Bioorg. Med. Chem.*, **19**, 2130 (2011)
37) A. Shiotani, Y. Akiyama, T. Kawano, Y. Niidome, T. Mori, Y. Katayama, T. Niidome, *Bioconjugate Chem.*, **21**, 2049 (2010)

第7章　ナノ素材

2　磁性ナノ粒子

並木禎尚*

2.1　はじめに

　我々は，磁力で時間的・空間的に制御できる薬剤送達システムを開発してきた。外部エネルギー，特に磁力はナノ粒子に多様な性能を与えうる。例えば，(1) 直流磁場（永久磁石・電磁石）により磁性粒子を目的部位に集められるため「患部への薬剤送達」，(2) 癌組織に集積した磁性粒子は交流磁場により発熱するため「癌を死滅させる磁気温熱療法」，(3) 癌特異的抗体を結合した磁性粒子の患部への集積・患者血清との凝集を，MRI・磁気センサーにより検出できるため「癌診断」など，幅広い用途が考えられる。

　一方，磁性流体は宇宙服の関節可動部・接合部のシール材として発明され，今日，自動車のアクティブサスペンションなど工業的に活用されている。生体適合性を大幅に向上させた磁性流体を原料として，従来達困難であった核酸医薬を運搬できる磁性ナノ粒子（LipoMagと命名）を開発した[1~3]ので，その製造方法を中心に解説する。

2.2　材料および試薬

- 精製水（DNase・RNase free）
- 塩化鉄(II)四水和物
- 塩化鉄(III)六水和物
- アンモニア水
- オレイン酸
- ドデカン
- クロロホルム
- アセトン
- O,O'-ditetradecanoyl-N-(α-trimethylammonioacetyl) diethanolamine chloride

---

＊　Yoshihisa Namiki　了德寺大学　健康科学部　教授

(DC-6-14；相互薬工，東京)
- Dioleoylphosphatidylethanolamine（DOPE; Sigma, St.Louis, MO, USA）
- アルゴンガス
- 梨型フラスコ
- 電動攪拌機・攪拌羽（RW16 basic，IKA-Works, Inc., NC, USA）
- オイルバスヒーター（BO600，ヤマト科学，東京）
- ボルテックスミキサー
- カップホーン型超音波破砕装置（Sonifier 250D，Branson, CT, USA）
- ロータリーエバポレーター（RE301，ヤマト科学）
- バス型恒温槽（BM400，ヤマト科学）
- 耐有機溶剤真空ポンプ（PX-51，ヤマト科学）
- フレンチプレス（Thermo Fisher Scientific Inc., MA, USA）
- 耐食性・磁性焼結フィルター[2,3]（技研パーツ，奈良）

2.3 実験操作

Peptization法[4,5]を応用し，オレイン酸被覆マグネタイト（四酸化三鉄）をクロロホルムに分散させた特殊な磁性流体を作製する。得られた磁性流体を原料として，強力な分散・真空を組み合わせ，オレイン酸の疎水基－リン脂質・陽性荷電脂質の疎水基間の結合（疎水結合）を促し自己会合型磁性粒子を作製する。

2.3.1　オレイン酸被覆磁性粒子をクロロホルムに分散させた磁性流体の作製（図1）

① 塩化鉄（Ⅱ）四水和物（7.95 g）および精製水（8 mL）を 50 mL チューブに入れ，完全に溶解するまで良く混合する。塩化鉄（Ⅲ）六水和物（21.62 g）および精製水（21 mL）を 50 mL チューブに入れ，完全に溶解するまで良く混合する。得られた塩化鉄（Ⅱ）水溶液，塩化鉄（Ⅲ）水溶液を混合後，全量が 50 mL になるまで精製水を添加する。

② 電動攪拌機を用いて，①の塩化鉄（Ⅱ＋Ⅲ）水溶液 50 mL を攪拌（200 rpm）しながら，アンモニア水（50 mL）を加えることにより，黒色のマグネタイトスラリーを作製する。

③ オレイン酸（5 mL），ドデカン（45 mL）を混合し，オレイン酸／ドデカン（10% v/v）を調整する。電動攪拌機，オイルバスを用いて，②のスラリーを，攪拌（200 rpm）しながら 95 ℃まで加温し，得られたオレイン酸／ドデカンを添加する。

④ 加温・攪拌を続けると，生成したオレイン酸アンモニウムがマグネタイト微粒子と反応する。さらに，加温を続けるとオレイン酸アンモニウムがアンモニアガスを発生しながらオレイン酸に分解しはじめる。この際，マグネタイト微粒子表面はオレイン酸に被覆されるため，ドデカン中に分散しはじめる。

⑤ さらに，加温・攪拌を続けることにより，オレイン酸アンモニウムが完全に分解されると，

第7章　ナノ素材

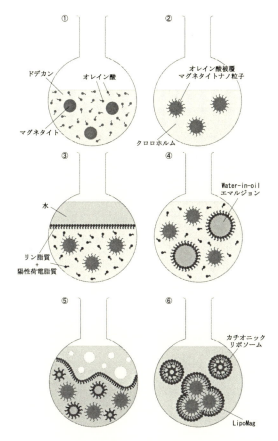

図1　LipoMag の調整法（参考文献 3 の Figure を改変）

① オレイン酸被覆マグネタイトをドデカンに分散させた磁性流体を作製した。
② ドデカンとクロロホルムを置換し，オレイン酸被覆マグネタイトがクロロホルムに分散した磁性流体を調整した。
③ 梨型フラスコ内に加えた，磁性流体，クロロホルムに溶解したリン脂質・陽性荷電脂質を混合後，水を加えた。クロロホルムの比重は 1.4835（20℃）のため，脂質・磁性流体を含むクロロホルム層は水層の下層に位置する。
④ 梨型フラスコをガラス栓で密栓後，ボルテックスミキサーで強く撹拌する。茶白色調になったら直ちにフラスコをカップホーン内に入れ，最大強度の超音波を照射することにより均一なミセルを得る。
⑤ 梨型フラスコを直ちにロータリーエバポレーターに接続後，カップホーン内で超音波照射を続けながら真空処理を行うことにより，クロロホルムが蒸発しゲル状態となる。
⑥ さらに真空・超音波処理を続けクロロホルムを除去することにより，マグネタイトの最外層がリン脂質・陽性荷電脂質で覆われた LipoMag，リン脂質・陽性荷電脂質で構成させるカチオニックリポソームが得られる。

オレイン酸被覆マグネタイトを含むドデカン層（上層），塩化アンモニウム（塩化鉄中の塩素イオンとアンモニアの反応により生成，加温を続けることにより，水分が蒸発し白色の結晶が析出する）を含む水層（下層）の2層に分離する。

⑥ ガラス製のピペットを用いて，下層の水層の大半を取り除き，残りの水層が蒸発して消失するまで加温・撹拌を続ける。最終的に室温に静置した後，オレイン酸被覆マグネタイトを含むドデカン層（上層）の上部7割程度をガラス容器に回収する。

⑦ ⑥で得られた磁性流体（2 mL）を一滴ずつアセトン（100 mL）中に滴下し撹拌すると，凝結塊が沈殿する（フロキュレーション操作）。

⑧ 遠心分離，もしくは磁力により凝結塊を回収し，上澄みを除去した後，凝結塊にアセトン（50 mL）を加え撹拌する。

⑨ ⑦～⑧の操作を2回繰り返すことにより，磁性粒子の被覆に関与しない余剰のオレイン酸をアセトン洗浄により取り除く（アセトン洗浄）。

⑩ ロータリーエバポレーターを用いて，アセトン洗浄後の凝結塊を真空処理（50 mmHg）することにより，アセトンを蒸発させ完全に取り除く。

⑪ 得られた乾燥凝結塊（2 mg）にクロロホルム（1 mL）を加え，よく撹拌することによりオレイン酸で被覆されたマグネタイトがクロロホルム中に分散する磁性流体を作製した。

2.3.2 核酸医薬送達用磁性キャリア（LipoMag）の作製

① DC-6-14（20 mg），クロロホルム（10 mL）をスクリューキャップ付きガラス試験管（15 mL）に入れ完全に溶解する（アルゴンガス置換後，－80℃で保存する）。

② DOPE（20 mg），クロロホルム（10 mL）をスクリューキャップ付きガラス試験管（15 mL）に入れ完全に溶解する（アルゴンガス置換後，－80℃で保存する）。

③ DC-6-14／クロロホルム溶液（344.8 μL；①で作製），DOPE／クロロホルム溶液（155.2 μL；②で作製），磁性流体（200 μL；2.3.1－⑪で作製），クロロホルム（300 μL）を梨型フラスコに入れ，アルゴンガスと空気を置換後に良く混合する。

④ ③の混合液に精製水（1 mL）を添加し，アルゴンガス置換後にガラス栓で密栓，ボルテックスミキサー（2800 rpm，1分間）で強く撹拌する。直後にカップホーン型超音波破砕装置（最大出力，2分間）で処理を行うことによりミセル化する。

⑤ ④の操作直後に梨型フラスコをロータリーエバポレーターに接続，フラスコをバス型恒温槽に入れ加温（37℃）・回転（2.5 G）・減圧（50 mmHg）を開始する（液相が分離する前に操作を完了させる）。尚，突沸させないよう適時減圧を弱めることが重要である。

⑥ 残存するクロロホルムをなるべく取り除くため，ロータリーエバポレーターを回転させたまま，10分間の減圧（10 mmHg）を続ける。その間，内容物を乾固させないように，適時減圧を解除し精製水を混合したのち，再度減圧を行う。

⑦ ⑥で得られた液体をフレンチプレスで処理（40,000 pound/square inch）することにより均一な微粒子を得る。

第7章　ナノ素材

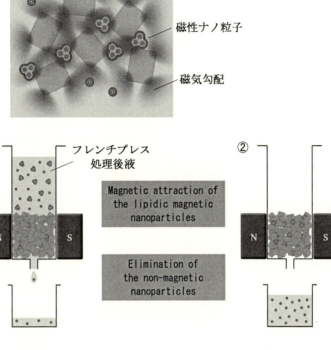

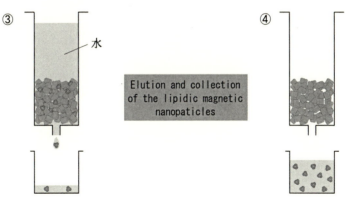

図2　磁性フィルターによるLipoMagの精製（参考文献3のFigureを改変）

　0.4 mm径のSUS430顆粒を焼結させることにより2.5 mL容量のシリンジ内径に適合した磁性フィルターを作製した。磁性フィルターをシリンジに挿入，フィルター部位のシリンジ外壁に2つのネオジム磁石（0.5テスラ）をS極N極が対向するように吸着させる。
　①-②　フレンチプレス処理後の溶液をシリンジに注入し，全量を自然滴下させることにより，磁性ナノ粒子をフィルターに捕捉させる。さらに，精製水を通すことにより，フィルターの洗浄を行う。
　③-④　磁石を外した後，精製水を入れ，磁気吸着させたLipoMagを溶出させる。

⑧ 磁性ステンレス顆粒を焼結させた耐食性・磁性焼結フィルター[6,7]をシリンジ内に挿入，シリンジ外部（フィルター中央の高さ）にネオジム磁石を装着する（図2）。

⑨ ⑦で得られた液体を⑧のフィルターに通したあと，精製水（3 mL）を用いてフィルターに付着する磁性体を含まない脂質粒子を洗浄する。

⑩ シリンジ外部に吸着させた磁石を取り外し，ピストンを装着する。磁気回収した磁性粒子を溶出するため，シリンジ内に精製水（1 mL）を吸引後，吸引・排出を3回繰り返す。

⑪ 必要に応じ，⑩で得られた液体を，透析チューブを用いて透析することにより，残存する微量のクロロホルムを完全に取り除く。

2.3.3 核酸医薬送達用磁性キャリアの定量分析

① LipoMag中のオレイン酸含有量は，ガスクロマトグラフィーを用いて測定する。

② LipoMag中の酸化鉄含有量は，塩酸処理後に酸化鉄をイオン化した後，原子吸光法にて測定する。

③ LipoMag中のリン脂質含有量については，マラカイトグリーンキット（BIOMOL, Research laboratories, PA, USA）を用いて，リン脂質を構成するリン酸を定量後，計算により求める。

2.4 応用

核酸医薬の磁気送達については，動物モデルの癌部に生体適合性の高い磁石を埋め込み（図3），血管新生を阻害する遺伝子配列を持つ核酸医薬を磁気誘導したところ，腫瘍縮小効果を認めた[1,8,9]。

一方，シリカ粒子を鋳型として表面に強磁性体である鉄白金微粒子を網目状に成長させ，超臨

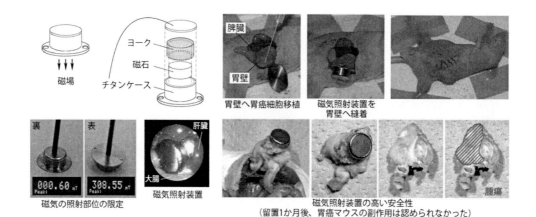

図3 磁性粒子を患部に送達するための磁気照射装置（参考文献3・9のFigureを改変・転載）

第7章　ナノ素材

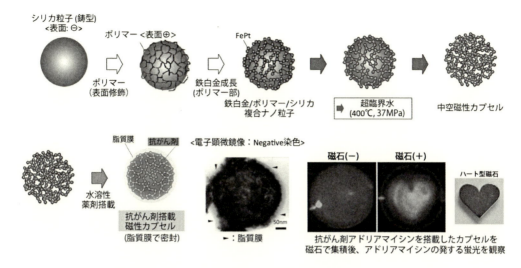

図4　磁性中空粒子に充填した水溶性抗癌剤の磁気送達（参考文献8・9のFigureを改変・転載）

界水で処理することにより，鉄白金同士が熱融合した後，鋳型粒子が溶解するので，多孔状中空粒子が得られることを確認している。中空部分に液体薬剤を充填，粒子表面を脂質膜で密封することにより，従来困難であった液体薬剤の磁気誘導が可能であることを確認している[8〜12]（図4）。

さらに最近，磁性粒子への薬剤搭載技術をグリーンイノベーション領域に応用することにより，セシウム吸着剤であるフェロシアン化合物を磁性粒子に担持させた磁性除染剤を開発した[8,13]（図5）。当該除染剤と磁力を組み合わせることにより，原発事故で問題となっている焼却飛灰中の高濃度セシウムを安全・迅速に除去できることを大手ゼネコンとの実証試験（環境省）[14]で明らかにし，磁性体メーカーとともに大量生産の準備を完了している[8]。

DDSキャリア作製プロトコル集

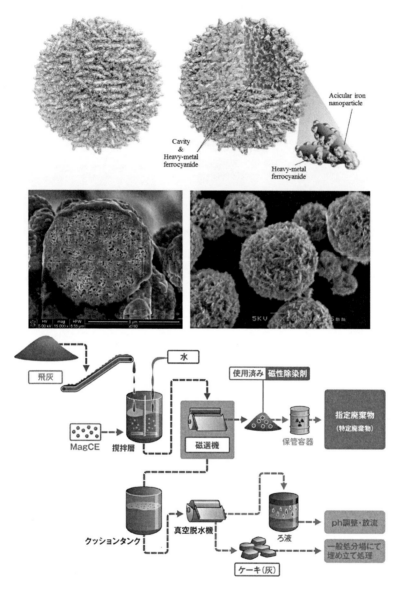

図5 磁性除染剤の構造と焼却飛灰からのセシウム除去（参考文献8・13のFigureを改変・転載）

文　　献

1) Namiki, Y., Namiki, T., Yoshida, T., Ishii, Y., Koido, S. *et al.*, A novel magnetic crystal-lipid nanostructure for magnetically guided *in vivo* gene delivery, *Nature Nanotechnol.*, **4**, 598-606 (2009)
2) Namiki, Y., Namiki, T., Synthesis of lipidic magnetic nanoparticles as nucleic acid and

drug delivery system, Japanese patent 4, 183, 047 (2008)
3) Namiki, Y., Synthesis of lipidic magnetic nanoparticles for nucleic acid delivery, *Methods Mol Biol.*, **948**, 243-250 (2013)
4) Rosenweig, R. E., Magnetic fluids. *Int. Sci. Tech.*, **55**, 48-56 (1966)
5) Reimers, G. W. & Khalafalla, S. E., Production of magnetic fluids by peptization techniques. U. S. patent 3, 843, 540 (1974)
6) Namiki, Y., Sintered magnetic filter for the purification of magnetic nanoparticles, Japanese Patent Application 2011-083367
7) Namiki, Y., Matsunuma, S., Inoue, T., Koido, S., Namiki, T., *et al.*, Magnetic nanostructures for biomedical application. In: Masuda, Y., Editor. *Nanocrystal*. Rijeka, Croatia, Sciyo. 349-372 (2011)
8) 上山俊彦，吉田貴行，前川弘樹，根岸昌範，今村 聰，並木禎尚，異分野技術の融合による焼却飛灰スラリーから放射性セシウムを磁力で迅速回収できるコンパクトな除染システムの開発－ライフサイエンス発の画期的なグリーンイノベーション技術の創製－，フジサンケイビジネスアイ，第 28 回 先端技術大賞　特別賞受賞論文
http://www.fbi-award.jp/sentan/jusyou/2014/8.pdf
http://www.fbi-award.jp/sentan/jusyou/
9) Namiki, Y., Fuchigami, T., Tada, N., Kawamura, R., Matsunuma, S., Kitamoto, Y., Nakagawa, S., Nanomedicine for cancer: lipid-based nanostructures for drug delivery and monitoring, *Acc. Chem.* Res, **44**, 1080-1093 (2011)
10) Fuchigami, T., Kitamoto, Y., Namiki, Y., Size-tunable drug-delivery capsules composed of a magnetic nanoshell, *Biomatter*, **2**, 313-320 (2012)
11) Fuchigami, T., Kawamura, R., Kitamoto, Y., Nakagawa, M., Namiki, Y., A magnetically guided anti-cancer drug delivery system using porous FePt capsules, *Biomaterials*, **33**, 1682-1687 (2012)
12) Fuchigami, T., Kawamura, R., Kitamoto, Y., Nakagawa, M., Namiki, Y. Ferromagnetic FePt-Nanoparticles/Polycation Hybrid Capsules Designed for a Magnetically Guided Drug Delivery System, *Langmuir*, **27**, 2923-2928 (2011)
13) Namiki, Y., Ueyama, T., Yoshida, T., Watanabe, R. Koido, S., Namiki, T., Hybrid microparticles as a magnetically-guidable decontaminant for cesium-eluted ash slurry, *Sci. Rep*, **4**, 6294 (2014)
14) 吸着剤を担持した磁性ナノ粒子を利用した焼却飛灰からの Cs 回収, 平成 25 年度環境省除染技術実証事業（研究代表者：大成建設）

第7章　ナノ素材

3　ヒドロキシアパタイト粒子

中平　敦*

3.1　ヒドロキシアパタイト

3.1.1　はじめに

　ヒドロキシアパタイト（あるいは水酸アパタイト：$(Ca_{10}(PO_4)_6(OH)_2)$）は，硬組織代替のためのバイオマテリアルとして有用な無機材料である。ヒドロキシアパタイトは図1に示すような六方晶系に属する結晶構造をとり，その密度は，3.15 g/cm^3，格子定数は，a＝9.43Å，c＝6.88Åである[1]。ヒドロキシアパタイトにおいてその構造中に親水性のOH$^-$と疎水性のPO$_4^{3-}$を持つことから，タンパク質の官能基と水素結合しやすく，タンパク質に吸着しやすい特性を持つ。

　特に，a面にはCa^{2+}イオンが多く位置しておりプラスチャージ面となり，c面にはPO$_4^{3-}$が多く位置しているため，マイナスチャージ面であり，これら表面性質を利用し分子修飾などが可能である。さらに，図のように，Ca^{2+}イオンは，Ca（Ⅰ）とCa（Ⅱ）の二つの位置（すなわち

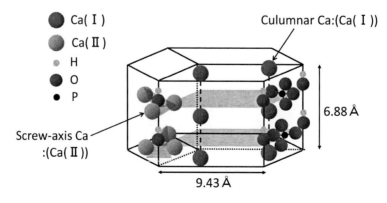

図1　ヒドロキシアパタイトの構造

---

*　Atsushi Nakahira　大阪府立大学　教授

第7章 ナノ素材

columnar Ca:Ca(Ⅰ)と screw axis Ca:Ca(Ⅱ))が存在し,screw axis Ca は三角形の頂点に Ca^{2+} イオンが位置し,columnar Ca はトンネル状の構造をとっている。また,ヒドロキシアパタイトは構造から Ca/P 比＝1.67 が化学量論比である。

しかし我々の体内の骨や歯を構成するヒドロキシアパタイトは,通常,Ca/P 比が 1.67 以下の非化学量論の Ca 欠損水酸アパタイトである。これによりヒドロキシアパタイト構造中の PO_4 基や OH 基が他のアニオン種の CO_3^{2-} 基や SO_4^{2-} などと置換したり,アパタイト構造中の Ca サイトに多様な金属カチオンを固溶できることができ,これを利用して生体必須微量元素の貯蔵庫として日々の生活における恒常性が維持されている。

このようにヒドロキシアパタイトは構造の多様性に起因する種々の特性,例えば高いイオン交換能や優れた吸着性能,生体活性と生体適合性などを持っており,アパタイト構造の多様性を十分に精緻に制御できれば,バイオマテリアルや無機系薬物輸送システム（DDS）材料などとして応用も拡大すると期待される。

このヒドロキシアパタイトは,表1に示すようにリン酸カルシウムファミリーの一つであり,骨や歯の場合その構成成分のヒドロキシアパタイトは低結晶のヒドロキシアパタイトの場合が多いが,硬組織化の初期はアモルファルリン酸カルシウム（ACP）,リン酸八カルシウム（OCP）などが前駆体として存在するという報告もある。

ヒドロキシアパタイトは,図2に示すように固相法,湿式法や気相法などの化学的および物理的プロセスで合成される。通常,種々のプロセスに応じて,最適なリン酸源と Ca 源の原料をそれぞれ用いて合成される。乾式法は高温で固相と固相を反応させて試料を得る方法であり,第三リン酸カルシウム（α-TCP や β-TCP：$Ca_3(PO_4)_2$）と酸化カルシウム（CaO）あるいは炭酸カルシウム（$CaCO_3$）を Ca/P 比が 1.67 となるように混合し,高温焼成することで,化学量論比（Ca/P=1.67）に極めて近く,焼成のため結晶性の高いミクロンサイズのヒドロキシアパタイト粉末となるが,高温焼成が必要であり,反応が完結するには長時間を要する。また,CVD やスパッター,熱分解プロセスなどの気相プロセスによっても膜や粉末としてのヒドロキシアパタイト合成の報告もあるが,概ねナノサイズのヒドロキシアパタイトの合成において多くの場合,湿式プロセスによる合成が報告されている。

表1 リン酸カルシウムの種類

略号	化学式	化学名
HAp	$Ca_{10}(PO_4)_6(OH)_2$	hydroxyapatite
α-TCP	α-$Ca_3(PO_4)_2$	α-tricalcium phosphate
β-TCP	β-$Ca_3(PO_4)_2$	β-tricalcium phosphate
DCPD	$CaHPO_4 \cdot H_2O$	dicalcium phosphate dihydrate
OCP	$Ca_8H_2(PO_4)_6 \cdot _5H_2O$	octacalucium phosphate
ACP	$Ca_3(PO_4)_2 \cdot nH_2O$	amorphas calucium phosphate
Ca-def HAp	$Ca_{10-X}(HPO_4)_{2X}(PO_4)_{6-2X}(OH)_2$	calcium defective hydroxyapatite

| 固相法 | 固相反応法　拡散法 |

| 湿式法 | 加水分解法　ゾルゲル法　共沈法
水熱法　ソルボサーマル法 |

| 気相法 | CVD法　スパッター法
PLD法　熱分解法 |

図2　化学的および物理的合成プロセス

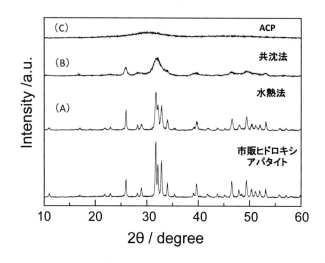

図3　各ヒドロキシアパタイトのXRD

　ヒドロキシアパタイトを合成する湿式法として，例えば，共沈法や加水分解法などのソフトケミカル法あるいはゾルゲルプロセス的な湿式法にて，室温あるいは加温，あるいは還流プロセスにて合成される[2]。また，湿式合成後に水熱プロセスやソルボサーマルプロセスなどの処理により合成する場合もある。通常のソフトケミカル法な湿式合成では，結晶性の良いヒドロキシアパタイト粒子が得られる。また，合成条件によっては骨を構成するヒドロキシアパタイトのように低結晶のヒドロキシアパタイトが合成される。

　図3にソフトケミカル法な湿式合成にてそれぞれの合成したヒドロキシアパタイトのXRD結果を示す。図3(A)にはソフトケミカル法な湿式共沈法にて合成されたヒドロキシアパタイトのXRD結果，図3(B)には，ナノヒドロキシアパタイトを目指してより低温でのソフトケミカル法な湿式合成を行なって得られたナノヒドロキシアパタイトの結果を示す。図3(C)には，ゾルゲル法にて合成されたACPのXRD結果を示す。

湿式共沈法にて合成されたヒドロキシアパタイトは水熱処理されることでより結晶性の高いヒドロキシアパタイトとなりその BET は 15 m²／g である。一方，低結晶性ナノヒドロキシアパタイトでは BET が 50～70 m²／g 程度を示す。ACP は数ナノメーターのクラスターが基本ユニットとされる。

　ナノヒドロキシアパタイトの利用としては，アパタイト構造へのカチオン置換によって DDS 的にカチオンを徐放し骨形成を制御する研究も重要である。例えば，Zn は生体骨において，骨芽細胞の活性化を促す機能性カチオン種として知られるが，また，破骨細胞を抑制する性質を持つ。しかし，ヒドロキシアパタイトへの Zn 添加では，Zn 塩や Zn の化合物（リン酸亜鉛といった亜鉛化合物）としてヒドロキシアパタイトに吸着する場合は，ヒドロキシアパタイトの利点を使用できないので急激な Zn イオン溶解が生じてしまう。そこでヒドロキシアパタイト構造中に完全置換して，アパタイトの持つ生体安全性や生体活性を利用しながら，機能性カチオンの一つである Zn を徐放できる骨形成材（DDS 的な機能を持つ）が望ましい。

3.1.2　実験操作

　以下に Zn 添加ナノヒドロキシアパタイトの合成結果を示す。

1) 出発原料には，$Ca(NO_3)_2$ と $(NH_4)_2HPO_4$ を用いて湿式共沈法にて合成した。Ca 源として $Ca(NO_3)_2$ 水溶液，P 源として $(NH_4)_2HPO_4$ 水溶液，Zn 源として $ZnCl_2$ 水溶液をそれぞれ準備した。
2) 図 4 に実験フローチャートを示す。$Ca(NO_3)_2$ 水溶液に $(NH_4)_2HPO_4$ 水溶液を滴下し，更に

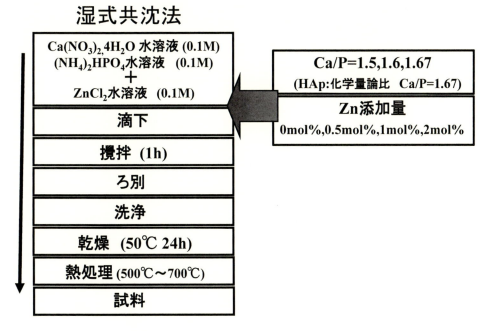

図4　Zn 添加ヒドロキシアパタイト実験フロー

ZnCl₂ 水溶液を滴下した。

3) その湿式合成時の Zn 添加量は 0.5～2 mol% とした。また，原料水溶液の仕込み量を調整して，Ca/P 比を 1.5，1.6 として各種濃度の Zn 添加試料を合成した。

4) 得られた生成物を 600℃～1200℃で熱処理した。

　Ca/P 比を 1.5，1.6 に調整し ZnCl₂ を 0～2 mol% 添加して，湿式共沈法にて合成した試料を，600℃で熱処理して得られた各試料のＸＲＤパターンを図 5 に示す。Ca/P=1.5 および Ca/P=1.6 の 600℃で熱処理した試料は，すべての Zn 添加量においてヒドロキシアパタイト単一相であることが確認され，ヒドロキシアパタイト単相の生成を確認できた。

　一方，Ca/P が 1.67 の試料においては，Zn 無添加ではヒドロキシアパタイト単一相である。このように Zn 添加量の増加にともなってヒドロキシアパタイトのピークは減少し，新たに β-TCP（β 型リン酸三カルシウム）のピークが確認された。

　これら XRD の結果から，各 Ca/P（1.5～1.6）において Zn 添加量が増加するにつれて，ヒドロキシアパタイトのピーク強度が減少し，ピークがブロードになる傾向が認められ，Zn 添加はヒドロキシアパタイトの結晶性を低下させることが分かった。

　このように詳細に合成した結果，Zn を含有したヒドロキシアパタイト単一相の合成を目指して，湿式合成法により Ca/P 比が 1.5～1.6 の Zn 添加ヒドロキシアパタイトが合成された。

　さらに，ICP 分析から Zn 添加量の増加に伴い Ca/P は減少し，試料中の Zn 量の増加が確認された。また，Zn の添加量に伴い，得られた生成粒子はナノサイズで微細化した Zn 含有ナノヒドロキシアパタイトであった。

　500℃で熱処理した 1 mol% Zn 添加試料の Ca-K 殻の XANES を調べたところ，エネルギー位置が若干シフトした。さらに吸収端付近でのブロードニングが認められたことから，異なる化学

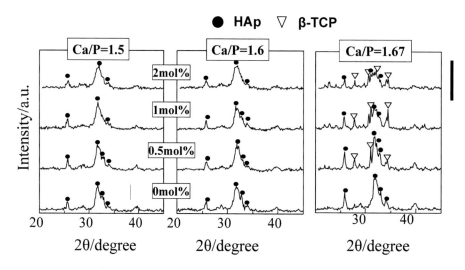

図 5　湿式共沈法で合成した試料（600℃処理）のＸＲＤ結果

第7章　ナノ素材

結合状態が確認できた。また，EXAFA 解析からヒドロキシアパタイト構造において Zn の置換サイトは screw axis Ca:Ca(Ⅱ)とされる[3]。

このように Zn を置換固溶したナノヒドロキシアパタイト単一相の合成に成功した。それら置換型ヒドロキシアパタイトはその溶解性や細胞応答性なども制御できることから，今後，これら試料の詳細な構造評価ならびに各種特性評価が進めば，Zn を含有したナノヒドロキシアパタイトの応用が進むと期待される。このように機能性カチオンをヒドロキシアパタイト構造内に含有させる，それら構造によって高い骨形成能，骨吸収能，イオン交換能などの諸機能が実現されるようになると，新しい DDS 用無機材料として様々な利用も今後，期待できる。

3.2　ハイブリッドリン酸八カルシウム（Complexed-OCP）

3.2.1　はじめに

バイオマテリアルとして利用されるリン酸カルシウムとしてヒドロキシアパタイト以外に，歯科セメントや骨セメントなどに用いられる TCP や DCPD などがあげられる。更にリン酸八カルシウム［$Ca_8(HPO_4)_2(PO_4)_4 \cdot 5H_2O$；以下 OCP と記述］は，リン酸カルシウムの中で唯一の層状化合物材料でカルシウムリン酸塩の中でユニークな特性を持つ。

図6に示すように，OCP は，$4[Ca_3(PO_4)_2 \cdot 0.5H_2O]$ 組成の $4[Ca_3(PO_4)_2 \cdot 0.5H_2O]$ 組成の「アパタイト層」と $4[CaHPO_4 \cdot 2H_2O]$ 組成の「水和層」との各層が交互に重積した構造である。したがって OCP では他のリン酸カルシウムとは異なり，表面だけでなくその層間空間を利用できるという構造的特徴をもっている。さらに，OCP は β-TCP と同じく生体吸収性が良いことから，骨代替材料として再生医療分野での活躍も期待されている。

OCP は，生体内硬組織中，リン酸塩肥料と土壌と反応初期生成物中，あるいはリン酸カルシウム類の水酸アパタイト［$Ca_{10}(PO_4)_6(OH)_2$；ヒドロキシアパタイト］やブルッシャイト［$CaHPO_4 \cdot 2H_2O$；DCPD］の湿式沈殿合成物中に，それぞれ認められる。OCP は生体内では，非化学量論の Ca 欠

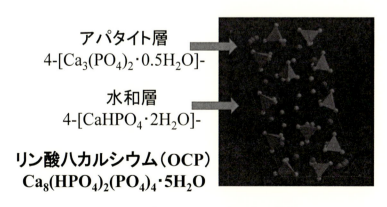

図6　リン酸八カルシウム（OCP）の構造

損ヒドロキシアパタイト［例えば，$Ca_{10-z}(HPO_4)_z(PO_4)_{6-z}(OH)_{2-z}\cdot nH_2O;DAp$］へ，そして更に安定なヒドロキシアパタイトへ転化していく。すなわちOCPは，DCPDや非晶質リン酸カルシウム［$Ca_3(PO_4)_2\cdot xH_2O;ACP$］と同様，生体内での石灰化過程におけるヒドロキシアパタイトの前駆体の一つとされる。

　筆者らはOCPの層状構造を活かしてあるいは構成成分を一部置換することで構造改良したハイブリッドリン酸八カルシウム材料の研究を進め，新規なバイオ応用を目指して，OCP層間にさまざまなインターカレーション，例えば，アミノ酸などのインターカレーションなどを行ない，DDSに関連する無機材料としての利用を探ってきた[4]。

　OCPの持つユニークな層状構造の特徴を活かして無機-有機複合型の層状空間型ハイブリッド材料を合成することができれば，DDS担体やマイクロマシーン用材料，バイオマテリアル等への応用などが期待でき，新規な機能性材料として応用が広がるものと期待される。

　そこでOCP複合体の合成を行うための基礎的研究の一環として，ジカルボン酸に着目してジカルボン酸含有OCP（Complexed-OCP）の合成を検討し，ジカルボン酸の添加量や側鎖基が及ぼす影響について調査した。そこで，バイオ応用を念頭としてリン酸八カルシウム（OCP）を対象に，特に，その構成イオンの構造置換あるいはインターカレーションによって種々の改良層状化合物の合成を行い，層状化合物のハイブリッド化を試みた。

3.2.2　実験操作

(1)　まず，基準となるアミノ酸無添加のOCP（Ref-OCP）の作成を行った。
1) 出発原料のα-TCPをpH調製した酢酸/酢酸ナトリウム緩衝液に加え，40〜70℃で撹拌しながら所定時間，加水分解反応処理を行った。
2) 加水分解後，室温になるまで徐冷した。その後，濾過し洗浄後にRef-OCP試料を作成した。

(2)　OCP構造中のHPO_4^{2-}イオンをジカルボン酸イオン（$(CH_2)_nC_2O_4^{2-}$）により置換することによりOCP複合体（Complexed-OCP）の合成した。このOCP合成時に，コハク酸や各種置換基を持つコハク酸などの各種アミノ酸を添加することにより無機/有機複合体化合物（Complexed-OCP）が合成できる。
1) 合成法としては，各種pHの酢酸/酢酸ナトリウム緩衝液に4種類のジカルボン酸（ナトリウム塩を含む）として，コハク酸（R;C_2H_4），メチルコハク酸（R;C_3H_6），メルカプトコハク酸（R;C_2H_4S），そしてL-アスパラギン酸（R;C_2H_5N）については所定量の1N-水酸化ナトリウム水溶液を更に添加し溶解した。
2) この時，溶液がpH5前後になるように調製を行った。
3) そこに上記と同様にα-TCP粉末を加え，撹拌しながら，40〜70℃で加水分解反応を行ない試料を得た。

　合成した各種OCPのXRDを図7に示す。全ての第一ピークはOCPの特徴的な(100)面を示す約4°付近のピークであり，26.0°にもOCP特有のピークが観測された。アミノ酸無添加のRef-OCPのXRD結果から，Ref-OCPについては70℃において合成の最適時間が約3時間，そ

第7章 ナノ素材

して初期 pH 3.3～3.9 で最終 pH 4.7 の時に最も結晶性の良いものが得られた。

この Ref-OCP の層間距離は，18.7Å（$2\theta=4.73°$）である。さらに α-TCP の加水分解が3時間より長時間になると水酸化アパタイトへ転化した。

それぞれ合成した Ref-OCP および Complexed-OCP の層状化合物のそれぞれの XRD 結果から，$2\theta=4°$ 付近の(100)面で評価した。表2に示すように L-アスパラギン酸添加した Complexed-OCP については，pH 5.1 の時には低角度側へのピークのシフトが観測され，(100)面の層間距離は 21.3Å（$2\theta=4.17°$）となった。

L-アスパラギン酸含有 OCP（Asp-OCP）Complexed-OCP については，低角度側へピークシフトしたが，一方，コハク酸添加した場合やメチルコハク酸添加した場合も，L-アスパラギン酸添加の場合と同様に(100)面のは低角度側へピークシフトした。各種ジカルボン酸含有 OCP の面間隔はそれぞれコハク酸含有 OCP(Suc-OCP) で 21.7Å（$2\theta=4.10°$），メチルコハク酸含有

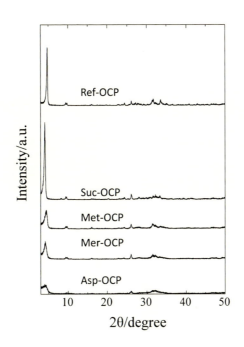

図7 合成した各種 OCP の XRD

表2 各種ジカルボン酸含有 Complexed-リン酸八カルシウムの(100)の面間隔

Materials	2θ	spacing(Å)
Ref-OCP	4.73°	18.7Å
Suc-OCP	4.10°	21.7Å
Met-OCP	4.32°	20.5Å
Mer-OCP	4.23°	21.0Å
Asp-OCP	4.17°	21.3Å

OCP（Met-OCP）で20.5Å（2θ=4.32°），メルカプトコハク酸（Mer-OCP）で21.0Å（2θ=4.23°）であった。Ref-OCPの18.7Å（2θ=4.73°）と比較して各種ジカルボン酸含有OCPの面間隔は拡大しており，各種ジカルボン酸が層間に取り込まれたことを示唆していた。

　図8にアスパラギン酸添加したOCPの微細構造を示す。図のように，層状構造を持つことが観察され，このTEM観察の層間間隔とXRDの面間隔はよく一致した。また得られた生成物のSEM観察を行った。Ref-OCPでは1～2μm程の薄平板状結晶が確認されたが，コハク酸含有OCP（Suc-OCP）では形状的にはRef-OCPと同様に薄い平板状の粒子であり，その大きさは1μm以下と小さくなっていた。更にメルカプトコハク酸（Mer-OCP）とメチルコハク酸含有OCP（Met-OCP）の添加した粒子は薄い平板状の粒子であり，サイズは約0.5μmであり，コハク酸含有OCP（Suc-OCP）よりも微粒化していた。また，L-アスパラギン酸含有OCP（Asp-OCP）では，未発達の粒子が凝集した様子が観測され，他のジカルボン酸含有OCPで見られたような薄い平板状の粒子は殆ど観測されなかった。

　以上のようにα-TCPの加水分解を利用してOCP合成時に，アミノ酸無添加および各種アミノ酸共存下での加水分解反応を*in-situ*に行い，アミノ酸添加したOCP系層状空間型ハイブリッ

図8　合成した各種OCPの微細構造

ド生成物の合成を行なった。このように加水分解時の因子として，pHや加水分解温度などを適宜制御することで，層間に各種側鎖基を持つジカルボン酸をインターカレートした改良型ジカルボン酸含有Complexed-OCP合成に成功した。さらに，各種分析結果から，コハク酸含有OCPではOCP層間のほぼ94％のHPO$_4^{2-}$イオンとコハク酸イオンが置換していた。それに対して，他の各種側鎖基を有するコハク酸では25〜60％の置換が部分的におこるという結果が得られた。以上の結果から判断すると，コハク酸含有OCP（Suc-OCP）ではHPO$_4^{-2}$イオンと高い置換率を示したが，各種側鎖基を有するジカルボン酸含有OCPでは複合化が起こりにくかった。この原因としては主に側鎖基の極性による影響と側鎖基による立体効果の2点が考えられる。側鎖基の極性による影響についてはpH5付近の弱酸性においてプラスに帯電している極性を有する側鎖基（-SH, -OHそして-NH$_2$）とマイナスに帯電したカルボキシル基，そしてカルシウムイオンとの分子・原子間同士での相互作用のため層間への取り込みが起こりにくくなり，更には結晶性の低下を引き起こす原因となると考えられる。また，立体効果については側鎖基が存在することによりその立体効果から主鎖のジグザグ構造を取りにくくさせ，層間への取り込みが起こりにくくなったものと考えられる。

3.2.3 応用

これら改良型ジカルボン酸含有Complexed-OCPの利用として，骨充填材等など生体材料としての応用が期待できる。さらに，モデル実験として，改良型ジカルボン酸含有Complexed-OCPのHCHO吸着能を評価したところ，吸着後にカーボン増加が認められたので，これら改良型ジカルボン酸含有したComplexed-OCPはHCHOに対して高い吸着能を持ち，層間へのジカルボン酸インターカレーションは分子吸着に影響することが分かる。今後様々な設計により，多様な機能化が可能と期待される。

以上のように，OCP層間への取り込みが側鎖基の立体効果やその極性の違いによりインターカレーションが制御できるので，有用な層状空間型ハイブリッド材料創製が可能となる。さらに，種々の酸や分子でインターカレーションしたOCPは，タンパク質と核酸の有用な吸着材料や分離材料等として期待され，さらに薬効成分を持たせれば，DDS様なリン酸カルシウム開発につながると期待できる。さらなる機能化のために，OCPにFeイオンあるいはFe化合物を析出させ磁気応答性を付与したハイブリッドOCP合成が出来れば，これらハイブリッドOCPに，磁気を用いてハイブリッドOCPを望みの場所・部位に移送したり，あるいは排出することで磁気応答性DDS様に利用したり，ハイパーサーミアの様にも展開できる可能性が期待できる。

3.3 おわりに

このように筆者らはカチオンを置換したナノヒドロキシアパタイト開発およびOCPの層状ナノ空間にアミノ酸などのインターカレーションなどを行ない，DDSに関連する無機材料としての利用を探ってきた。さらに現在，OCP層間にDNAなどの生理活性物質，薬剤などの担体などの物質を層状空間型ハイブリッド材料に担持させる研究も活発に行なわれている。

他方，OCPの層状構造を持つハイブリッドリン酸八カルシウム材料のカチオン交換能／吸着能あるいはアニオン交換能／吸着能を活用してバイオ応用も今後，期待できる。

更にOCP以外に，層状リン酸セラミックスにも様々な種類が存在し，層状ナノ空間へのインターカレーションにより新規な層状リン酸系セラミックスが合成できる。

層状リン酸塩には，3価金属（M^{III}＝AlやFe）を構成元素とする三リン酸塩 $M^{III}H_2P_3O_{10} \cdot 2H_2O$，更に4価カチオン金属（$M^{IV}$＝TiやZr，など）を構成元素とするオルトリン酸塩 $M^{IV}(HPO_4)_2 \cdot H_2O$（$\alpha$-型）と $M^{IV}(H_2PO_4)(PO_4) \cdot 2H_2O$（$\gamma$-型）の2種類とが知られている。それらの中でも特にZrやTi等の層状リン酸塩が広く研究されている材料であり，これらの層間へ種々の分子をインターカレーションすることで無機-有機複合体の研究が行われている[5]。最近は層状ナノ空間内で無機物質の合成，空間での有機分子の配向，反応場の構築や反応制御，機能発現の探索など無機-有機ハイブリッド複合体の研究が進展しつつあり，将来新たな材料開発へ繋がるものと期待されている。

例えば，γ-型層状リン酸ジルコニウムには2種類のリン酸基（$H_2PO_4^-$とPO_4^{3-}）が存在し，二つのZrシートがそれぞれ$H_2PO_4^-$基とPO_4^{3-}基に結合している。$H_2PO_4^-$基は層間に突き出ており，このプロトンがほかのカチオンとイオン交換することができる。また，二つのH_2O分子は層間内で$H_2PO_4^-$基と水素結合を形成している。α-型層状リン酸ジルコニウムは，Zrが平面正方型をユニットとしてシートを形成し，その上下に正四面体型のHPO_4^{2-}基が交互配列し，層状リン酸ジルコニウムの層状構造を形成している。リンイオンに結合している四つの酸素のうち三つはZrと結合し，他の一つは水素と結合している。このプロトンは金属イオンと容易にイオン交換することができる。

一方，H_2O分子は層の上下のHPO_4^{2-}基と水素結合を形成して層間に存在している。α-型層状リン酸ジルコニウム（$Zr(HPO_4)_2 \cdot H_2O$：ZrP）に，フェロセンをインターカレーションし，フェロシトクロムcやトリス（2,2'-ビピリジル）ルテニウムの酸化のアクセプターとして作用させ，バイオセンサーや人工光合成への展開が期待される報告がある。これらの抗菌性を持つ物質を層間にインターカレートされると抗菌剤は徐放的に放出され，これによりグラム菌や緑膿菌に対して強い殺菌作用を示す。また，γ型リン酸チタン（$Ti(PO_4)(H_2PO_4) \cdot 2H_2O$）にピリミジン塩基のシトシンや核酸系抗がん剤のシタラビンは容易にインタカレートされる[5,6]。これらのインターカレーション化合物の中でもシタラビン・インターカレーション化合物は各種Na^+イオン濃度の水溶液中において，その水溶液中のNa^+イオン濃度および溶液のpHに強く影響を受けるこ

第7章 ナノ素材

とが報告されており,徐放製剤としての応用が試みられており,抗がん剤のDDSとしても大いに期待される。

文　献

1) 平尾一之,中平敦,田中勝久,「無機化学—その現代的アプローチ」,東京化学同人 (2002)
2) M. Ohta, T. Honma, M.Umesaki, A. Nakahira, *Key Engineering Materials*, Vols. 309-311 (May), 175-178 (2006)
3) Katsuyuki Matsunaga, Hidenobu Murata, Teruyasu Mizoguchi, Atsushi Nakahira, *Acta Biomaterialia*, **6**, 2289-2293 (2010)
4) A. Nakahira, S. Aoki, K. Sakamoto, S. Yamaguchi, *J. Mater. Sci. in Med.*, **12**, 793-800 (2001)
5) Mitk'El B. Santiago *et al.*, *Langmuir*, **23**, 7810-7817 (2007)
6) Mayumi Danjo *et al.*, *Bulletin of the Chemical Society of Japan*, **70**, 3011-3015 (1997)

第7章　ナノ素材

4　アルブミンナノ粒子

岩尾康範[*1]，野口修治[*2]，板井　茂[*3]

4.1　はじめに

　アルブミンは無毒で，生体適合性，生分解性に優れ，かつ非免疫原性であることから，古くからドラックデリバリーの担体として用いられている（図1）。近年は，その安全性の高いアルブミンを用いたナノ粒子の開発に注目がなされている。その理由の一つとして，アルブミンは2つの代表的な薬物結合サイトを有しており，種々の薬物に対して高い薬物結合性を示すことから，アルブミン分子のナノ粒子化により高い薬物封入化が期待できることが挙げられる。また，アル

Human serum albumin（HSA）
- 585 アミノ酸、分子量 66,500
- 600 μMと多量に存在する血清タンパク質
- 生物学的半減期 約19 days

【種々の機能】
・血漿膠質浸透圧の維持
・リガンド輸送能
・酵素的作用
・抗酸化作用

**従来よりDDS carrier として汎用される
安全性の高いタンパク質**

図1　ヒト血清アルブミン(HSA)

＊1　Yasunori Iwao　静岡県立大学　薬学部　講師
＊2　Shuji Noguchi　静岡県立大学　薬学部　准教授
＊3　Shigeru Itai　静岡県立大学　薬学部　教授

第7章　ナノ素材

ブミン分子表面には正電荷および負電荷のアミノ酸が多数存在するため，他の架橋剤などを必要とせずとも，電荷をもつ低分子薬物や負電荷を帯びたオリゴヌクレオチドなどを静電的相互作用により，そのまま粒子表面に吸着/結合することができる。また，先の分子表面のアミノ酸のカルボキシル基，アミノ基，またはチオール基を利用してナノ粒子表面を修飾することで，例えば，体内動態の制御（界面活性剤の添加）[1]，ナノ粒子の安定性の向上（poly-L-lysine 修飾）[2]，血中半減期の増大（polyethylene glycol 修飾）[3]，内封薬物の徐放化（cationic polymer 修飾）[4]，ターゲティング（葉酸やモノクローナル抗体修飾）[5,6]も可能となる。

　アルブミンナノ粒子の基本的な動態特性として，肝臓へ高い集積性を示すことが言われており，肝臓のマクロファージを標的とした gamma-interferon (IFN-γ) アルブミンナノ粒子が高い治療効果を示すことも報告されている[7]。また，肝臓に続き，肺や脾臓へも高い集積性を示すことがラット，マウスを用いた実験において明らかとなっている。また，病態時，アルブミンナノ粒子は固形癌に高い集積性を示すことも言われている。腫瘍組織集積性のメカニズムとしては，腫瘍における血管壁の透過性亢進と未発達なリンパ系の構築に基づく Enhanced Permeability and Retention (EPR) 効果に加え，アルブミン受容体 60-kDa glycoprotein (gp-60) receptor (albondin) 介在性トランスサイトーシスによる経内皮輸送と，癌細胞に高発現する細胞外マトリックス・アルブミン結合タンパク質 SPARC との相互作用により癌細胞内への侵入の増大に起因すると考えられている[8,9]。また炎症が惹起され細胞膜透過性が亢進した場合，炎症細胞への蓄積も増大することが報告されている[10]。

　アルブミンナノ粒子の調製方法として，脱溶媒和法，乳化法，熱ゲル化法，スプレードライ法，Nanoparticle albumin-bound technology（Nab technology 法），自己乳化法などが報告されている。全ての方法に共通する特徴として，比較的緩和な条件で，20〜300 nm のアルブミンナノ粒子を簡便に調製できることが挙げられる。以下に，古くから研究されている 4.1.1 脱溶媒和法と 4.1.2 乳化法，近年注目を集める 4.1.3 Nab technology 法について，その概要を簡単に示す。

4.1.1　脱溶媒和法

　アルブミン水溶液に脱溶媒和溶液エタノールを連続滴下し，溶液が濁るまで滴下する。この過程で，アルブミン自身の溶解度は低下し相分離することで，コロイド滴となる。この濃厚なコロイド滴が液中に分散した状態は非常に不安定であり，再水和など溶液で希釈することで簡単にアルブミン分子に戻ることが考えられている。そこで，コロイド滴を固化する目的で，グルタルアルデヒドなどの架橋剤を一般に加える（図2）[11]。減圧下，エタノールを蒸発させ，フリーアルブミンと過剰の架橋剤を除去するため遠心分離することで，アルブミンナノ粒子を回収できる。また，凍結防止剤として 5% マンニトールなどを加え，凍結乾燥することで，微粉体を得ることもできる。これまでの検討から，架橋剤量ではなく脱溶媒和溶液の量が，ナノ粒子の粒子サイズを決定する重要な因子であることが言われている[12]。また，HSA 溶液の pH も粒子サイジングに重要であることが言われており，高い pH 溶液を用いる方が平均粒子径の小さい粒子が調製できる[13]。また，ナノ粒子を洗浄する際，遠心分離の程度によっても，得られる粒子の粒度分布が

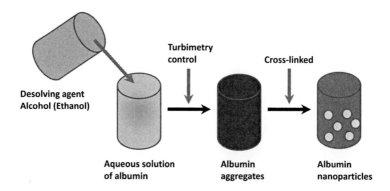

図2　脱溶媒和法を用いたアルブミンナノ粒子の調製
（文献11より改変）

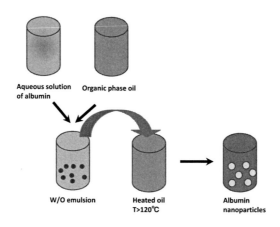

図3　乳化法を用いたアルブミンナノ粒子の調製
（文献11より改変）

変わる。近年では，脱溶媒和溶液を非連続滴下した方が，粒度分布がシャープなアルブミンナノ粒子を再現良く作製できることが報告されている[14]。HSA自身はフリーのチオール基の存在により，二量体，それ以上の凝集体を形成しているが，特に凝集体を形成しているHSAを用いる際は，作製の際，pHを8.0以上にすることでHSA自身の凝集体がほぐれ，単分散のアルブミンナノ粒子が得られることが言われている[15]。

4.1.2　乳化法

　乳化法は高分子ナノ粒子の調製に汎用される方法であり，アルブミンナノ粒子を調製する際，最終段階で加熱し安定化を図る[11]。具体的には，アルブミン水溶液を綿実油などの植物油に投入し，ホモジナイズすることで，W/O emulsionを作製する。その後，予め120℃に温めておいた油層に投入し，水層部分を速やかに除去することで，ナノ粒子を得ることができる（図3）。しかしながら，本法においては，油層（有機層）と界面活性剤（emulsionの安定化）が必要不可

4.1.3 Nanoparticle albumin-bound technology (Nab technology)

2005年1月,米国FDAで認可された転移性乳癌治療薬アブラキサン(ナノ粒子アルブミン結合型パクリタキセル)はAmerican Bioscience, Inc.で開発された。パクリタキセルは微小管蛋白重合を促進し脱重合を防ぐことで抗腫瘍効果を発揮する薬剤であるが,難水溶性物質であり,本技術はアルブミンナノ粒子内に難水溶性パクリタキセルを内封したものとなる。実際には有機溶媒(エタノール/クロロホルム混液)にパクリタキセルを溶解させ,アルブミン水溶液に加え,粗乳化を行った後,白濁した粗乳化液を高圧乳化機にて高圧乳化を行う(20,000 psi,9サイクル)。その後,エバポレーターにて有機溶媒の除去と凍結乾燥を行うことで,ナノ粒子を回収できる。

ここで,Nab technology法で作製できるアルブミンナノ粒子と脱溶媒和法および乳化法で作製できるナノ粒子の最終物性が大きく異なることに言及する。すなわち,架橋剤を用いる脱溶媒和法では,その工程でアルブミンのアミンやヒドロキシル基が非球形に架橋され,また,熱変性過程を含む乳化法では,非可逆的にアルブミンの構造が大きく変化する。一方で,Nab technology法で作製したナノ粒子においては,超高圧ホモジナイズによりアルブミンのチオール基(フリーもしくは分子内ジスルフィド結合が一度破壊されたもの)が新たにジスルフィド結合を形成することで,ナノ粒子化されるため,アルブミン自身の構造特性には大きく影響を与えないことが言われている。したがって,静脈内注射した際,速やかにNab technology-ナノ粒子は崩壊/分解し,その後はアルブミン自身の動態特性により癌へ集積することが考えられている(albondin介在性トランスサイトーシスとSPARCとの相互作用)。現在,進行・再発胃癌,進行非小細胞肺癌にも適応されており,今後多くの癌治療への応用が期待されている。

4.2 材料および使用機器

本稿では,脱溶媒和法(非連続滴下)についてのプロトコールを示す。

材料
- HSA(fraction V, 96%)-Sigma
- Glutaraldehyde(8% solution)-Sigma
- 10 mM NaCl-Tris buffer(pH 8.0, 9.0),
- 10 mM NaCl-Good's buffer(CAPS)(pH 10.0)

使用機器
- シリンジポンプ(YSP-101, YMC Co., Ltd.)
- Microfluidizer(M110-E/H, Microfluidics, Co.,)
- Zetasizer Nano(Nano ZS, Malvern Instruments,)

4.3 実験操作と結果

① 50 mg HSA（0.75 μmol）を量りとり，0.5 mL の 10 mM NaCl-Tris buffer（pH 8，pH 9.0）および 10 mM NaCl-Good's buffer（CAPS）（pH 10.0）に溶解する（Final: 10%HSA 溶液）

② 上記溶液を室温下，500 rpm で撹拌しながら，脱溶媒和溶液として ethanol を 0.5 mL/min の速度で 30 秒間滴下する。その後，滴下をやめ，5 分間インキュベートする。この操作を溶液が白濁するまで続ける（脱溶媒和）（Total ethanol: 約 1.0 mL）

③ ②の分散液を 150 mL までメスアップし，Microfluidizer にて 100 MPa, 5 cycle 処理を行う。

④ 8% glutaraldehyde 29.4 μL（588 μL/100 mg HSA）を加え，24 時間撹拌する

⑤ 上記溶液に対し精製水で透析を行い，未反応の glutaraldehyde を取り除く。その後，凍結乾燥によりナノ粒子を精製する

⑥ Zetasizer で粒子径，ゼータ電位を測定する
（図 4：pH の上昇に伴い，平均粒子径が徐々に減少することがわかる。ゼータ電位や粒子安定性などその他物理化学的性質を総合的に評価して，最適な pH を選択することが望ましい）

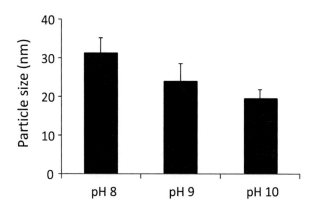

図 4　脱溶媒和法を用いたアルブミンナノ粒子の調製時のアルブミン水溶液 pH の影響

4.4 応用

アルブミンナノ粒子に限らず，一般的な天然高分子を用いた DDS キャリアの問題として，用いる試料のバッチ間変動が挙げられる。このことは，工業化に際し，スケールアップ工程を困難にさせ，大きな問題となる。これらの問題点に際し，幸いにも HSA においては，酵母を用いた遺伝子組換え技術が確立されていることから[16]，工業化に際し，他の天然高分子に比べ，大きな

第7章 ナノ素材

メリットを有すると言ってもよい．すなわち，遺伝子組換え技術によって，純度が高く，単分散でかつアルブミンの多機能性を保持したままのリコンビナント HSA を調製できるため，スケールアップも容易になる可能性が高い．これまでリコンビナント HSA には免疫原性がないことは言われているが，ナノ粒子化が免疫系にどのような作用を示すかは未だ報告がない．しかしながら，これまでの数多くの研究成果を考え合わせると免疫原性を示す可能性は十分低いと思われる．以上より，副作用なく *in vivo* における優れた特性を示すアルブミンナノ粒子は，今後の応用が期待される．

文　献

1) R. Zucchi, R. Danesi, Cardiac toxicity of antineoplastic anthracyclines, *Curr. Med. Chem. Anticancer Agents*, **3**, 151-171 (2003)
2) H.D. Singh, G. Wang, H. Uludağ, L.D. Unsworth, Poly-L-lysine-coated albumin nanoparticles: stability, mechanism for increasing. In vitro enzymatic resilience and siRNA release characteristics, *Acta Biomater.*, **6**, 4277-4284 (2010)
3) H. Kouchakzadeh, S.A. Shojaosadati, A. Maghsoudi, E.V. Farahani, Optimization of PEGylation conditions for BSA nanoparticles using response surface methodol-ogy, *AAPS PharmSciTech*, **11**, 1206-1211 (2010)
4) S. Zhang, G. Wang, X. Lin, M. Chatzinikolaidou, H. Jennissen, M. Laub, Polyethylenimine-coated albumin nanoparticles for BMP-2 delivery, *Biotechnol. Prog.*, **24**, 945-956 (2008)
5) K. Ulbrich, M. Michaelis, F. Rothweiler, T. Knobloch, P. Sithisarn, J. Cinat, J. Kreuter, Interaction of folate-conjugated human serum albumin (HSA) nano-particles with tumor cells, *Int. J. Pharm.*, **406**, 128-134 (2011)
6) H. Wartlick, K. Michaelis, S. Balthasar, K. Strebhardt, J. Kreuter, K. Langer, Highly specific HER2-mediated cellular uptake of antibody-modified nanoparticles in tumor cells, *J. Drug Target.*, **12**, 461-471 (2004)
7) S. Segura, C. Gamazo, J.M. Irache, S. Espuelas, Interferon-γ loaded onto albumin nanoparticles: in vitro and in vivo activities against Brucella abortus, *Antimicrob. Agents Chemother.*, **51**, 1310-1314 (2007)
8) S.M. Vogel, R.D. Minshall, M. Pilipovic, C. Tiruppathi, A.B. Malik, Albumin uptake and transcytosis in endothelial cells in vivo induced by albumin-binding protein, *Am. J. Physiol. Lung Cell Mol. Physiol.*, **281**, L1512-L1522 (2001)
9) N. Desai, Abraxis BioScience, Inc. Nanoparticle albumin bound (nab) technology: targeting tumors through the endothelial gp60 receptor and SPARC, *Nanomedicine*, **3**, 337-346 (2007)
10) A.K. Zimmer, P. Maincent, P. Thouvenot, J. Kreuter, Hydrocortisone delivery to healthy

and inflamed eyes using a micellar polysorbate 80 solution or albumin nanoparticles, *Int. J. Pharm.*, **110**, 211-222 (1994)
11) M. Jahanshahi, Z. Babaei, Protein nanoparticle: a unique system as drug delivery vehicles, *African J. Biotechnol.*, **7**, 4926-4934 (2008)
12) C. Weber, C. Coester, J. Kreuter, K. Langer, Desolvation process and surface characteristics of protein nanoparticles, *Int. J. Pharm.*, **194**, 91-102 (2000)
13) K. Langer, S. Balthasar, V. Vogel, N. Dinauer, H. von Briesen, D. Schubert, Optimization of the preparation process for human serum albumin (HSA) nanoparticles, *Int. J. Pharm.*, **257**, 169-180 (2003)
14) H.H. Nguyen, S. Ko, Preparation of size-controlled BSA nanoparticles by intermittent addition of desolvating agent, *IFMBE Proc.*, **27**, 231-234 (2010)
15) K. Langer, M.G. Anhorn, I. Steinhauser, S. Dreis, D. Celebi, N. Schrickel, S. Faust, V. Vogel, Human serum albumin (HSA) nanoparticles: reproducibility of prepara-tion process and kinetics of enzymatic degradation, *Int. J. Pharm.*, **347**, 109-117 (2008)
16) V.T. Chuang, M. Otagiri, Recombinant human serum albumin, *Drugs Today (Barc).*, **43**, 547-561 (2007)

DDS キャリア作製プロトコル集

2015 年 8 月 25 日　第 1 刷発行

監　　修	丸山一雄	（S0800）
発行者	辻　賢司	
発行所	株式会社シーエムシー出版	
	東京都千代田区神田錦町 1-17-1	
	電話 03(3293)7066	
	大阪市中央区内平野町 1-3-12	
	電話 06(4794)8234	
	http://www.cmcbooks.co.jp/	
編集担当	伊藤雅英／櫻井　翔	

〔印刷　倉敷印刷株式会社〕　　　　　　　　　　Ⓒ K. Maruyama, 2015

落丁・乱丁本はお取替えいたします。

本書の内容の一部あるいは全部を無断で複写（コピー）することは，法律で認められた場合を除き，著作者および出版社の権利の侵害になります。

ISBN978-4-7813-1077-0　C3043　¥68000E